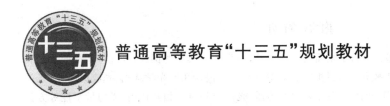普通高等教育"十三五"规划教材

大学物理光学学习指导书

芦鹏飞　　唐先锋　　张晓光　**编著**

北京邮电大学出版社
www.buptpress.com

内 容 简 介

本书对大学物理课程中的光学部分进行了全面的知识总结,并列举了典型的例题,以进行详尽的分析和讲解,此外还有大量的习题,以供读者熟悉和掌握相应的知识点。本书包括几何光学基础、光波的描述、光的干涉、光的衍射、光栅光谱、傅里叶变换光学、光在晶体中的传播、光波与物质的相互作用、光的量子性等方面的内容。

本书针对每一章的内容提纲挈领地概述了光学的基本概念、现象及应用,有利于读者形成一个完整的知识体系框架。本书附有较多的典型例题和习题,有利于读者深入理解和掌握相应的知识点。

本书可作为高等学校理工类及师范类物理专业的本科生和研究生学习的参考书。

图书在版编目(CIP)数据

大学物理光学学习指导书 / 芦鹏飞,唐先锋,张晓光编著. -- 北京:北京邮电大学出版社,2017.8
ISBN 978-7-5635-5254-2

Ⅰ. ①大… Ⅱ. ①芦… ②唐… ③张… Ⅲ. ①物理光学-高等学校-教学参考资料 Ⅳ. ①O436

中国版本图书馆 CIP 数据核字(2017)第 197228 号

书　　　名:大学物理光学学习指导书	
著作责任者:芦鹏飞　唐先锋　张晓光　编著	
责 任 编 辑:毋燕燕　孙宏颖	
出 版 发 行:北京邮电大学出版社	
社　　　址:北京市海淀区西土城路 10 号(邮编:100876)	
发 行 部:电话:010-62282185　传真:010-62283578	
E-mail:publish@bupt.edu.cn	
经　　　销:各地新华书店	
印　　　刷:保定市中画美凯印刷有限公司	
开　　　本:787 mm×1 092 mm　1/16	
印　　　张:12.75	
字　　　数:328 千字	
版　　　次:2017 年 8 月第 1 版　2017 年 8 月第 1 次印刷	

ISBN 978-7-5635-5254-2　　　　　　　　　　　　　　定价:28.00 元

前　　言

　　光学是研究光的属性和光在媒质中传播时的各种性质的学科,是物理学的一个重要分支,是大学物理教学中的一门重要课程,也是应用十分广泛,不断取得新进展、新突破的一门重要学科。

　　物理学是一门实验与理论相结合的学科,物理知识有着非常广泛的实际应用,其中,光学尤其能够体现这一特点。几乎所有的科学研究和工程技术都涉及光学成像、光学测量等知识,因而深入理解光学知识,利用光学知识解决实际问题,对理工科大学生十分重要,对从事科学研究和工程技术的人员也有非常重要的意义。

　　练习与解题是学习理论知识过程中的一个非常重要的环节,也是物理教学中必不可少的一个环节。解题对于学生正确地理解教学内容,培养学生分析问题和解决实际问题的能力,以及学生从中汲取广博的知识等,具有不可替代的重要作用。通过练习与解题这一过程,可以检验学生对基本概念和基础知识的掌握程度以及对所学知识的运用能力,加深学生对知识的理解,可以使学生初步掌握解决实际问题的方法和技巧,从而能够在实际操作中更好地应用所学知识。

　　本书在每一章的开始都介绍了一些光学的基本概念、现象及应用等,以概括性的方式阐述一些基本的光学知识,帮助读者形成一个完整的知识体系框架。全书共包括9章,其中第1、第5、第9章由芦鹏飞编写,主要介绍了几何光学基础知识、光栅光谱、光的量子性等内容。第2~4、第6~8章由唐先锋编写,主要介绍了光的干涉和衍射、傅里叶变换光学、光在晶体中的传播、光波与物质的相互作用等基础知识。张晓光教授统筹了全稿。

　　本书在每一章的基础知识讲解之后都精选并编排了一系列具有代表性的典型例题和习题。在编排习题的过程中,我们力求突出基本概念和物理模型,重点强调问题的分析和解决方法,选择编排的习题内容广泛、类型多样,可以满足不同层次读者的需求。相信读者通过本书大量习题的练习,能够进一步加深对知识的理解,并从中受益。

　　由于作者水平有限,书中错误及疏漏之处在所难免,敬请读者批评指正。

作　者

目　　录

第1章 几何光学基础

1.1 知识要点

1. 光程

光程:光线在媒质中通过的路程和该媒质折射率的乘积。它将相同时间内光在介质中走过的路程折合到真空中。

光程差:光线在通过不同介质之后,两段光程之间的差值,用 δ 表示。

相位差:$\Delta\varphi = \dfrac{2\pi}{\lambda}\delta$。

多层介质时光程的定义为:$[d] = \sum_i n_i d_i$,如图 1-1 所示。

非均匀介质时光程的定义为:$[d] = \displaystyle\int_A^B n(x,y,z)\mathrm{d}l$,如图 1-2 所示。

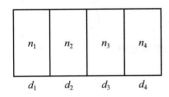

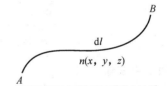

图 1-1 多层介质光程示意图　　　　图 1-2 非均匀介质光程示意图

2. 费马原理

费马原理:A、B 两点之间光线的实际路径是光程平稳的路径。从数学上表示为

$$\delta[l] = \delta\int_A^B n\,\mathrm{d}l = 0$$

所谓平稳是指在 A、B 两点间光线传播的实际路径,与任何其他可能路径相比其光程为极值,极值可以是极大值、极小值、拐点取值或恒定值。

3. 费马原理的几种应用

费马原理的几种应用如下:

① 折射定律的证明;

② 等光程性;

③ 光线弯曲与光线方程;

④ 自聚焦光纤中的模式色散。

4. 棱镜与角色散

① 棱镜是由透明介质(如玻璃)做成的棱柱体,截面呈三角形的棱镜叫三棱镜。棱镜的折射面和反射面统称工作面,两工作面的交线称为棱(如图 1-3 所示),垂直棱的截面称为主截面(如图 1-4 所示)。当光线可逆,即 $i_1' = i_2'$ 时,偏向角 δ 最小,光线平行于底面。

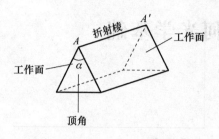
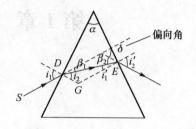

图 1-3　三棱镜结构示意图　　　　　图 1-4　棱镜主截面示意图

② 棱镜角色散:基本原理如图 1-5 所示。偏向角 δ 对波长 λ 的微商称为棱镜的角色散本领(用 D 表示),公式表示为

$$D = \frac{\mathrm{d}\delta}{\mathrm{d}\lambda} = \frac{2\sin\dfrac{\alpha}{2}}{\cos\dfrac{\alpha + \delta(\lambda)}{2}} \frac{\mathrm{d}n}{\mathrm{d}\lambda}$$

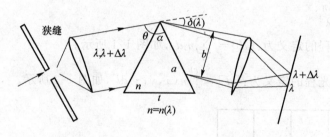

图 1-5　棱镜角色散基本原理示意图

5. 球面折射成像

球面折射成像的基本原理如图 1-6 所示。

(1) 符号规定

① 沿轴线段:规定光线的方向自左向右,以折射面顶点 O 为原点,如顶点到光线与光轴交点或球心的方向和光线传播方向相同,则其值为正,反之为负。

② 垂轴线段:以光轴为基准,在光轴以上为正,在光轴以下为负。

③ 光线与光轴的夹角:用由光轴转向光线所形成的锐角度量,顺时针为正,逆时针为负。

④ 光线与法线的夹角:由光线以锐角方向转向法线,顺时针为正,逆时针为负。

⑤ 光轴与法线的夹角:由光轴以锐角方向转向法线,顺时针为正,逆时针为负。

⑥ 折射面间隔:由前一面的顶点到后一面的顶点,顺光线方向为正,逆光线方向为负,在折射系统中,d 恒为正。

(2) 成像公式

高斯公式:

$$\frac{f'}{s'}+\frac{f}{s}=1$$

牛顿公式:

$$xx'=ff'$$

其中,式中各物理量符号如图 1-7 所示。

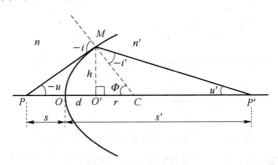

图 1-6　球面折射成像的基本原理示意图

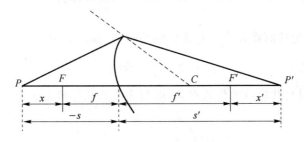

图 1-7　球面折射成像各物理量表示图

6. 球面反射成像

（1）物像距公式

物像距公式:

$$\frac{1}{s'}+\frac{1}{s}=\frac{2}{r}$$

其中,式中各物理量符号如图 1-8 所示。

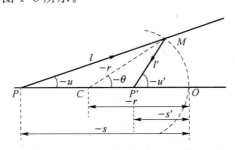

图 1-8　球面反射各物理量表示图

（2）傍轴成像放大率

① 横向放大率

横向放大率亦称垂轴放大率,像高与物高之比,也就是像与物沿垂轴方向的长度之比,用 β 表示。它表示物经光学系统所成的像在垂轴方向上的放大程度及取向,如图 1-9 所示,公式

表示为

$$\beta = \frac{y'}{y} = \frac{n}{n'} \cdot \frac{s'}{s}$$

当 n、n' 固定时，$\beta \propto \frac{s'}{s}$，$\frac{y'}{y} \propto \frac{s'}{s}$，此时像与物相似。

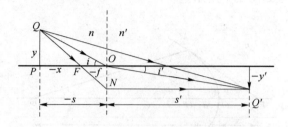

图 1-9　球面反射成像横向放大率求解示意图

当 $\beta > 0$ 时，y' 与 y 同号，s' 与 s 同号，像与物在介质的同侧。

当 $\beta < 0$ 时，y' 与 y 异号，s' 与 s 异号，像与物在介质的两侧。

② 角放大率

角放大率表示折射球面将光束变宽或变细的能力，如图 1-10 所示。公式表示为

$$\gamma = \frac{u'}{u} = \frac{s}{s'}$$

上式表明，角放大率只与共轭点的位置有关，而与光线的孔径角无关。

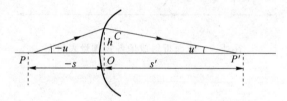

图 1-10　球面反射成像角放大率求解示意图

③ 拉格朗日-亥姆霍兹恒等式

$$nyu \equiv 常数$$

7. 薄透镜成像

（1）物像距公式

如图 1-11 所示，对于空气中的薄透镜：

$$n = n' = 1$$

$$\frac{1}{s'} - \frac{1}{s} = (n_0 - 1)\left(\frac{1}{r_1} - \frac{1}{r_2}\right)$$

（2）作图法

① 通过第一主焦点的光线 → 平行于光轴。

② 平行于光轴的光线 → 通过第二主焦点。

③ 通过透镜中心的光线 → 不改变方向。

（3）放大率

如图 1-12 所示，其横向放大率为

$$\beta = \frac{y'}{y} = -\frac{f}{x} = -\frac{x'}{f'}$$

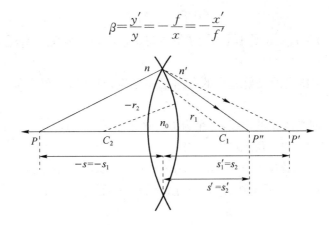

图 1-11　薄透镜成像基本原理示意图

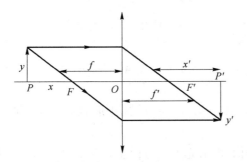

图 1-12　薄透镜成像横向放大率求解示意图

1.2　典型例题

【例题 1】　求证反射光束和折射光束的方向都是等光程方向,证明图 1-13 中:
$$L(A_1B_1C_1) = L(A_2B_2C_2), \quad L(A_1B_1D_1) = L(A_2B_2D_2)$$

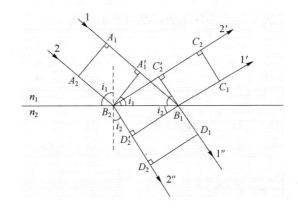

图 1-13　反射光束和折射光束光程示意图

证明: ① 分别由入射点 B_2、B_1 向光线 1、$2'$ 做垂线,相应垂足为 A_1'、C_2'。由图可知 $\overline{A_2B_2} = \overline{A_1A_1'}$,$\overline{C_2'C_2} = \overline{B_1C_1}$。又根据反射定律得知 $\triangle A_1'B_2B_1$ 与 $\triangle C_2'B_2B_1$ 是全等三角形,即为

$$\overline{B_2C_2'}=\overline{A_1'B_1}$$

所以光程 $L(A_1B_1C_1)=n_1\,(\overline{A_1A_1'}+\overline{A_1'B_1}+\overline{B_1C_1})$ 与 $L(A_2B_2C_2)=n_1\,(\overline{A_2B_2}+\overline{B_2C_2'}+\overline{C_2'C_1})$ 是相等的。

这表明，反射定律给出的反射光束的方向正好与等光程（从入射光算起）要求的方向是一致的。

② 由次波源 B_1 向光线 2″ 做垂线，垂足为 D_2'，此时有 $\overline{D_2'D_2}=\overline{B_1D_1}$。另外比较 $A_1'B_1$、B_2D_2' 两段光程，在直角 $\triangle A_1'B_2B_1$ 和直角 $\triangle D_2'B_1B_2$ 中有

$$\overline{A_1'B_1}=\overline{B_1B_2}\sin i_1,\ L(\overline{A_1'B_1})=\overline{B_1B_2}n_1\sin i_1$$
$$\overline{B_2D_2'}=\overline{B_1B_2}\sin i_2,\ L(\overline{B_2D_2'})=\overline{B_1B_2}n_2\sin i_2$$

又由折射定律得

$$n_1\sin i_1=n_2\sin i_2$$

于是

$$L(A_1'B_1)=L(B_2D_2')$$

所以光程

$$L(A_1B_1D_1)=n_1\,\overline{A_1A_1'}+n_1\,\overline{A_1'B_1}+n_2\,\overline{B_1D_1}$$

与

$$L(A_2B_2D_2)=n_2\,\overline{A_2B_2}+n_2\,\overline{B_2D_2'}+n_2\,\overline{D_2'D_2}$$

是相等的。

这表明，折射定律给出的折射光束的方向正好与等光程（从入射光算起）要求的方向是一致的。

【例题 2】 如图 1-14 所示，内半径为 R 的直立圆柱器皿内盛有水银，绕圆柱轴线均匀旋转（水银不溢，皿底不露），稳定后的液面为旋转抛物面。若取坐标原点在抛物面的最低点，纵坐标轴 z 与圆柱器皿的轴线重合，横坐标轴 r 与 z 轴垂直，则液面方程为

$$z=\frac{\omega^2}{2g}r^2$$

其中，ω 是旋转角速度，g 是重力加速度。观察者的眼镜位于抛物面最低点正上方某处，保持位置不变，然后使容器停转，等到液面静止后，发现与稳定旋转时相比，看到的眼睛的像大小、正倒都无变化。求人眼位置至稳定旋转水银面最低点的距离。

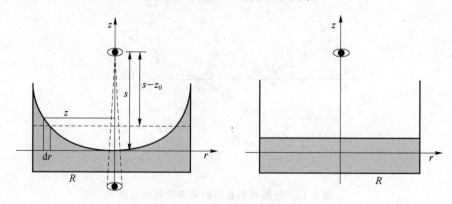

图 1-14 转动和静止时的水银面

分析：本题有 3 个关键点：首先是大的抛物面的近轴部分近似于球面，可用球面反射的物

像公式；其次确定两次观察时反射面之间的距离，即要计算出平面表面与抛物面表面顶尖之间的距离，也就是要计算抛物面下水银的体积；最后看到的像的大小都相同，不是指像的大小相同，而是像对眼睛的视角相同。

解：抛物面的焦点就是球面成像的焦点，由于抛物线方程为

$$z=\frac{\omega^2}{2g}r^2$$

可知其焦点为 $f=\dfrac{g}{2\omega^2}$。对于抛物面顶点的平面之上的水银体积，可以采用积分方法计算。取一半径为 r 的薄壁圆筒，筒壁的高为

$$z=\frac{\omega^2}{2g}r^2$$

圆筒的底面积为 $dS=2\pi r dr$，则此圆筒壁的体积为 $dV=zdS=2\pi zrdr$。

上述水银的体积为

$$V=\int_0^R 2\pi zr\,dr=\int_0^R 2\pi\frac{\omega^2}{2g}r^3\,dr=\frac{\pi\omega^2 R^4}{4g}$$

当抛物面成为平面时，圆柱的高为

$$z_0=\frac{V}{\pi R^2}=\frac{\omega^2 R^2}{4g}$$

这就是平面与抛物面顶点间的距离。

设眼睛到抛物面顶点的距离为 s，眼睛的大小为 y，则抛物面成像的像距为

$$s_1'=\frac{sf}{s-f}$$

而像的大小为

$$y_1'=y\frac{-s_1'}{s}=-\frac{yf}{s-f}$$

像对眼睛的张角为

$$\varphi_1=\frac{y_1'}{s-s'}=-\frac{yf}{(s-f)(s-s')}$$

眼睛到平面的距离为 $s_2=s-z_0$，经平面成像，像距为 $s_2'=-(s-z_0)$，像的大小仍为 y，则对眼睛的张角为

$$\varphi_2=\frac{s_2'}{s_2-s_2'}=\frac{y}{2(s-z_0)}$$

由题可知，$\varphi_1=\varphi_2$，因此有

$$\frac{yf}{(s-f)(s-s')}=\frac{y}{2(s-z_0)}$$

即为

$$-(2s-2z_0)f=s^2-2sf$$

带入数据得到

$$s=\sqrt{2fz_0}=\sqrt{\frac{g}{\omega^2}\cdot\frac{\omega^2 R^2}{4g}}=\frac{R}{2}$$

【例题3】　求光线经过棱镜折射的偏向角，讨论出现最小偏向角的条件，并求出最小偏向角。已知棱镜的顶角为 α，折射率为 n。

解：如图 1-15 所示，设光线从棱镜的左侧面入射，入射角、折射角分别为 i_1、i_1'。在棱镜右侧面，入射角、折射角分别为 i_2、i_2'。

光线的偏向角是指出射光线相对于入射光线偏转的角度，即图中的 $\angle\delta$。

如图 1-15 所示，棱镜的两棱边与两条棱的法线构成一个四边形 $AEDF$，其中

$$\alpha + \angle D = \pi$$

在 $\triangle EDF$ 内有

$$i_1' + i_2' + \angle D = \pi$$

因此有

$$i_1' + i_2' = \alpha$$

因此在 $\triangle EFG$ 中，偏向角

$$\delta = i_1 - i_1' + i_2 - i_2' = i_1 + i_2 - (i_1' + i_2') = i_1 + i_2 - \alpha$$

最小偏向角即是要求 $\dfrac{\mathrm{d}\delta}{\mathrm{d}i_1} = 0$，然而

$$\frac{\mathrm{d}\delta}{\mathrm{d}i_1} = \frac{\mathrm{d}(i_1 + i_2 - \alpha)}{\mathrm{d}i_1} = 1 + \frac{\mathrm{d}i_2}{\mathrm{d}i_1} = 0$$

所以

$$\frac{\mathrm{d}i_2}{\mathrm{d}i_1} = -1$$

而在棱镜的两侧面，折射角与入射角之间的关系式为 $\sin i_1 = n \sin i_1'$ 和 $\sin i_2 = n \sin i_2'$，因此可得

$$\mathrm{d}(\sin i_1) = \cos i_1 \mathrm{d}i_1 = n\mathrm{d}(\sin i_1') = n\cos i_1' \mathrm{d}i_1'$$
$$\mathrm{d}(\sin i_2) = \cos i_2 \mathrm{d}i_2 = n\mathrm{d}(\sin i_2') = n\cos i_2' \mathrm{d}i_2'$$

即为

$$\frac{\mathrm{d}i_1'}{\mathrm{d}i_1} = \frac{\cos i_1}{n\cos i_1'}, \quad \frac{\mathrm{d}i_2}{\mathrm{d}i_2'} = \frac{n\cos i_2'}{\cos i_2} \tag{1}$$

而根据之前的结论，可得出 $\mathrm{d}i_1' = -\mathrm{d}i_2'$，因此式（1）可表示为

$$\frac{\mathrm{d}i_2}{\mathrm{d}i_1} = \frac{\mathrm{d}i_2}{\mathrm{d}i_2'} \cdot \frac{\mathrm{d}i_1'}{\mathrm{d}i_1} = -\frac{\mathrm{d}i_2}{\mathrm{d}i_2'} \cdot \frac{\mathrm{d}i_1'}{\mathrm{d}i_1} = -\frac{\cos i_1}{n\cos i_1'} \cdot \frac{n\cos i_2'}{\cos i_2}$$

$$= -\frac{\cos i_1}{\sqrt{n^2 - n^2 \sin^2 i_1'}} \cdot \frac{\sqrt{n^2 - n^2 \sin^2 i_2'}}{\cos i_2} = -1$$

即为

$$\frac{\cos i_1}{\sqrt{n^2 - \sin^2 i_1}} = \frac{\cos i_2}{\sqrt{n^2 - \sin^2 i_2}}$$

上式成立的条件是 $i_1 = i_2$，对应的有 $i_1' = i_2'$，如图 1-15 所示。此时有

$$\sin i_1 = n\sin\left(\frac{\alpha}{2}\right)$$

此时可得最小的偏向角为

$$\delta_{\min} = 2i_1 - \alpha = 2\arcsin\left(\frac{n\sin\alpha}{2}\right) - \alpha$$

若测出最小偏向角 $\delta_{\min}$，由于此时

$$i_1' = \frac{\alpha}{2}, \quad i_1 = \frac{\alpha + \delta_{\min}}{2}$$

因此棱镜的折射率计算结果为

$$n = \frac{\sin i_1}{\sin i_1'} = \frac{\sin\left(\frac{\alpha + \delta_{\min}}{2}\right)}{\sin\left(\frac{\alpha}{2}\right)}$$

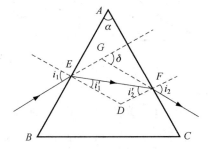

图 1-15　光在三棱镜中的折射

【例题 4】　光线在媒质中传播的路径是抛物线,试讨论媒质折射率分布的特征以及光线的入射方式。

解:若媒质的折射率沿着 y 方向渐变,则光线的方程为

$$\left(\frac{\mathrm{d}y}{\mathrm{d}x}\right)^2 = \frac{n^2 - n_0^2 \sin^2 i_0}{n_0^2 \sin^2 i_0} \tag{1}$$

设在直角坐标系中,抛物线方程为

$$y = ax^2 + bx + c$$

则

$$\frac{\mathrm{d}y}{\mathrm{d}x} = 2ax + b$$

于是可得

$$\begin{aligned}
\left(\frac{\mathrm{d}y}{\mathrm{d}x}\right)^2 &= 4a^2 x^2 + 4abx + b^2 \\
&= 4a(ax + bx + c) + b^2 - 4ac \\
&= 4ay + b^2 - 4ac
\end{aligned} \tag{2}$$

结合式(1)、式(2),有

$$\frac{n^2}{n_0^2 \sin^2 i_0} - 1 = 4ay + b^2 - 4ac$$

即得出

$$n(y) = n_0 \sin i_0 \ \sqrt{4ay + b^2 - 4ac + 1} \tag{3}$$

① 当 $a > 0$ 时,此时是开口向上的抛物线,如图 1-16(a)所示,式(3)可以表示成

$$n(y) = 2\sqrt{a}\, n_0 \sin i_0 \ \sqrt{\frac{b^2 - 4ac + 1}{4a} + y}$$

光线从外界射入,入射方式不同,抛物线的形状也会不同。

② 当 $a < 0$ 时,此时是开口向上的抛物线,如图 1-16(b)所示,式(3)可以表示成

$$n(y) = 2\ \sqrt{-a}\, n_0 \sin i_0 \ \sqrt{\frac{b^2 - 4ac + 1}{-4a} - y}$$

光线从外界射入,入射方式不同,抛物线的形状也会不同。

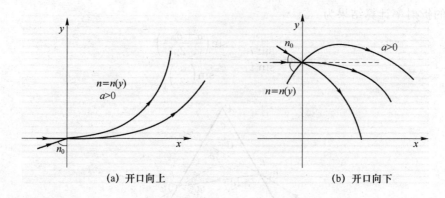

(a) 开口向上　　　　　　　　(b) 开口向下

图 1-16　光线的径迹是抛物线

【例题 5】 沿直线移动的点光源经 $f=30$ cm 的凸透镜成像,该点光源以与光轴成 $60°$ 角穿过光轴时,像以 $30°$ 角穿过光轴,计算这一瞬间光源到透镜的距离。

解: 若物运动,像也会相应运动,应严格按照速度的定义解题,速度是在短时间内位移与时间的比值。下面用物像关系求解本题。

如图 1-17 所示,设穿过光轴的瞬间,物距、像距分别是 s、s',根据高斯公式可有

$$s' = \frac{sf'}{s-f}$$

物距改变

$$\Delta s' = \frac{(s-f)f - sf}{(s-f)^2} \cdot \Delta s = -\frac{f^2}{(s-f)^2} \cdot \Delta s$$

即为

$$\frac{\Delta s'}{\Delta s} = -\frac{f^2}{(s-f)^2} \tag{1}$$

可以将式(1)作为薄物成像的纵向放大率,即为沿着光轴的方向。

由于物点的运动与光轴成某一角度,可将其速度分解为纵向和横向。假定物点运动的时间为 Δt。

在纵向,像与物的速度分量的关系是

$$\frac{\Delta s'}{\Delta t} = -\frac{f^2}{(s-f)^2} \cdot \frac{\Delta s}{\Delta t} \tag{2}$$

而在横向,两速度分量之间的比值就是横向放大率,即

$$\frac{\Delta y'}{\Delta t} = -\frac{s'}{s} \cdot \frac{\Delta y}{\Delta t} = -\frac{f}{s-f} \cdot \frac{\Delta y}{\Delta t} \tag{3}$$

根据题中所给的条件

$$\tan 60° = \pm \frac{\dfrac{\Delta y}{\Delta t}}{\dfrac{\Delta s}{\Delta t}}, \quad \tan 30° = \pm \frac{\dfrac{\Delta y'}{\Delta t}}{\dfrac{\Delta s'}{\Delta t}}$$

利用式(2)和式(3),可以得出

$$\pm \frac{\tan 60°}{\tan 30°} = \frac{\dfrac{\Delta y}{\Delta s}}{\dfrac{\Delta y'}{\Delta s'}} = \frac{\dfrac{\Delta y}{\Delta y'}}{\dfrac{\Delta s}{\Delta s'}} = \frac{s-f}{f} \cdot \frac{f^2}{(s-f)^2} = \frac{f}{s-f}$$

即为

$$\frac{f}{s-f}=\pm 3$$

解得

$$s=f\left(1\pm\frac{1}{3}\right)=\begin{cases}40\text{ cm}\\20\text{ cm}\end{cases}$$

因此当 $s=40$ cm 时,它是实像;而当 $s=20$ cm 时,它是虚像。

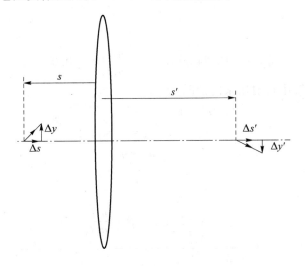

图 1-17　运动的物像之间的位移关系

【例题 6】　一平凸透镜($n=1.5$),焦距为 50 mm,凸面镀反射膜,一个高为 5 mm 的物体位于透镜前 150 mm 处,如图 1-18 所示。求经过该透镜所成像的位置、大小、正倒和虚实。

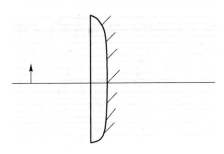

图 1-18　物与平凸透镜位置关系示意图

解：此题可以采用逐次成像法求解,也可以采用组合透镜法求解。

方法一：

采用单折射球面逐次成像法计算,先求透镜球面的半径,以透镜中心为原点,取向右为正方向。根据 $\frac{1}{f'}=(n-1)\left(\frac{1}{r_1}-\frac{1}{r_2}\right)$,可得 $r_2=-25$ mm。

先计算光线经过第一面成像透射,有

$$n'_1=1.5,\quad n_1=1$$
$$r_1=\infty,\quad l_1=-150$$
$$\frac{n'_1}{l'_1}-\frac{n_1}{l_1}=\frac{n'_1-n_1}{r_1}$$

可得

$$l'_1 = -255 \text{ mm}, \quad \beta_1 = \frac{n_1 l'_1}{n'_1 l_1} = \frac{1 \times (-255)}{1.5 \times (-150)} = 1$$

再计算光线经过第二面成像反射,有

$$n'_2 = -1.5, \quad n_2 = 1.5$$

$$r_2 = -25, \quad l_2 = l'_1 = -225$$

$$\frac{1}{l'_2} + \frac{1}{l_2} = \frac{2}{r_2}$$

计算得

$$l'_2 = -13.24 \text{ mm}, \quad \beta_2 = \frac{n_2 l'_2}{n'_2 l_2} = -0.059$$

然后再计算光线从透镜中折射出来的情况

$$n'_3 = 1, \quad n_3 = 1.5$$

$$r_3 = \infty, \quad l_3 = l'_2 = 13.24$$

$$\frac{n'_3}{l'_3} - \frac{n_3}{l_3} = \frac{n'_3 - n_3}{r_3}$$

计算得

$$l'_3 = -8.82 \text{ mm}, \quad \beta_3 = \frac{n_3 l'_3}{n'_3 l_3} = 1$$

对于整个系统来说

$$\beta = \beta_1 \beta_2 \beta_3 = -0.059$$

$$y' = \beta y = -0.059 \times 5 = -0.295 \text{ mm}$$

因此,像位于透镜前 8.82 mm 处,大小为 0.295 mm,是一个倒立缩小的实像。

方法二:

采用组合透镜法,先把两透镜组合,再由球镜面成像来求解。

先求组合透镜焦距,套用公式

$$\frac{1}{f'} = \frac{1}{f'_1} + \frac{1}{f'_2} = \frac{d}{f'_1 f'_2}$$

计算得

$$f' = 25 \text{ mm}$$

根据透镜的高斯成像关系

$$\frac{1}{l'_1} - \frac{1}{l_1} = \frac{1}{f'_1}$$

计算得

$$l'_1 = 30 \text{ mm}, \beta_1 = -\frac{1}{5}$$

再根据球面镜反射成像,有

$$n'_2 = -1.5, \quad n_2 = 1.5$$

$$r_2 = -25, \quad l_2 = 30$$

$$\frac{1}{l'_2} + \frac{1}{l_2} = \frac{2}{r_2}$$

计算得

$$l_2' = -8.82 \text{ mm}, \quad \beta_2 = \frac{n_2 l_2'}{n_2' l_2} = 0.295$$

对整个系统而言

$$\beta = \beta_1 \beta_2 = -0.059$$

$$y' = \beta y = -0.059 \times 5 = -0.295 \text{ mm}$$

因此,像位于透镜前 8.82 mm 处,大小为 0.295 mm,是一个倒立缩小的实像。两种方法都可以使用,并且结果相同。

【**例题 7**】　如图 1-19 所示,求厚透镜的系统矩阵,并推导出薄透镜和厚透镜的成像公式。

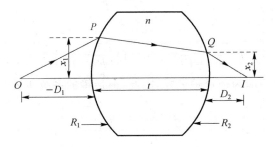

图 1-19　傍轴光线通过一厚度为 t 的厚透镜的情况

解:考虑一个厚度为 t、媒质折射率为 n 的厚透镜,如图 1-19 所示,令 R_1 和 R_2 为两界面的曲率半径,假设光线射到第一界面上的点 P,从第二界面上的点 Q 射出,令光线在点 P 和点 Q 的坐标分别是

$$\begin{pmatrix} \lambda_1 \\ x_1 \end{pmatrix}, \begin{pmatrix} \lambda_2 \\ x_2 \end{pmatrix}$$

此式中的 λ_1 和 λ_2 为光线在点 P 和点 Q 离轴的距离。从点 P 到点 Q,光线经历了两次折射(第一次在第一界面,第二次在第二界面)和一次折射率为 n 的媒质里距离为 t 的平移(讨论傍轴光线时,点 P 和点 Q 之间的距离可以近似为 t),所以有

$$\begin{pmatrix} \lambda_2 \\ x_2 \end{pmatrix} = \begin{pmatrix} 1 & -P_2 \\ 0 & 1 \end{pmatrix} \begin{pmatrix} 1 & 0 \\ t/n & 1 \end{pmatrix} \begin{pmatrix} 1 & -P_1 \\ 0 & 1 \end{pmatrix} \begin{pmatrix} \lambda_1 \\ x_1 \end{pmatrix}$$

其中

$$P_1 = \frac{n-1}{R_1}, \quad P_2 = \frac{1-n}{R_2} = -\frac{n-1}{R_2}$$

分别表示两个折射面的光焦度。据此,系统矩阵为

$$\boldsymbol{S} = \begin{pmatrix} b & -a \\ -d & c \end{pmatrix} = \begin{pmatrix} 1 & -P_2 \\ 0 & 1 \end{pmatrix} \begin{pmatrix} 1 & 0 \\ t/n & 1 \end{pmatrix} \begin{pmatrix} 1 & -P_1 \\ 0 & 1 \end{pmatrix}$$

$$= \begin{pmatrix} 1 - \dfrac{P_2 t}{n} & -P_1 - P_2 \left(1 - \dfrac{t}{n} P_1 \right) \\[3mm] \dfrac{t}{n} & 1 - \dfrac{t}{n} P_1 \end{pmatrix} \tag{1}$$

对于薄透镜,$t \rightarrow 0$,所以其系统矩阵为

$$\boldsymbol{S} = \begin{pmatrix} 1 & -P_1 - P_2 \\ 0 & 1 \end{pmatrix}$$

因此,对于薄透镜有

$$a = P_1 + P_2, \quad b = 1, \quad c = 1, \quad d = 0$$

将上面的 a、b、c 和 d 代入公式,可得

$$D_2 + (P_1 + P_2)D_1 D_2 - D_1 = 0$$

或者

$$\frac{1}{D_2} - \frac{1}{D_1} = P_1 + P_2 = (n-1)\left(\frac{1}{R_1} - \frac{1}{R_2}\right)$$

或者

$$\frac{1}{D_2} - \frac{1}{D_1} = \frac{1}{f} \tag{2}$$

此式中有

$$f = \frac{1}{P_1 + P_2} = \left[(n-1)\left(\frac{1}{R_1} - \frac{1}{R_2}\right)\right]^{-1}$$

f 即为透镜的焦距。式(2)即为薄透镜公式,因此,薄透镜的系统矩阵是

$$\boldsymbol{S} = \begin{bmatrix} 1 & -\dfrac{1}{f} \\ 0 & 1 \end{bmatrix}$$

对于厚透镜,根据式(1)有

$$a = P_1 + P_2\left(1 - \frac{t}{n}P_1\right), \quad b = 1 - \frac{P_2 t}{n}, \quad c = 1 - \frac{t}{n}P_1, \quad d = -\frac{t}{n}$$

将 a、b、c 和 d 代入公式,可以算得成像公式。

1.3 习 题

1. 如图 1-20 所示,在水中深度为 y 处有一个发光点 Q,作 QO 垂直于水面,求射出水面折射线的延长线与 QO 交点 Q' 的深度 y' 与入射角 i 的关系。

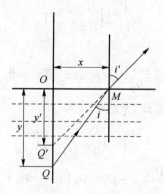

图 1-20　发光点 Q 折射原理示意图

2. 如图 1-21 所示,一个厚度为 d、折射率为 n 的平行玻璃板,使其法线与平行光线成 i_1 角出入光线中,试比较插入前后,光线的相位改变了多少。

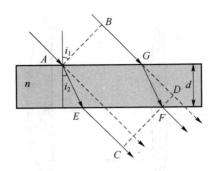

图 1-21　光束经过平行玻璃板折射示意图

3. 如图 1-22 所示，一个厚度为 2 cm 的透镜，两侧都是曲率半径为 3 cm 的凸球面，将其放在水面上，计算两成像球面的光焦度。若透镜下 4 cm 处有一个长度为 0.5 cm 的小物 PQ，计算 PQ 经过该透镜所成像的位置、方向和大小，已知玻璃和水的折射率分别是 1.50 和 1.33。

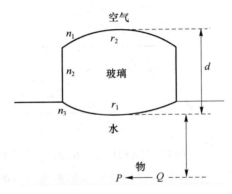

图 1-22　透镜与物体位置关系示意图

4. 如图 1-23 所示，一块球面透镜，厚度很薄，玻璃的折射率为 n，球面的曲率半径分别为 r_1 和 r_2，右侧球面上镀有反射膜，求该光学元件焦点的位置。

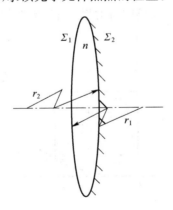

图 1-23　一侧为反射面的薄透镜

5. 如图 1-24 所示，L_1 和 L_2 为薄透镜，L_1 的焦距为 4 cm，L_2 的折射率为 1.5，球面半径为 12 cm，球面上镀有反射膜，L_1 和 L_2 的间距为 10 cm，物在 L_1 左前 5.6 cm 处，求物体最后成像的位置。

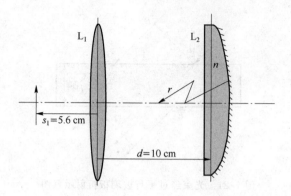

图 1-24　光具组

6. 如图 1-25 所示,光从塑料棒的一端射入,若要保证射入的光总是在棒内全反射传播,塑料的折射率至少是多大?

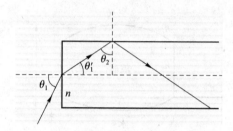

图 1-25　光线在端面的折射和在棒内的全反射

7. 光线在媒质中传播的路径是圆弧,试讨论媒质折射率分布的特征。

8. 如图 1-26 所示,厚度为 d 的玻璃块,折射率随高度 y 变化的关系为 $n(y)=\dfrac{n_0}{1-\dfrac{y}{r_0}}$,其中,$n_0=1.2$,$r_0=13\,\text{cm}$。光线沿着 x 轴从原点处射入,从另一侧 A 点出射的角度为 $30°$,求:①玻璃中光线的轨迹;②出射点处玻璃的折射率 n_A;③玻璃的厚度 d。

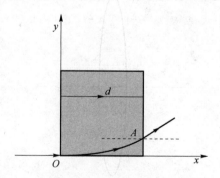

图 1-26　光线在玻璃板中的传输轨迹示意图

9. 如图 1-27 所示,一个发光物点位于一个透明球的后表面,从球的前表面出射的近轴光束恰好为平行光,求此透明球材料的折射率。

10. 一个凸球面镜浸没在折射率为 1.33 的水中,高为 1 cm 的物在凸面镜前 40 cm 处,像在镜后 8 cm 处。求像的大小、正倒、虚实以及凸面镜的曲率半径和光焦度。

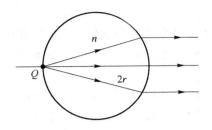

图 1-27 从球面另一侧射出平行光束

11. 如图 1-28 所示的薄透镜,球面半径分别是 15 cm(左)和 10 cm(右),已知玻璃的折射率为 1.5。①计算该透镜的焦距;②一个傍轴小物体在透镜左侧 80 cm 处,计算经过透镜所成像的位置和横向放大率,并指出像的虚实和倒正。

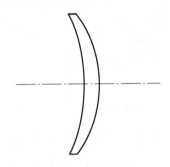

图 1-28 薄透镜

12. 如图 1-29 所示,物体浸于水中,发出的光线穿过一个半径为 R 的球形空气泡,水的折射率为 4/3。问:①当物体离气泡很远时,求像的位置,并指出像的正倒和虚实;②当物体位于气泡的左侧表面时,求出像的位置,并指出像的正倒和虚实。

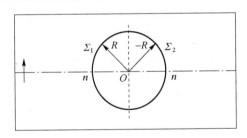

图 1-29 水中的气泡成像

13. 如图 1-30 所示,考虑一个厚透镜,第一个曲面和第二个曲面的曲率半径分别是 -10 cm 和 20 cm。透镜厚度为 10 cm,折射率为 1.5。求该厚透镜的主点、节点和焦点的位置。

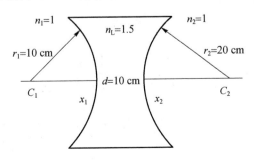

图 1-30 厚透镜

14. 一束平行细光束入射到一个半径 $r=30$ mm、折射率为 1.5 的玻璃球上,求其汇聚点的位置。如果在凸面镀反射膜,其汇聚点应该在何处? 如果在凹面镀反射膜,则反射光束在玻璃中的汇聚点又在何处? 反射光束经过前表面折射后,汇聚点又在何处? 并说明各汇聚点的虚实。

15. 两个薄透镜的焦距为 $f_1'=50$ mm,$f_2'=100$ mm,相距 50 mm。若一个高为 25 mm 的物体位于第一个透镜前 150 mm 处,求最后所成像的位置和大小。

16. 如图 1-31 所示,考察一个折射率为 1.5 的媒质,其边界为两个球面 $S_1P_1M_1$ 和 $S_2P_2M_2$,两个球面的曲率半径分别是 15 cm 和 25 cm,分别以点 C_1 和点 C_2 为曲率中心。在点 C_1 和点 C_2 的连线上,距离点 P_1 40 cm 处有一个物点 O,试求傍轴像点的位置。

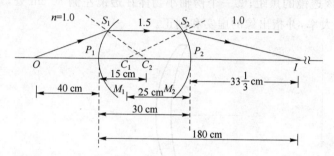

图 1-31 通过两个球面 $S_1P_1M_1$ 和 $S_2P_2M_2$ 包围的折射率为 1.5 的媒质傍轴成像

17. 一对称双凸透镜,折射率为 1.5,如图 1-32 所示。两个界面的曲率半径是 4 cm,透镜厚度为 1 cm,并且透镜置于空气中。求系统矩阵,确定焦距,并求出主平面的位置。

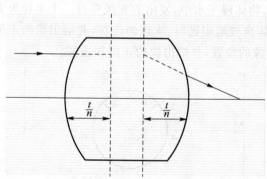

图 1-32 双凸透镜的单位面

18. 一个薄凸透镜的焦距为 20 cm。现在在其一侧光轴上放一个物体,物体离透镜光心 80 cm,求该物体经过透镜成像的位置以及高度的放大倍数。

19. 如图 1-33 所示,一个激光管所发出的光束的扩散角为 $7'$,经过等腰直角反射棱镜 ($n'=1.516\ 3$),求斜面上是否需要再镀增反金属膜?

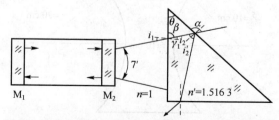

图 1-33 激光器光束经过反射棱镜的光束变化示意图

20. 如图 1-34 所示,置于空气中的一粗圆玻璃棒,折射率为 1.50,将其左右两段分别磨成半径为 10 cm 的半球面,构成一双厚凸透镜,厚度为 10 cm,今有一个高为 1 mm 的物体正立于透镜左半球顶点左方 20 cm 处,试求最终像的位置。

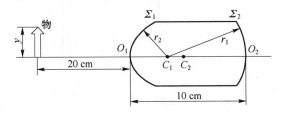

图 1-34　物与粗圆玻璃棒位置关系示意图

21. 如图 1-35 所示,焦距为 10 cm 的薄透镜 L_1 和焦距为 15 cm 的薄凹透镜 L_2,共轴地放在空气中,两者相距 10 cm,一物放置在 L_1 左侧 20 cm 处。求物经过该共轴系统之后的像。

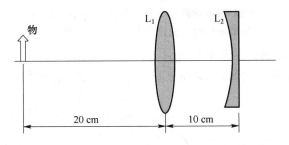

图 1-35　物与共轴系统位置关系示意图

22. 一束波长为 12 cm 的平面微波以 45° 角从折射率为 n_i 的介质投射到折射率为 n_t 的电介质界面上,已知 $n_{ti} = \dfrac{n_t}{n_i} = \dfrac{4}{3}$,试求在透射介质中的波长和 θ_t。

23. 如图 1-36 所示,高为 2 cm 的发光箭头,离半径为 25 cm 的玻璃球左边顶点 100 cm,试用逐次成像法确定箭头通过玻璃球成像的位置和像的性质,已知玻璃球的折射率 $n_g = 1.50$。

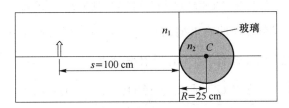

图 1-36　发光箭头与玻璃球位置关系示意图

24. 一个点光源位于平凸薄透镜轴上,且距其 30 cm,已知此玻璃透镜在空气中,折射率 $n_g = 1.50$,半径为 5 cm,求以下情况像的位置和性质:①当平表面对着点光源时;②当曲表面对着点光源时。

25. 设一个如图 1-37 所示的光学系统由两个薄透镜组成,其中凸透镜的焦距为 +20 cm,凹透镜的焦距为 −10 cm,两个透镜之间分开的距离为 8 cm。一个高为 1 cm 的物体位于凸透镜左侧 40 cm 处,分别用公式法和矩阵法计算像的位置和大小。

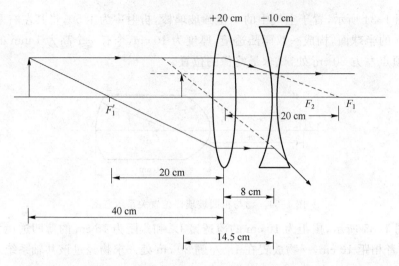

图 1-37　由相隔 8 cm 焦距为 20 cm 的会聚透镜和焦距为 −10 cm 的
发散透镜组成的光学系统成傍轴像的过程

26. 如图 1-38 所示,玻璃球的半径为 $r=2.00$ cm,折射率为 $n=1.50$,将其放置在空气中。①求焦距以及主点和焦点的位置;②球面上有一个小物,试求像的位置和横向放大率。

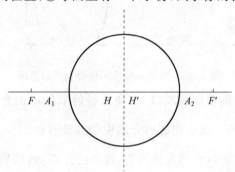

图 1-38　光束经过玻璃球相关物理量表示示意图

27. 如图 1-39 所示,在薄壁玻璃水槽的外壁贴着由同种玻璃制成的平凸薄透镜,透镜在空气中的焦距为 f_0。已知水、玻璃、空气的折射率分别是 $n_1=\dfrac{4}{3}$,$n=\dfrac{3}{2}$,$n_2=1$。在透镜光轴上距离内壁 $s=f_0$ 处有一个物点 Q。试求:①像的位置和横向放大率;②若将透镜贴合在水槽内壁,结果怎样?

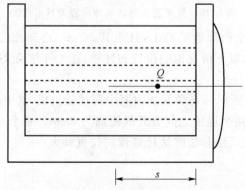

图 1-39　物点与平凸薄透镜位置关系示意图

28. 如图 1-40 所示,两个完全相同的球面薄表壳玻璃合在一起,表壳中间是空的,其中一块涂银成球面反射镜。屏上小孔 Q 为点光源,它发出的光经过反射后成像于 Q'。调整屏与表壳玻璃之间的距离 L,当 $L=20$ cm 时,像点 Q' 正好落在屏上。然后在表壳玻璃间注满折射率 $n=\dfrac{4}{3}$ 的水。问当 L 为何值时,像点 Q' 仍落在屏上?

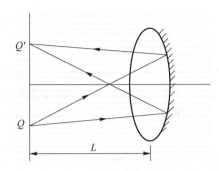

图 1-40 点光源经过球面反射镜光束变化示意图

1.4 习 题 解 答

1. **解**:设水相对于空气的折射率为 $n(n\simeq 4/3)$,则根据折射定律,有

$$n\sin i=\sin i'$$

设入射角为 i 的光线与水面相遇于 M 点,令 $\overline{OM}=x$,则

$$y=\frac{x}{\tan i}, \quad y'=\frac{x}{\tan i'}$$

于是

$$y'=y\,\frac{\tan i}{\tan i'}=y\,\frac{\sin i\cos i'}{\sin i'\cos i}=\frac{y\,\sqrt{1-n^2\sin^2 i}}{n\cos i}$$

上式表明,由 Q 发出的不同方向的光线,折射后的延长线不再相交于一点,但对于那些接近法线方向的光线($i\simeq 0$),若忽略高级小量 $O(i^2)$,则 $\sin^2 i\simeq 0,\cos i\simeq 1$,我们有

$$y'=\frac{y}{n}$$

这时 y' 与入射角 i 无关,即折射线的延长线近似地交于同一点 Q',其深度为原光点深度的 $\dfrac{1}{n}\left(\dfrac{1}{n}\simeq\dfrac{3}{4}\right)$。

2. **解**:在这种情况下,需要比较一下空间的同一波面在插入前后的相位差。如图 1-21 所示,在插入前,波面 CD 与 AB 之间的光程差为 BD。

插入之后,光线在玻璃中的折射角为 i_2,$n\sin i_2=\sin i$,由于 $\overline{GF}=d/\cos i_2$,上述两波面间光程差为 $\overline{BG}+n\overline{GF}$,而

$$\overline{GD}=\overline{GF}\cos(i_1-i_2)=d\cos(i_1-i_2)/\cos i_2$$

插入前后光程差的改变为

$$\Delta L = n\,\overline{GF} - \overline{GD} = nd/\cos i_2 - d\cos(i_1 - i_2)/\cos i_2 = (d/\cos i_2)[n - \cos(i_1 - i_2)]$$

$$= d\frac{n - \cos i_1 \cos i_2 - \sin i_1 \sin i_2}{\cos i_2} = d\left(\frac{n}{\cos i_2} - \cos i_1 - \frac{\sin i_1 \sin i_1}{n\cos i_2}\right)$$

$$= d\left(-\cos i_1 + \frac{n^2 - \sin^2 i_1}{n\cos i_2}\right) = d\left(-\cos i_1 + \frac{n^2 \cos^2 i_2}{n\cos i_2}\right) = d(-\cos i_1 + n\cos i_2)$$

$$= d\left(n\sqrt{1 - \sin^2 i_2} - \cos i_1\right) = d\left(\sqrt{n^2 - \sin^2 i_1} - \cos i_1\right)$$

插入后 CD 波面相位的改变为 $\Delta\varphi = k\Delta L = \dfrac{2\pi d}{\lambda}\left(\sqrt{n^2 - \sin^2 i_1} - \cos i_1\right)$，比插入前滞后。

3. **解**：物体发出的光线依次经过了两个球面的折射，可以先算出第一次成像的位置，再把这个像作为第二个球面的物，算出第二次成像的位置，这就是逐次成像法。

首先确定两个成像球面的光焦度，$r_1 = 3\,\mathrm{cm}$，$r_2 = -3\,\mathrm{cm}$。折射率为 $n_1 = 1.33$，$n_2 = 1.50$，$n_3 = 1.00$，于是有

$$\Phi_1 = \frac{n_2 - n_1}{r_1} = \frac{1.50 - 1.33}{0.03} = 5.67\ \mathrm{m^{-1}}$$

$$\Phi_2 = \frac{n_3 - n_2}{r_2} = \frac{1.00 - 1.50}{-0.03} = 16.7\ \mathrm{m^{-1}}$$

第一次成像时，按照物像公式 $\dfrac{n_2}{s'_1} + \dfrac{n_1}{s} = \Phi_1$，可得像距为

$$s'_1 = \frac{n_2}{\Phi_1 - \dfrac{n_1}{s}} = \frac{1.50}{5.67 - \dfrac{1.33}{0.04}} = -0.054\ \mathrm{m}$$

此时像距为负值，说明像的位置在物方，是一个虚像，即在水面下 $5.4\,\mathrm{cm}$ 处。

第一次的横向放大率 $\gamma_1 = -\dfrac{n_1 s'_1}{n_2 s} = 1.20$。

第二次成像时，将一个球面的像作为物，该像位于第二球面的物方，因而是实物，物距为

$$s_2 = d - s'_1 = 0.02 + 0.054 = 0.074\ \mathrm{cm}$$

物像公式为 $\dfrac{n_3}{s'} + \dfrac{n_2}{s_2} = \Phi_2$，算得像距为

$$s' = \frac{n_3}{\Phi_2 - \dfrac{n_2}{s_2}} = \frac{1.00}{16.7 - \dfrac{1.50}{0.074}} = -0.28\ \mathrm{m}$$

此时像距为负值，说明仍然是虚像，在第二球面下 $28.0\,\mathrm{cm}$ 处，即该像在水面之下，到前镜面的距离为 $26.0\,\mathrm{cm}$。

第二次的横向放大率 $\gamma_2 = -\dfrac{n_2 s'}{n_3 s_2} = 5.86$。

总的横向放大率 $\gamma = \gamma_1 \gamma_2 = 7.03$。像的长度为 $7.03 \times 0.5 = 3.5\,\mathrm{cm}$，$P$ 在 Q 的左侧。

4. **解**：对于物体上发出的光线，该元件有 3 次成像过程：①左侧球面折射；②右侧球面反射；③左侧球面折射。则逐次成像过程为 Σ_1 折射（空气→玻璃）→Σ_2 反射（玻璃→玻璃）→Σ_1 折射（玻璃→空气）。

平行光经过球面 Σ_1 折射（空气→玻璃），像距为 Σ_1 的右焦距，即 $s'_1 = \dfrac{nr_1}{n-1}$。该像作为反射球面的物，物距为 $s_2 = -s'_1 = -\dfrac{nr_1}{n-1}$。

经过球面 Σ_2 反射（玻璃→玻璃），像距为

$$s_2' = -\frac{r_2 s_2}{r_2 + 2s_2} = \frac{r_2 s_1'}{r_2 - 2s_1'}$$

反射面的像作为物，最后经球面 Σ_1 折射（玻璃→空气），物距为 $s_3 = -s_2'$，像距为

$$s_3' = -\frac{r_1 s_3}{(1-n)s_3 + nr_1}$$

s_3' 是元件焦点到球面 Σ_1 的距离，记为 f，即

$$f = \frac{\dfrac{r_2 f_1'}{r_2 - 2f_1'} r_1}{-(1-n)\dfrac{r_2 f_1'}{r_2 - 2f_1'} + nr_1} = \frac{r_2 f_1' r_1}{-(1-n)r_2 f_1' + nr_1(r_2 - 2f_1')} = \frac{r_1 r_2 \dfrac{nr_1}{n-1}}{-(1-n)r_2 \dfrac{nr_1}{n-1} + nr_1\left(r_2 - 2\dfrac{nr_1}{n-1}\right)}$$

$$= \frac{nr_1 r_2}{-(1-n)nr_2 + n[(n-1)r_2 - 2nr_1]} = \frac{1}{2}\frac{r_1 r_2}{n(r_2 - r_1) - r_2}$$

5. 解： 题中的透反射镜的反射面内侧是玻璃，可以将该元件看成一个平凸透镜和一个凹面镜的组合，两镜之间有一层等厚的、薄薄的空气，这样的空气层对光线的折射不起作用。这样一来，就可以认为透镜 L_2 和球面镜 M 都在空气中。

透镜 L_2 的焦距为 $f_2 = f_2' = \dfrac{1}{0 + \dfrac{1-1.5}{-12}} = 24$ cm，球面镜的焦距为 $f_3 = -\dfrac{-12}{2} = 6$ cm。物

经过该光具组共有 5 次成像过程，可以按照逐次成像的方法求解。

物体经过 L_1 成像，像距

$$s_1' = \frac{s_1 f_1}{s_1 - f_1} = \frac{5.6 \times 4}{5.6 - 4} = 14 \text{ cm}$$

该像在 L_2 的右侧，是 L_2 的虚物，物距为 $s_2 = d - s_1' = -4$ cm，再经过 L_2 成像，像距

$$s_2' = \frac{s_2 f_2}{s_2 - f_2} = \frac{-4 \times 24}{-4 - 24} = \frac{24}{7} \text{ cm}$$

该像在 L_2 的右侧，是反射镜 M 的虚物，物距 $s_3 = 0 - s_2' = -\dfrac{24}{7}$ cm。经过 M 成像，像距

$$s_3' = \frac{s_3 f_3}{s_3 - f_3} = \frac{-\dfrac{24}{7} \times 6}{-\dfrac{24}{7} - 6} = \frac{24}{11} \text{ cm}$$

这是实像，在 M 的左侧。由于反射光还要依次经过 L_2、L_1，所以对于 L_2，这是虚物，物距 $s_4 = -\dfrac{24}{11}$ cm。所以反射光再经过 L_2 成像，像距

$$s_4' = \frac{s_4 f_2}{s_4 - f_2} = \frac{-\dfrac{24}{1} \times 24}{-\dfrac{24}{11} - 24} = 2 \text{ cm}$$

这是实像，在 L_2 的左侧，对于 L_1 来说，它是实物，物距 $s_5 = d - s_4' = 8$ cm，像距

$$s_5' = \frac{s_5 f_1}{s_5 - f_1} = \frac{8 \times 4}{8 - 4} = 8 \text{ cm}$$

它在 L_1 左侧 8 cm 处。

6. 解： 如图 1-25 所示，棒的端面与侧面垂直，所以在侧面上入射角最小的光线，在端面上

的入射角是最大的。则实际上仅需对从端面入射的光线进行讨论。当然也可以先进行一般性讨论，然后得到结论。

在端面处的折射定律为 $\sin\theta_1 = n\sin\theta_1'$。从图 1-25 中可以看出 $\theta_1' = \frac{\pi}{2} - \theta_2$，因此有

$$\sin\theta_1 = n\cos\theta_2 = n\sqrt{1 - \sin^2\theta_2} = \sqrt{n^2 - n^2\sin^2\theta_2}$$

如果要发生全反射，要求 $n\sin\theta_2 \geqslant 1$，而 θ_1 可以取到 $\pi/2$，因此有

$$1 = \sqrt{n^2 - n^2\sin^2\theta_2} \leqslant \sqrt{n^2 - 1}$$

即为

$$n \geqslant \sqrt{2}$$

7. 解：设在直角坐标系中，光线的轨迹是圆，圆心在 (x_0, y_0) 处，半径为 r，其方程为

$$(y - y_0)^2 + (x - x_0)^2 = r^2$$

因此

$$y = y_0 \pm \sqrt{r^2 - (x - x_0)^2}$$

从而有

$$\frac{\mathrm{d}y}{\mathrm{d}x} = \pm\frac{x - x_0}{\sqrt{r^2 - (x - x_0)^2}} = \pm\frac{\sqrt{r^2 - (y - y_0)^2}}{y - y_0} = \pm\sqrt{\frac{r^2}{(y - y_0)^2} - 1}$$

结合光线方程

$$\left(\frac{\mathrm{d}y}{\mathrm{d}x}\right)^2 = \frac{n^2 - n_0^2\sin^2 i_0}{n_0^2\sin^2 i_0}$$

可得

$$\frac{r^2}{(y - y_0)^2} - 1 = \frac{n^2}{n_0^2\sin^2 i_0} - 1$$

即有

$$n(y) = \begin{cases} \dfrac{n_0 r\sin i_0}{y - y_0} & y > y_0 \\[3mm] -\dfrac{n_0 r\sin i_0}{y - y_0} & y < y_0 \end{cases}$$

8. 解：① 对比前题结论，当折射率为

$$n(y) = -\frac{n_0 r\sin i_0}{y - y_0}$$

时，光线的轨迹是圆，圆心在坐标原点。此时将折射率关系式化为标准的表达式，得到

$$n(y) = \frac{n_0}{1 - \dfrac{y}{r_0}} = -\frac{n_0 r_0}{y - r_0}$$

可见光线从外部入射时，入射角 $i_0 = 90°$，圆心位于 $x = 0$，$y_0 = r_0$ 处，半径为 r_0。

② 根据光的可逆性，当光线从另一侧的 A 点处以 $30°$ 入射时，有

$$n_A r\sin i_A = n_0 r\sin i_0$$

即为

$$n_A = \frac{n_0\sin i_0}{\sin i_A} = \frac{\sin 90°}{\sin 30°} = 2$$

③ 出射点 A 的位置满足

$$n_A = \frac{n_0}{1 - \dfrac{y_A}{r_0}}$$

可得

$$y_A = r_0 \left(1 - \frac{n_0}{n_A} \right)$$

厚度为

$$d = x_A - 0 = \sqrt{r_0^2 - (y_A - y_0)^2}$$

$$= \sqrt{r_0^2 - \left[r_0 \left(1 - \frac{n_0}{n_A} \right) - r_0 \right]^2}$$

$$= r_0 \sqrt{1 - \left(1 - \frac{1}{2} - 1 \right)^2} = \frac{\sqrt{3} r_0}{2}$$

最后求得

$$d = 11.3 \text{ cm}$$

9. **解**：可以用逐次成像法求解，物点发出的光线经过透明球的两个表面时都要折射成像，应该用单球面折射的成像公式逐次求解。

设球的半径为 r，如图 1-27 所示，物点 Q 第一次成像时，应该用单球面的物像公式

$$\frac{n}{s_1'} + \frac{1}{s} = \frac{n-1}{r}$$

得到

$$s_1' = \frac{nrs}{(n-1)s - r} = 0$$

说明：由于物点紧贴折射球面，物距 $s = 0$，像距 $s_1' = 0$，所以可以近似认为没有被此球面折射，即认为物点处于球的内部，紧贴表面。

对于前表面，物距 $s_2 = 2r$，因此第二次成像有

$$\frac{1}{s'} + \frac{n}{s_2} = \frac{1-n}{-r}$$

而出射光为平行光，即 $s' = \infty$，因此有

$$\frac{n}{2r} = \frac{1-n}{-r}$$

求得 $n = 2$。

10. **解**：根据反射定律，曲率半径与物方（也是像方）的折射率无关，反射面的光焦度会因物方的折射率不同而不同。但焦距保持不变，成像公式也不变。因此可以直接用球面镜的物像公式计算成像的情况。

物距 $s = 40 \text{ cm}$，像在球面镜后面，是一个虚像，$s' = -8 \text{ cm}$。由公式

$$\frac{n}{s'} + \frac{n}{s} = -\frac{2n}{r}$$

可以得到球面半径 $r = 20 \text{ cm}$。像高

$$y' = -y \frac{s'}{s} = 0.2 \text{ cm}$$

这是一个正立的虚像。光焦度

$$\Phi = -\frac{2n}{r} = -\frac{2n}{0.2} = -13.3 \text{ m}^{-1}$$

11. **解:**① 两折射面的光焦度分别是

$$\Phi_1 = \frac{n_L - 1}{r_1} = \frac{1.5 - 1}{-15} = -\frac{1}{30} \text{ cm}^{-1}$$

$$\Phi_2 = \frac{1 - n_L}{r_2} = \frac{1 - 1.5}{-10} = \frac{1}{20} \text{ cm}^{-1}$$

透镜的光焦度

$$\Phi = \Phi_1 + \Phi_2 = \frac{1}{60} \text{ cm}^{-1}$$

焦距为

$$f = \frac{1}{\Phi} = 60 \text{ cm}$$

② 由高斯公式

$$\frac{1}{s'} + \frac{1}{s} = \frac{1}{f}$$

解得

$$s' = \frac{sf}{s - f} = \frac{80 \times 60}{80 - 60} = 240 \text{ cm}$$

横向放大率为

$$\beta = -\frac{s'}{s} = -3$$

这是一个倒立的实像。

12. **解:**该气泡是一个厚透镜,根据两侧折射球面的特征,确定整个气泡的主平面和焦平面,即可求解。

① 两侧折射球面的间距为 $d = 2R$,焦距分别是

$$f_1 = \frac{nR}{1 - n} = -4R$$

$$f_1' = \frac{R}{1 - n} = -3R$$

$$f_2 = \frac{-R}{n - 1} = -3R$$

$$f_2' = \frac{-R}{n - 1} = -4R$$

因此有

$$\Delta = d - f_1' - f_2 = 8R$$

气泡的主点位置

$$S_H' = f_2' \cdot \frac{d}{\Delta} = -R = -2 \text{ cm}$$

$$S_H = f_1 \cdot \frac{d}{\Delta} = -R = -2 \text{ cm}$$

气泡的焦距

$$f' = -\frac{f_1' f_2'}{\Delta} = -\frac{3}{2}R = -3 \text{ cm}$$

$$f = -\frac{f_1 f_2}{\Delta} = -\frac{3}{2}R = -3 \text{ cm}$$

可以看出,主点 H、H' 都位于气泡中心处,而物方焦点 F 位于球心右侧 3 cm 处,像方焦点 F' 位于球心左侧 3 cm 处,因此物在很远处时所成像位于 F',正立虚像。

② 此时物距 $s=R$,代入高斯公式 $\dfrac{f'}{s'}+\dfrac{f}{s}=1$,可得像距为

$$s'=\frac{sf'}{s-f}=-\frac{3}{5}R=-\frac{6}{5}\ \text{cm}$$

像位于球心左侧 6/5 cm 处。横向放大率为

$$\beta=-\frac{3}{5}\times\frac{R}{-R}=\frac{3}{5}$$

因此这是一个正立缩小的虚像,横向放大率为 3/5。

13. **解**:先求出厚透镜的系统矩阵,再由基点的位置与系统矩阵元的关系确定节点的位置,系统矩阵为

$$\boldsymbol{M}_{x_2,x_1}=\begin{pmatrix}1 & \dfrac{1-1.5}{20}\\[2mm] 0 & 1\end{pmatrix}\begin{pmatrix}1 & 0\\[2mm] -\dfrac{10}{1.5} & 1\end{pmatrix}\begin{pmatrix}1 & \dfrac{1.5-1}{-10}\\[2mm] 0 & 1\end{pmatrix}=\begin{pmatrix}\dfrac{7}{6} & -\dfrac{1}{12}\\[2mm] -\dfrac{10}{1.5} & \dfrac{3}{4}\end{pmatrix}=\begin{pmatrix}B & A\\ D & C\end{pmatrix}$$

由公式可知

$$d_H=x_H-x_1=\frac{n_1(1-B)}{A}=\frac{1\times\left(1-\dfrac{7}{6}\right)}{-\dfrac{1}{12}}=2\ \text{cm}$$

$$d_{H'}=x_{H'}-x_2=\frac{n_2(C-1)}{A}=\frac{1\times\left(\dfrac{3}{4}-1\right)}{-\dfrac{1}{12}}=-4\ \text{cm}$$

由于透镜前后折射率相同,因此节点位置与主点位置重合,$x_N=x_H$,$x_{N'}=x_{H'}$。

系统的焦点为

$$f=-\frac{n_1}{A}=-\frac{1}{-\dfrac{1}{12}}=12\ \text{cm}=x_F-x_H$$

$$f'=-\frac{n_2}{A}=\frac{1}{-\dfrac{1}{12}}=-12\ \text{cm}=x_{F'}-x_{H'}$$

即 F 在透镜右表面右侧 2 cm 处,F' 在透镜左侧 6 cm 处。

14. **解**:① 根据公式 $\dfrac{n'}{l'}-\dfrac{n}{l}=\dfrac{n'-n}{r}$,如图 1-41(a)所示,先考虑前表面的折射,将参数 $r_1=30$ mm, $n_1=1$, $n_1'=1.5$, $l_1=\infty$ 代入公式有

$$l_1'=\frac{n_1'}{n_1'-n_1}r=3r=90\ \text{mm}$$

像在折射球面的右方,是一个实像。再考虑后表面折射,将 $r_2=-30$ mm, $n_2=1.5$, $n_2'=1$, $l_2=l_1'-d_1=30$ mm 代入得

$$\frac{1}{l_2'}-\frac{1.5}{30}=\frac{1-1.5}{-30}$$

得 $l_2'=15$ mm,像在球体后表面的右方,是一个实像。

② 如图 1-41(b)所示，前表面镀反射膜。根据 $\frac{1}{l'}+\frac{1}{l}=\frac{2}{r}$，得到 $l'=\frac{r}{2}=15$ mm，$\beta=-\frac{l'}{l}\to+0$，是实像。

③ 如图 1-41(c)所示，后表面镀反射膜。此时前表面折射同①，但是后表面是反射，应该代入反射镜公式

$$\frac{1}{l'_2}+\frac{1}{l_2}=\frac{2}{r_2}$$

得到 $l'_2=-10$ mm。光线射向前表面，经前表面折射成像，$l_3=l'_2-d_2=-10+60=50$ mm，$r_3=30$ mm，$n_3=1.5$，$n'_3=1$。因此根据公式 $\frac{1}{l'_3}-\frac{1.5}{50}=\frac{1-1.5}{r_3}$ 得到 $l'_3=75$ mm，这是一个虚像。

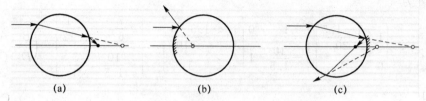

图 1-41　玻璃球前表面折射示意图

15. **解**：利用解析法求像，对于两个薄透镜组成的光学系统，可以采用逐步成像法结合过渡公式求解，也可以利用组合公式成像求解，同时还可以采用正切算法来进行计算。

① 逐步成像法，根据高斯公式 $\frac{1}{l'_1}-\frac{1}{l_1}=\frac{1}{f'_1}$，可得

$$\frac{1}{l'_1}-\frac{1}{-150}=\frac{1}{50}$$

得到 $l'_1=75$ mm。由过渡公式 $l_2=l'_1-d=75-50=25$ mm，再根据高斯公式 $\frac{1}{l'_2}-\frac{1}{l_2}=\frac{1}{f'_2}$，可得

$$\frac{1}{l'_2}-\frac{1}{25}=\frac{1}{100}$$

得到 $l'_2=20$ mm。可知像位于第二个透镜的右边 20 mm 处。根据公式 $\beta=\beta_1\beta_2=\frac{l'_1\cdot l'_2}{l_1\cdot l_2}=\frac{75}{-150}\times\frac{20}{25}=-\frac{2}{5}$，得到像的大小为

$$h'=25\times\left|-\frac{2}{5}\right|=10 \text{ mm}$$

这是一个倒像。

② 组合公式法，难点在于物体相对于整个系统的物距的确定，以及整个系统的主点的确定。

根据公式 $\frac{1}{f'}=\frac{1}{f'_1}+\frac{1}{f'_2}-\frac{d}{f'_1 f'_2}$，有

$$\frac{1}{f'}=\frac{1}{50}+\frac{1}{100}-\frac{50}{50\times100}$$

得到 $f'=50$ mm，$l_H=-f'\left(\dfrac{d}{f'_2}\right)$ 和 $l'_H=f'\left(-\dfrac{d}{f'_1}\right)$ 为组合系统的物方和像方主点相对于第一

个透镜和第二个透镜的位置,代入数值

$$l_H = -f'\left(\frac{d}{f_2}\right) = -50 \times \frac{50}{-100} = 25 \text{ mm}$$

$$l'_H = f'\left(-\frac{d}{f'_1}\right) = -50 \times \frac{50}{50} = -50 \text{ mm}$$

因此物体对于组合系统的物距为 -175 mm,根据高斯公式 $\frac{1}{l'_1} - \frac{1}{l_1} = \frac{1}{f'_1}$,得到

$$\frac{1}{l'} - \frac{1}{-175} = \frac{1}{50}$$

有 $l' = 70$ mm,所以像位于第二个透镜的右边 20 mm 处。又有

$$\beta = \frac{l'}{l} = \frac{70}{-175} = -\frac{2}{5}$$

所以最后像的大小为 $h' = 25 \times \left|-\frac{2}{5}\right| = 10$ mm,这是一个倒像。

16. **解:**首先研究 $S_1 P_1 M_1$ 面的折射。显然,$u = -40$ cm,$R = 15$ cm,$n_1 = 1.0$ 以及 $n_2 = 1.5$,那么

$$\frac{1.5}{v} + \frac{1}{40} = \frac{0.5}{15} \Rightarrow v = 180 \text{ cm}$$

在没有第二个界面时,距离点 P_2 150 cm 的点 O' 将成一像。点 O' 是一个虚像点,且位于 $S_2 P_2 M_2$ 的右侧。此时再考虑第二个界面的折射,有 $u = 150$ cm,$R = -25$ cm,$n_1 = 1.5$ 以及 $n_2 = 1.0$,那么

$$\frac{1.0}{v} - \frac{1.5}{150} = \frac{0.5}{25}$$

可得 $v = 33\frac{1}{3}$ cm,也就是在点 P_2 的右侧 $33\frac{1}{3}$ cm 处呈现一个实像。

17. **解:**$R_1 = 4$ cm,$R_2 = -4$ cm,$t = 1$ cm,两个界面有相同的光焦度

$$P_1 = P_2 = \frac{n-1}{R_1} = \frac{0.5}{4} = 0.125 \text{ cm}^{-1}$$

根据公式可得系统矩阵

$$\boldsymbol{S} = \begin{pmatrix} 1 - \dfrac{P_2 t}{n} & -P_1 - P_2\left(1 - \dfrac{t}{n}P_1\right) \\ \dfrac{t}{n} & 1 - \dfrac{t}{n}P_1 \end{pmatrix} = \begin{pmatrix} 1 - \dfrac{0.125 \times 1}{1.5} & -0.125 - 0.125\left(1 - \dfrac{1}{1.5} \times 0.125\right) \\ \dfrac{1}{1.5} & 1 - \dfrac{1}{1.5} \times 0.125 \end{pmatrix}$$

$$= \begin{pmatrix} 0.916\,7 & -0.24 \\ 0.666\,7 & 0.916\,7 \end{pmatrix}$$

因此

$$a = \frac{1}{f} = 0.24 \Rightarrow f \approx 4.2 \text{ cm}, \quad b = 0.916\,7 = c, \quad d = -0.666\,7$$

根据公式可得主平面位置

$$d_{u1} = \frac{1-b}{a} \approx 0.35 \text{ cm}, \quad d_{u2} = \frac{c-1}{a} \approx -0.35 \text{ cm}$$

主平面位置如图 1-32 所示。因为透镜置于空气中,故节平面与主平面重合。

18. **解:**将 $s = 80$ cm,$f = 20$ cm 代入薄透镜公式,可得像距

$$s' = \frac{sf}{s-f} = \frac{80 \times 20}{80-20} = 27 \text{ cm}$$

利用 3 条特殊线作出光路图,图 1-42 中显示像 $A'B'$ 与物体 AB 分别位于透镜的两侧,像距透镜 27 cm。由于 $A'B'$ 是穿过透镜的光线的实际交点,眼睛迎着光线看去,它也是实际光线的发出点,所以 $A'B'$ 是 AB 的实像,而且是倒立的。

如图 1-42 所示,$\triangle ABO$ 和 $\triangle A'B'O$ 相似,可以求得像的高度放大倍数,即像的横向放大率为

$$\Delta m = \frac{A'B'}{AB} = \frac{s'}{s} = \frac{27}{80} \approx \frac{1}{3}$$

即像的高度缩小到物体的 1/3。

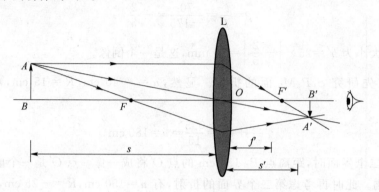

图 1-42 光路图

19. **解**:是否需要镀增反金属膜取决于入射光线在斜面上的入射角是否大于临界角,即能否发生全反射,所以可以直接用折射定律求解。在第一个界面上有

$$\sin \gamma_1 = \frac{n \sin i_1}{n'} = \frac{\sin 3.5'}{1.516\ 3} \Rightarrow \gamma_1 = 0.038\ 47°$$

由几何关系可知

$$\beta = 90° - \gamma_1, \quad \alpha = \beta + \theta, \quad i_2 = \alpha - 90°$$

因此有

$$i_2 = \theta - \gamma_1 = 44.962°$$

而第二面的临界角

$$i_c = \sin^{-1} \frac{1}{n} = \sin^{-1} \frac{1}{1.516\ 3} = 41.262° \Rightarrow i_2 > i_c$$

因此在该斜面无须镀金属膜。

20. **解**:经过折射球面 Σ_1 第一次成像,以顶点 O_1 为原点,利用单折射球面物像公式

$$-\frac{n_1}{s_1} + \frac{n_1'}{s_1'} = \frac{n_1' - n_1}{r_1}$$

式中,$s_1 = -20$ cm,$n_1 = 1.00$,$n_1' = 1.50$,$r_1 = 5.0$ cm,代入上式可得 $s_1' = 30$ cm,放大率为

$$m_1 = \frac{n_1 s_1'}{n_2 s_1} = \frac{30}{1.5 \times (-20)} = -1$$

经过折射球面 Σ_2 第二次成像,以顶点 O_2 为原点,再利用单折射球面物像公式

$$-\frac{n_2}{s_2} + \frac{n_2'}{s_2'} = \frac{n_2' - n_2}{r_2}$$

式中,$s_2 = 30 - 10 = 20$ cm,$n_2 = 1.50$,$n_2' = 1.00$,$r_2 = -10$ cm,代入上式可得

$$s_2' = 8 \text{ cm}$$

放大率为

$$m_2 = \frac{n_2 s_2'}{n_2' s_2} = \frac{1.50 \times 8}{1.00 \times 20} = 0.6$$

总的放大率为

$$m = m_1 m_2 = -0.6, \quad y' = y \times m = -0.6 \text{ mm}$$

最终像位于顶点 O_2 右侧 8 cm 处,是一个倒立、缩小的实像。

21. **解**:先计算经过 L_1 的成像,由薄透镜物像公式

$$-\frac{1}{s_1} + \frac{1}{s_1'} = \frac{1}{f_1}$$

将 $s_1 = -20 \text{ cm}$, $f_1 = 10 \text{ cm}$ 代入可得

$$s_1' = 20 \text{ cm}, \quad m_1 = \frac{s_1'}{s_1} = \frac{20}{-20} = -1$$

所以物体经过 L_1 后形成一个等大、倒立的实像。

再经过 L_2 成像,此时根据薄透镜物像公式

$$-\frac{1}{s_2} + \frac{1}{s_2'} = \frac{1}{f_2}$$

将 $s_2 = 20 - 10 = 10 \text{ cm}$, $f_1 = -15 \text{ cm}$ 代入可得

$$s_2' = 30 \text{ cm}, \quad m_2 = \frac{s_2'}{s_2} = \frac{30}{10} = 3$$

此时物体是一个放大 3 倍的正立实像。总的放大倍数

$$m = m_1 m_2 = -1 \times 3 = -3$$

最后成像在 L_2 右侧 30 cm 处,是一个倒立、放大 3 倍的实像。

22. **解**:按照题意

$$n_{ti} = \frac{n_t}{n_i} = \frac{c/v_t}{c/v_i} = \frac{v_i}{v_t} = \frac{v\lambda_i}{v\lambda_t} = \frac{\lambda_i}{\lambda_t} = \frac{4}{3}$$

因此有

$$\lambda_t = \frac{3}{4}\lambda_i = \frac{3}{4} \times 12 = 9 \text{ cm}$$

又由于 $n_i \sin\theta_i = n_t \sin\theta_t$,因此有

$$\sin\theta_t = \frac{n_i}{n_t}\sin\theta_i = \frac{3}{4}\sin 45°, \quad \theta_t = 32°$$

23. **解**:在第一个表面折射,有 $n_1 = 1.00$, $n_2 = 1.50$, $s = -100 \text{ cm}$, $R = 25 \text{ cm}$。将这些值代入单球面折射方程

$$-\frac{n_1}{s} + \frac{n_2}{s'} = \frac{n_2 - n_1}{R} \Rightarrow s' = 150 \text{ cm}$$

像成在第一个折射面的右侧,放大倍数

$$m_1 = \frac{n_1 s'}{n_2 s} = \frac{1.00 \times 150}{1.5 \times (-100)} = -1$$

在第二个表面折射,有 $n_1 = 1.50$, $n_2 = 1.00$, $s = 150 - 2 \times 25 = 100 \text{ cm}$, $R = -25 \text{ cm}$,代入单球面折射方程

$$-\frac{1.50}{100} + \frac{1.00}{s'} = \frac{1.00 - 1.50}{-25} \Rightarrow s' = 29 \text{ cm}$$

第二次放大倍数

$$m_2 = \frac{n_1 s'}{n_2 s} = \frac{1.50 \times 29}{1.00 \times 100} = 0.44$$

最终像高 $h = -0.44 \times 2 = -0.88$ cm,负号表示像是倒立的,总放大倍数为

$$m = m_1 m_2 = -0.44$$

24. 解:① 由题可知 $R_1 = \infty$,$R_2 = -5$ cm,所以有

$$-\frac{1}{-30} + \frac{1}{s'} = \frac{1.5-1}{1}\left(\frac{1}{\infty} - \frac{1}{-5}\right)$$

解得

$$s' = 15 \text{ cm}$$

像位于透镜右边,是实像。

② 由题可知 $R_1 = 5$ cm,$R_2 = -\infty$,所以有

$$-\frac{1}{-30} + \frac{1}{s'} = \frac{1.5-1}{1}\left(\frac{1}{5} - \frac{1}{-\infty}\right)$$

解得

$$s' = 15 \text{ cm}$$

像位于透镜右边,是实像。

25. 解:首先计算由第一个透镜成像的位置和大小

$$u = -40 \text{ cm}, \quad f = 20 \text{ cm}$$

代入公式可得

$$\frac{1}{v} = \frac{1}{u} + \frac{1}{f} = -\frac{1}{40} + \frac{1}{20} = \frac{1}{40}$$

因此,$v = 40$ cm,$m_1 = -1$。所以像和物的大小一致,但是是颠倒的。这个像作为凹透镜的虚物,$u = 32$ cm,$f = -10$ cm,故

$$\frac{1}{v} = \frac{1}{u} + \frac{1}{f} = \frac{1}{32} - \frac{1}{10} = -\frac{22}{320}$$

可得

$$v \approx -14.5 \text{ cm}$$

进而有

$$m_2 = -\frac{320/22}{32} = -\frac{1}{2.2}$$

则

$$m = m_1 m_2 = \frac{1}{2.2}$$

所以最后成像位于凹透镜左侧 14.5 cm 处,是个正立、缩小 1/2.2 的虚像。

26. 解:① 玻璃球是由两个共轴的球面折射系统构成的厚透镜。两个球面作为单独的球面折射系统,其焦距分别是

$$f_1 = \frac{r}{n-1} = 4.00 \text{ cm}$$

$$f_1' = \frac{nr}{n-1} = 6.00 \text{ cm}$$

$$f_2 = \frac{nr}{1-n} = 6.00 \text{ cm}$$

$$f'_2 = \frac{r}{1-n} = 4.00 \text{ cm}$$

两球面之间的光学间隔为

$$\Delta = d - f'_1 - f_2 = 4 - 6 - 6 = -8.00 \text{ cm}$$

同时,玻璃球的有效焦距为

$$f = -\frac{f_1 f_2}{\Delta} = 3.00 \text{ cm}$$

$$f' = -\frac{f'_1 f'_2}{\Delta} = 3.00 \text{ cm}$$

物方主点 H 与左侧球面顶点 A_1 的距离为

$$x_H = \frac{d}{\Delta} f_1 = \frac{4}{-8} \times 4 = -2.00 \text{ cm}$$

这就说明 H 在 A_1 右方 2.00 cm 处,所以 H 就位于球心位置。像方主点 H' 与右侧球面顶点 A_2 的距离为

$$x'_H = \frac{d}{\Delta} f'_2 = -2.00 \text{ cm}$$

这就说明 H' 在 A_2 左方 2.00 cm 处,所以 H' 也位于球心位置。因此两主点重合于球心,物方焦点 F 位于球心左方 3.00 cm 处,像方焦点 F' 位于球心右方 3.00 cm 处。

② 对于在 A_1 点处的小物,物距 $s = 2.00$ cm。由高斯公式

$$\frac{1}{s} + \frac{1}{s'} = \frac{1}{f}$$

可得像距

$$s' = \frac{sf}{s-f} = -6.00 \text{ cm}$$

横向放大率为

$$M = -\frac{s'}{s} = 3.00$$

这是放大正立虚像,如图 1-43 所示。

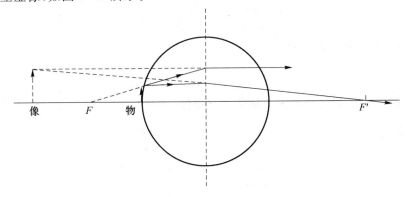

图 1-43 习题 26 物体成像示意图

27. **解**:由槽壁与平凸透镜组成的新平凸薄透镜处在水和空气之间。利用空气中薄透镜的焦距公式可求出其凸面的曲率半径,再计算它处于水和空气之间时的物方焦距和像方焦距,然后用高斯成像公式求像距和横向放大率。这与透镜贴在水槽内壁类似。

① 空气中薄透镜的焦距公式

$$f_0 = \frac{1}{(n-1)\left(\frac{1}{r_1} - \frac{1}{r_2}\right)} = \frac{1}{-(n-1)} \cdot \frac{1}{r_2} = -\frac{r_2}{n-1} = -2r_2$$

式子中的 $r_1 = \infty, n = \frac{3}{2}$。因此凸面的曲率半径为

$$r_2 = -\frac{f_0}{2}$$

由槽壁与平凸透镜组成的新平凸薄透镜处在水和空气之间,其物方焦距为

$$f = \frac{n_1}{\dfrac{n-n_1}{r_1} + \dfrac{n_2-n}{r_2}} = \frac{n_1 \cdot r_2}{n_2 - n}$$

$$= \frac{\dfrac{4}{3}r_2}{1 - \dfrac{2}{3}} = \frac{4}{3}f_0 = n_1 f_0$$

设其像方焦距为 f',则

$$\frac{f'}{f} = \frac{n_2}{n_1}$$

故

$$f' = \frac{n_2}{n_1}f = f_0$$

设物距为 s,像距为 s',由高斯公式

$$\frac{f}{s} + \frac{f'}{s'} = 1$$

可得

$$\frac{n_1 f_0}{s} + \frac{f_0}{s'} = 1$$

故像距为

$$s' = \frac{s \cdot f_0}{s - n_1 f_0} = \frac{f_0}{1 - n_1} = -3f_0$$

其中用到 $s = f_0$,其横向放大率为

$$M = -\frac{f \cdot s'}{f' \cdot s} = 3n_1 = 4$$

即在与槽壁距离为 $3f_0$ 处得到放大 4 倍的正立虚像。

② 若透镜贴合在水槽的内壁,那么 $r_1 = \frac{f_0}{2}, r_2 = \infty$,所以

$$f = \frac{n_1}{\dfrac{n-n_1}{r_1} + \dfrac{n_2-n}{r_2}} = 6n_1 r_1 = 4f_0$$

$$f' = \frac{n_2}{n_1}f = 3f_0$$

代入高斯公式可得

$$\frac{4f_0}{s} + \frac{3f_0}{s'} = 1$$

因此

$$s' = \frac{3s \cdot f_0}{s - 4f_0}$$

当 $s = f_0$ 时，像距为

$$s' = -f_0$$

横向放大率为

$$M = -\frac{f \cdot s'}{f' \cdot s} = \frac{4}{3}$$

此时物与像在同一位置，像是放大 4/3 倍的正立虚像。

28. **解**：当表壳间充满空气时，第一块表壳玻璃对光传播的影响可以忽略，只有涂银的那块起球面反射镜的作用，由球面反射成像公式可求出球面的曲率半径 r。而当表壳间充满水后，可以将其称为薄凸水透镜及球面反射镜的组合，物点 Q 经历 3 次成像过程，首先经水透镜成像，其次经过球面反射镜成像，最后经水透镜成像。

当表壳间为空气时，物点 Q 经球面反射成像。设表壳玻璃的曲率半径为 r，由球面反射成像公式，有

$$\frac{1}{s'} + \frac{1}{s} = -\frac{2}{r}$$

当 $s = s' = L = 20$ cm 时，得到

$$r = -L = -20 \text{ cm}$$

而当表壳间注满水时，可以将其称为薄凸水透镜，其焦距为

$$f = \frac{|r|}{2(n-1)} = 30 \text{ cm}$$

物点 Q 经过水透镜第一次成像，设物距为 s_1，像距为 s_1'，则

$$\frac{1}{s_1} + \frac{1}{s_1'} = \frac{1}{f} \tag{1}$$

再以物距 $s_2 = -s_1'$ 经过球面反射镜第二次成像。设像距为 s_2'，则

$$\frac{1}{s_2} + \frac{1}{s_2'} = -\frac{2}{r}$$

即为

$$\frac{1}{s_2'} - \frac{1}{s_1'} = -\frac{2}{r} \tag{2}$$

最后经过水透镜第三次成像，有

$$\frac{1}{s_3'} + \frac{1}{s_3} = \frac{1}{f}$$

其中物距 $s_3 = -s_2'$，代入得

$$\frac{1}{s_3'} - \frac{1}{s_2'} = \frac{1}{f} \tag{3}$$

式(1)与式(2)相加得到

$$\frac{1}{s_1} + \frac{1}{s_2'} = \frac{1}{f} - \frac{2}{r} \tag{4}$$

式(3)和式(4)相加得到

$$\frac{1}{s_1} + \frac{1}{s_3'} = \frac{2}{f} - \frac{2}{r} \tag{5}$$

式中，s_1 为最初的物距，s_3' 为最终的像距。

按照题目要求，最后的像点与物点落在同一屏幕上，也即要求

$$s_1 = s_3' = L \tag{6}$$

由式(5)和式(6)得到

$$\frac{2}{L} = \frac{2}{f} - \frac{2}{r}$$

式中 $f = 30 \text{ cm}, r = -20 \text{ cm}$，代入得到

$$L = \frac{f \cdot r}{r - f} = 12 \text{ cm}$$

所以结论为：当屏幕与注水表壳玻璃的间距 $L = 12 \text{ cm}$ 时，物点与像点均在该屏幕上。

第2章 光波的描述

2.1 知识要点

1. 光的电磁波描述

（1）波动方程与传播速度

广义波动方程：$\dfrac{\partial^2 f}{\partial z^2} - \dfrac{1}{v^2}\dfrac{\partial^2 f}{\partial t^2} = 0$。

传播速度：$v = \dfrac{1}{\sqrt{\varepsilon\mu}} = \dfrac{1}{\sqrt{\varepsilon_r\mu_r}}\dfrac{1}{\sqrt{\varepsilon_0\mu_0}}$（$\varepsilon_r$ 为相对介电常数，μ_r 为相对磁导率）。

（2）电磁波是横波

电磁波沿 $\boldsymbol{k}$ 方向传播，它的电场强度 $\boldsymbol{E}$、磁场强度 $\boldsymbol{H}$ 和电磁波传播矢量 $\boldsymbol{k}$ 互相垂直，并且满足右手螺旋定则，因此电磁波是横波。

（3）电场、磁场的幅度和相位的关系

对比式 $E_x = E_0\cos(\omega t - kz)$ 和式 $H_y = H_0\cos(\omega t - kz)$ 可知，$\boldsymbol{E}$ 与 $\boldsymbol{H}$ 保持同相位，它们同时达到极大值或极小值，且有 $\sqrt{\varepsilon}\,E_0 = \sqrt{\mu}\,H_0$，任意时刻 $\sqrt{\varepsilon}\,E_x = \sqrt{\mu}\,H_y$。

2. 坡印廷矢量与光强

（1）能量密度、能流密度

能量密度：光波场内单位体积中的能量称为光的能量密度。

$$W = W_e + W_m = \frac{EH}{v}$$

能流密度：光波在单位时间内传输过单位界面的能量。能流密度 $S = \omega \cdot v = EH$。考虑方向则有 $\boldsymbol{S} = EH\boldsymbol{k} = \boldsymbol{E} \times \boldsymbol{H}$，即为坡印廷矢量。

（2）光强

$S = \sqrt{\dfrac{\varepsilon}{\mu}}E^2\cos^2(\omega t - kz)$ 为瞬时迅变值，实际测得的光强为时间平均值：

$$I = \langle S \rangle = \sqrt{\frac{\varepsilon}{\mu}}E_0^2\frac{1}{\tau}\int_0^\tau \cos^2(\omega t - kz)\,\mathrm{d}t = \frac{1}{2}\sqrt{\frac{\varepsilon}{\mu}}E_0^2 = \frac{1}{2}n\varepsilon_0 c E_0^2 \ \mathrm{W/m^2}$$

3. 光波场的数学描述

（1）一维单色平面光波

沿 z 方向传输的单色平面波可以表示为：$E(z,t)=A\cos(\omega t-\frac{2\pi}{\lambda}z+\varphi_0)$。它是 $\frac{\partial^2 E}{\partial z^2}-$ $\frac{1}{v^2}\frac{\partial^2 E}{\partial t^2}=0$ 的解。

定义传播常数 $k=\frac{2\pi}{\lambda}$，可以表示为 $E(z,t)=A\cos(\omega t-kz+\varphi_0)$。

定义 $v=\frac{1}{T}$ 为时间频率，$f=\frac{1}{\lambda}$ 为空间频率，可以表示为：

$$E(z,t)=A\cos\left[2\pi(\frac{t}{T}-\frac{z}{\lambda})+\varphi_0\right]=A\cos[2\pi(vt-fz)+\varphi_0]$$

（2）三维平面光波场

波函数：
$$E(\mathbf{r},t)=A\cos(\omega t-\mathbf{k}\mathbf{r}+\varphi_0)=A\cos[\omega t-(k_x x+k_y y+k_z z)+\varphi_0]$$
$$E(\mathbf{r},t)=A\cos[\omega t-k(x\cos\alpha+y\cos\beta+z\cos\gamma)+\varphi_0]$$

空间频率 $f=\frac{1}{\lambda}$，空间圆频率 $k=\frac{2\pi}{\lambda}$，$\mathbf{f}=\frac{\mathbf{\rho}_z}{2\pi}$，故空间频率与观察方向有关。

波函数用空间频率可以表示为：$E(\mathbf{r},t)=A\cos[\omega t-2\pi(f_x x+f_y y+f_z z)+\varphi_0]$。

（3）三维球面光波场

球面光波场是沿球面传播的光波。

发散球面波：$E(\mathbf{r},t)=\frac{A}{r}\cos(wt-kr+\varphi_0)$。

会聚球面波：$E(\mathbf{r},t)=\frac{A}{r}\cos(wt+kr+\varphi_0)$。

（4）柱面光波场

柱面光波场的波面是柱面，它的波函数：$E(p,t)=\frac{A}{\sqrt{r}}\cos(wt-kr+\varphi_0)$。

（5）高斯光波场

高斯光束振幅：$A(p)=\frac{A_0}{\omega(z)}\exp\left[-\frac{x^2+y^2}{\omega^2(z)}\right]$。

相位：$\varphi(p,t)=\omega t-\varphi(p),\varphi(p)=k\left[z+\frac{x^2+y^2}{2R(z)}\right]-\varphi_0(z)$。

性质：

① 振幅横向分布为高斯分布 $e^{-\frac{r^2}{\omega^2(z)}}$，能量集中在 z 轴。

② 光斑尺寸（横向振幅为 $\frac{1}{e}$ 值时的半径）：$\omega^2(z)=\omega_0^2(1+\frac{z^2}{z_0^2})$。$\omega_0$ 是 $z=0$ 处的光斑尺寸，也是光斑尺寸的最小值，还是高斯光束的腰斑半径。其中 $z_0=\frac{\pi\omega_0^2 n}{\lambda}$，表示的是瑞利范围——$\omega(z)$ 增大到 $\sqrt{2}$ 倍（光斑面积增大两倍）时的范围。

③ z 处波阵面是球面，曲率半径 $R(z)=z(1+\frac{z_0^2}{z^2})$，$R(z)>z$，$z=\pm z_0$ 时达到最小值。

④ 高斯光束传播曲线为双曲面，衍射发散角：

$$\theta_{\text{beam}} = \arctan\left(\frac{\lambda}{\pi\omega_0 n}\right) \approx \frac{\lambda}{\pi\omega_0 n}$$

4. 波函数的复数表示

（1）复数表示

波函数可以表示为：

$$E(p,t) = A\cos(\omega t - \boldsymbol{k}\boldsymbol{r} + \varphi_0) = \text{Re}\{A\exp[-\text{i}(\omega t - \boldsymbol{k}\boldsymbol{r} + \varphi_0)]\}$$

$A\cos(\omega t - \boldsymbol{k}\boldsymbol{r} + \varphi_0) \Leftrightarrow A\exp[-\text{i}(\omega t - \boldsymbol{k}\boldsymbol{r} + \varphi_0)]$，满足一一对应关系，计算时可以进行加减、乘常数、微商、积分，上面两式的对应关系不变，最后对结果取实部即可。

（2）复振幅

由 $E(p,t) = A\text{e}^{\text{i}(\boldsymbol{k}\boldsymbol{r} - \varphi_0)}\text{e}^{-\text{i}\omega t} = \widetilde{E}(p)\text{e}^{-\text{i}\omega t}$，当在固定时间分析空间振幅与相位分布时可以略去时间因子，此时用复振幅 $\widetilde{E}(p)$ 可以表示振幅分布和相位分布。

平面波：$\widetilde{E}(p) = \underbrace{A}_{\text{振幅分布}}\ \underbrace{\text{e}^{\text{i}(\boldsymbol{k}\boldsymbol{r} - \varphi_0)}}_{\text{相位分布}}$。

球面波：$\widetilde{E}(p) = \dfrac{A}{r}\text{e}^{\text{i}(\boldsymbol{k}\boldsymbol{r} - \varphi_0)} \approx \dfrac{A}{z}\text{e}^{\text{i}(kz - \varphi_0)}\text{e}^{\text{i}k\frac{x^2 + y^2}{2z}}$。

高斯光束：$\widetilde{E}(p) = \underbrace{\dfrac{A_0}{\omega(z)}\exp\left[-\dfrac{x^2 + y^2}{\omega^2(z)}\right]}_{\text{振幅分布}}\underbrace{\exp\left\{\text{i}k\left[z + \dfrac{x^2 + y^2}{2R(z)}\right] - \text{i}\varphi_0(z)\right\}}_{\text{相位分布}}$。

（3）光强

由于复数与复数相乘不能直接对应取实部，即 $\text{Re}(z_1, z_2) \neq \text{Re}\,z_1\text{Re}\,z_2$，因此光强应表示为 $I = E(p,t) \cdot E^*(p,t) = A\text{e}^{\text{i}(\boldsymbol{k} \cdot \boldsymbol{r} + \varphi_0)}\text{e}^{-\text{i}\omega t}A\text{e}^{-\text{i}(\boldsymbol{k}\boldsymbol{r} + \varphi_0)}\text{e}^{\text{i}\omega t} = A^2$，$I = \widetilde{E}(p)\widetilde{E}^*(p)$。

实表示：$I = \langle S \rangle = \sqrt{\dfrac{\varepsilon}{\mu}}A^2\dfrac{1}{\tau}\int_0^{\tau}\cos^2[(\omega t - \boldsymbol{k} \cdot \boldsymbol{r}) + \varphi_0]\text{d}t = \dfrac{1}{2}\sqrt{\dfrac{\varepsilon}{\mu}}A^2$；$I = A^2$。

在光学计算中，如干涉、衍射都有相同的因子 $\dfrac{1}{2}\sqrt{\dfrac{\varepsilon}{M}}$，故可忽略该因子。

5. 光波的偏振态

电磁波是横波，横波有许多形态，每种形态对应一种偏振态。具体可划分为：

$$\text{偏振态}\begin{cases}\text{完全偏振}\begin{cases}\text{线偏振}\\\text{圆偏振}\\\text{椭圆偏振}\end{cases}\\\text{非偏振（自然光）}\\\text{部分偏振}\begin{cases}\text{部分线偏振}\\\text{部分圆偏振}\\\text{部分椭圆偏振}\end{cases}\end{cases}$$

（1）线偏振光

电矢量始终在一个平面内振动的光或者电矢量振动的投影是一条直线的光，就是线偏振光，如图 2-1 和图 2-2 所示。

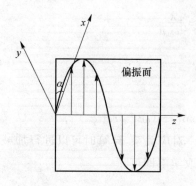 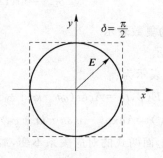

图 2-1 线偏振光传播示意图   图 2-2 线偏振光电矢量投影示意图

（2）圆偏振光

在一个与光波矢垂直的平面内观察其电矢量,如果电矢量是绕着传播的匀速转动,且电矢量的大小保持不变,其端点轨迹为圆,即为圆偏振光:

$$E_x = A\cos(\omega t - kz)$$

$$E_y = A\cos(\omega t - kz \pm \frac{\pi}{2})$$

光矢量顺时针旋转逆（从 z 轴正方向看）即为右旋圆偏振光;光矢量逆时针旋转逆（从 z 轴正方向看）即为左旋圆偏振。

（3）椭圆偏振光

在一个与光波矢垂直的平面内观察其电矢量,如果是绕传播方向旋转的,而且在不同的角度有不同的大小,其数值呈周期性变化,矢量端点的轨迹为椭圆,这种光就是椭圆偏振光,如图 2-3 所示。

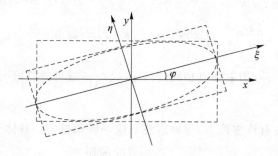

图 2-3 椭圆偏振光坐标表示示意图

$$E_x = A_x \cos(\omega t - kz)$$

$$E_y = A_y \cos(\omega t - kz + \delta), \quad \delta = \varphi_{oy} - \varphi_{ox}$$

$$\left(\frac{E_x}{A_x}\right)^2 + \left(\frac{E_y}{A_y}\right)^2 - 2\frac{E_x E_y}{A_x A_y}\cos\delta = \sin^2\delta, \quad \tan\varphi = \frac{2A_x A_y \cos\delta}{A_x^2 - A_y^2}$$

不同情况下的椭圆偏振如图 2-4 所示。

（4）自然光

自然光光源包含大量原子和分子,各自无规则发射,振动方向不同,初相不同,这些不同的波列汇聚到一起,在垂直面内具有一切可能的偏振方向,初相彼此无关。

（5）部分偏振光

部分偏振光介于线偏振与自然光之间,与自然光相似,各个偏振方向都有,但光强不同。

部分偏振光可以看作是自然光与完全偏振光的合成,如图 2-5 所示。

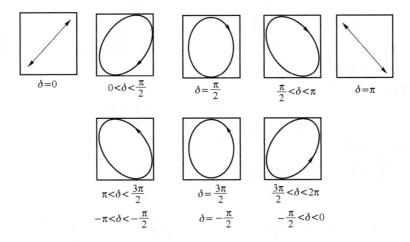

图 2-4 不同情况下的椭圆偏振示意图

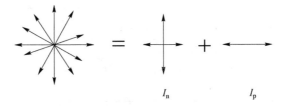

图 2-5 部分偏振光光强描述示意图

偏振度公式:

$$P = 偏振度 = \frac{完全偏振光光强}{总光强} = \begin{cases} 0 & 非偏振光 \\ 1 & 完全偏振光 \\ 0 < P < 1 & 部分偏振光 \end{cases}$$

6. 菲涅耳公式

以光波动的观点考虑折射、反射后各列波的振幅、相位、能量,可得菲涅耳公式。菲涅耳公式中的各个物理量是电场强度的瞬时值,描述同一点不同列波的电场强度之间的关系。

(1)横电波(TE 波)

横电波电场强度关系如图 2-6 所示。

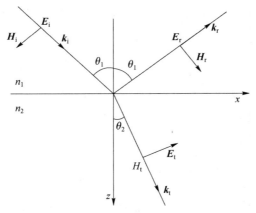

图 2-6 横电波电场强度关系示意图

反射系数：

$$r_s = \frac{A_{rs}}{A_{is}} = \frac{\sqrt{\frac{\varepsilon_{r1}}{\mu_{r1}}}\cos\theta_1 - \sqrt{\frac{\varepsilon_{r2}}{\mu_{r2}}}\cos\theta_2}{\sqrt{\frac{\varepsilon_{r1}}{\mu_{r1}}}\cos\theta_1 + \sqrt{\frac{\varepsilon_{r2}}{\mu_{r2}}}\cos\theta_2} \xrightarrow{\mu_r \approx 1} = \frac{n_1\cos\theta_1 - n_2\cos\theta_2}{n_1\cos\theta_1 + n_2\cos\theta_2} = -\frac{\sin(\theta_1 - \theta_2)}{\sin(\theta_1 + \theta_2)}$$

透射系数：

$$t_s = \frac{A_{ts}}{A_{is}} = \frac{2n_1\cos\theta_1}{n_1\cos\theta_1 + n_2\cos\theta_2} = \frac{2\sin\theta_2\cos\theta_1}{\sin(\theta_1 + \theta_2)}$$

（2）横磁波（TM 波）

横磁波电场强度关系如图 2-7 所示。

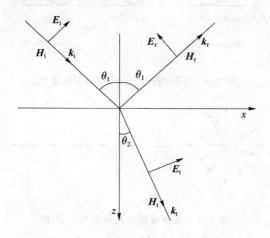

图 2-7　横磁波电场强度关系示意图

反射系数：

$$r_p = \frac{A_{rp}}{A_{ip}} = \frac{n_2\cos\theta_1 - n_1\cos\theta_2}{n_2\cos\theta_1 + n_1\cos\theta_2} = \frac{\tan(\theta_1 - \theta_2)}{\tan(\theta_1 + \theta_2)}$$

透射系数：

$$t_p = \frac{A_{tp}}{A_{ip}} = \frac{2n_1\cos\theta_1}{n_2\cos\theta_1 + n_1\cos\theta_2} = \frac{2\sin\theta_2\cos\theta_1}{\sin(\theta_1 + \theta_2)\cos(\theta_1 - \theta_2)}$$

7. 菲涅耳公式的推论

（1）布儒斯特（Brewster）定律

当 $\theta_1 + \theta_2 = 90°$ 时，$\tan(\theta_1 + \theta_2) = \infty$，$r_p = 0$，无 p 分量反射光，只有 s 分量偏角，布儒斯特角 $\theta_b = 90° - \theta_2$，$\tan\theta_b = \dfrac{n_2}{n_1}$。

（2）外反射相移

当光从光疏介质入射到光密介质界面上时，发生外反射，p 分量和 s 分量之间要产生相位变化，这种现象称之为外反射相移，$r = |r|e^{i\delta}$。

（3）反射率与透射率

设一束光的光强为 $I = \dfrac{1}{2}\dfrac{n}{\mu_0 c}|E_0|^2$，反射率 $R = \dfrac{\omega_r}{\omega_i} = \dfrac{I_r S_r}{I_i S_i} = \dfrac{n_1 I_r}{n_1 I_i} = \left|\dfrac{A_r}{A_i}\right|^2 = |r|^2$，透射率

$T = \dfrac{\omega_r}{\omega_i} = \dfrac{I_t S_t}{I_i S_i} = \dfrac{I_t A\cos\theta_2}{I_i A\cos\theta_1} = \dfrac{n_2\cos\theta_2}{n_1\cos\theta_1}|t|^2$。可证 $R + T = 1$，即代表能量守恒。

正入射时：$R = (\dfrac{n_2 - n_1}{n_2 + n_1})^2$，$T = \dfrac{4n_1^2}{(n_2 + n_1)^2}$。图 2-8 为正入射时 R_s 和 R_p 随入射角的变化。

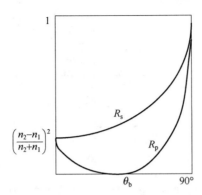

图 2-8　正入射时 R_s 和 R_p 随入射角的变化示意图

8. 全反射

（1）全反射

光波从光密介质射向光疏介质时（$n_1 > n_2$），根据折射定律 $n_1 \sin \theta_1 = n_2 \sin \theta_2$，$\theta_1 < \theta_2$。当 $\theta_1 \geqslant \theta_c$ 时，$\sin \theta_2 \geqslant 1$，事实上这时没有折射光，入射光全部反射回原介质，发生全反射。临界角 $\theta_c = \arcsin \dfrac{n_2}{n_1}$。

（2）倏逝波

发生全反射时，透射波深入界面 λ 时（微米量级）已经衰减明显，能量只局限于表面几个波长的表层中，这种电磁波称倏逝波，或者表面波。

倏逝波的特点：

① 沿表面传播，等相面垂直于表面；

② 振幅（能量）沿 z 方向迅速衰减，等幅面平行于表面，能量只局限于表面附近；

③ 倏逝波的能流密度在 x 方向的分量不为零，在 y、z 方向的分量为零。

（3）全反射相移

相移角表达式为

$$\tan \frac{\delta}{2} = m \frac{\sqrt{k_x^2 - k_2^2}}{\sqrt{k_1^2 - k_x^2}}$$

其中

$$m = \begin{cases} \left(\dfrac{n_1}{n_2}\right)^2 & \text{对 p 分量} \\ 1 & \text{对 s 分量} \end{cases}$$

2.2　典型例题

【例题 1】　图 2-9（a）所示为一对传播方向平行于 xOz 面，与 z 轴分别成倾角 θ 和 $-\theta$ 的一对共轭平面波；图 2-9（b）所示为一对轴上物点的共轭球面波，发散中心为 $O(0, 0, -R)$，会

聚中心是 $O^*(0,0,R)$；图 2-9(c) 是一轴外物点的共轭球面波，发散中心为 $O_1(x_1,y_1,-R)$，会聚中心是 $O_1^*(x_1,y_1,R)$。上述每列波在 $-\theta$ 面上波前等相位点的轨迹都是什么曲线？描绘一下它们的主要特征，如取向、间隔等。

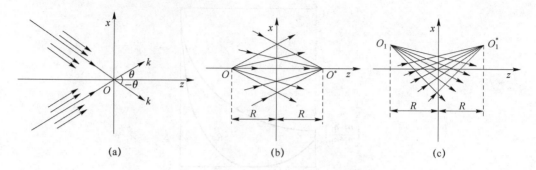

图 2-9　3 种波在 $-\theta$ 面上波前等相位点的轨迹

解： ① 在图 2-9(a) 中，倾角为 θ 的斜入射平面波在 $z=0$ 面上波前的相位分布函数为 $\phi(x,y)=kx\sin\theta$，令 $\phi(x,y)$ 为常数，得波前上等相位点的轨迹 x 也是常数，即等相位点的轨迹是平行于 y 轴的直线。当两等相位线的相位差为 $\Delta\phi$ 时，得其间隔为 $\Delta x=\Delta\phi/(k\sin\theta)$，这说明等相位线的密度是均匀的。

同理分析可知，共轭平面波当倾角为 $-\theta$ 时，在 $z=0$ 面上波前等相位线的特征相同。

② 在图 2-9(b) 中，发散球面波在 $z=0$ 面上波前的相位分布函数是

$$\phi(x,y)=k\sqrt{x^2+y^2+R^2}=k\sqrt{r^2+R^2} \tag{1}$$

其中 $r^2=x^2+y^2$，等相位线的方程是

$$x^2+y^2=r^2=C$$

这说明等相位线是以坐标原点 O 为中心的一系列同心圆。对式(1)取微分得

$$\Delta r=\frac{\sqrt{1+(R/r)^2}}{k}\Delta\phi$$

上式说明，等相位线是中间稀疏外围密集的，即随着半径增大而变密。

同理可得，会聚的共轭球面波在 $z=0$ 面上波前等相位线的特征与此相同。

③ 在图 2-9(c) 中，发散球面波波前上的相位分布函数为

$$\phi(x,y)=\sqrt{(x-x_1)^2+(y-y_1)^2+R^2} \tag{2}$$

等相位线方程

$$(x-x_1)^2+(y-y_1)^2=r_1^2=C(\text{常数})$$

对式(2)取微分得

$$\Delta r=\frac{\sqrt{1+(R/r_1)^2}}{k}\Delta\phi$$

可见，等相位线是以 (x_1,y_1) 点为圆心的一系列同心圆，其分布也是中间稀疏外侧密集，随着半径的增大而变密。

同理可得，汇集的共轭球面波在 $z=0$ 面上波前等相位线的特征与此相同。

【例题 2】 有 8 列球面波，其中 4 列是入射波，如图 2-10(a) 所示，4 列是出射波，如图 2-10(b) 所示。它们在波前 $z=0$ 平面上各有共同的光瞳（即窗口），能流数值相同，波束中心 O_1、O_2、O_3、O_4 点分别与 $z=0$ 和 $x=0$ 面成镜像对称。问：①哪几列波在 $z=0$ 面上的复振

幅分布相同？②哪几列波在 $x=0$ 面的复振幅互为共轭？③设 O_1 点的坐标为 $(x_1,y_1,-R)$，其他波束中心 O_2、O_3、O_4 点的坐标如何？具体写出图 2-10(a)、图 2-10(b)中 1、2 两列波在 $z=0$ 面上的复振幅分布函数。

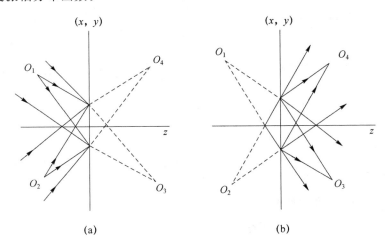

图 2-10　球面波的入射与出射示意图

解： ① 波束中心相同的两列入射波和出射波在 $z=0$ 面上的复振幅分布均相同。

② 波束中心与 $z=0$ 面成镜像对称的两列波均为共轭波，即复振幅分布互为共轭。

③ 设 O_1 点的坐标为 $(x_1,y_1,-R)$，则其他波束中心的坐标分别是 $O_2(-x_1,y_1,-R)$、$O_3(-x_1,y_1,R)$、$O_4(x_1,y_1,R)$。

如图 2-10(a) 所示，波束中心分别是 O_1、O_2 两点，其 1、2 两列波在 $z=0$ 面上的波前相应为

$$\tilde{U}_1(x,y)=\frac{a}{\sqrt{(x-x_1)^2+(y-y_1)^2+R^2}}\times e^{ik\sqrt{(x-x_1)^2+(y-y_1)^2+R^2}}$$

$$\tilde{U}_2(x,y)=\frac{a}{\sqrt{(x+x_1)^2+(y-y_1)^2+R^2}}\times e^{ik\sqrt{(x+x_1)^2+(y-y_1)^2+R^2}}$$

在图 2-10(b) 中，波束中心为 O_1 和 O_2 点的两列波在 $z=0$ 面上的波前分别和图 2-10(a) 中的两列波相同。

【例题 3】　球面电磁波的电场 E 是 r 和 t 的函数，其中 r 是一定点到波源的距离。求：① 写出与球面波相应的波动方程的形式；② 求出波动方程的解。

解： ① 在直角坐标系中的波动方程为

$$\frac{\partial^2 E}{\partial x^2}+\frac{\partial^2 E}{\partial y^2}+\frac{\partial^2 E}{\partial z^2}=\frac{1}{v^2}\cdot\frac{\partial^2 E}{\partial t^2}$$

但对于球面波来说

$$\frac{\partial E}{\partial x}=\frac{\partial E}{\partial r}\cdot\frac{\partial r}{\partial x}$$

由于

$$r^2=x^2+y^2+z^2$$

因此

$$\frac{\partial E}{\partial x}=\frac{\partial E}{\partial r}\cdot\frac{x}{r}$$

并且

$$\frac{\partial^2 \boldsymbol{E}}{\partial x^2} = \frac{1}{r} \cdot \frac{\partial \boldsymbol{E}}{\partial r} + x \frac{\partial}{\partial r}\left(\frac{1}{r} \cdot \frac{\partial \boldsymbol{E}}{\partial r}\right)\frac{\partial r}{\partial x} = \frac{1}{r} \cdot \frac{\partial \boldsymbol{E}}{\partial r} + \frac{x^2}{r}\left(\frac{1}{r} \cdot \frac{\partial^2 \boldsymbol{E}}{\partial r^2} - \frac{1}{r^2} \cdot \frac{\partial \boldsymbol{E}}{\partial r}\right)$$

$$= \frac{1}{r} \cdot \frac{\partial \boldsymbol{E}}{\partial r} + \frac{x^2}{r^2} \cdot \frac{\partial^2 \boldsymbol{E}}{\partial r^2} - \frac{x^2}{r^3} \cdot \frac{\partial \boldsymbol{E}}{\partial r}$$

类似地有

$$\frac{\partial^2 \boldsymbol{E}}{\partial y^2} = \frac{1}{r} \cdot \frac{\partial \boldsymbol{E}}{\partial r} + \frac{y^2}{r^2} \cdot \frac{\partial^2 \boldsymbol{E}}{\partial r^2} - \frac{y^2}{r^3} \cdot \frac{\partial \boldsymbol{E}}{\partial r}$$

$$\frac{\partial^2 \boldsymbol{E}}{\partial z^2} = \frac{1}{r} \cdot \frac{\partial \boldsymbol{E}}{\partial r} + \frac{z^2}{r^2} \cdot \frac{\partial^2 \boldsymbol{E}}{\partial r^2} - \frac{z^2}{r^3} \cdot \frac{\partial \boldsymbol{E}}{\partial r}$$

所以

$$\nabla^2 \boldsymbol{E} = \frac{\partial^2 \boldsymbol{E}}{\partial x^2} + \frac{\partial^2 \boldsymbol{E}}{\partial y^2} + \frac{\partial^2 \boldsymbol{E}}{\partial z^2} = \frac{3}{r} \cdot \frac{\partial \boldsymbol{E}}{\partial r} + \frac{\partial^2 \boldsymbol{E}}{\partial r^2} - \frac{1}{r} \cdot \frac{\partial \boldsymbol{E}}{\partial r} = \frac{\partial^2 \boldsymbol{E}}{\partial r^2} + \frac{2}{r} \cdot \frac{\partial \boldsymbol{E}}{\partial r}$$

因此,与球面波相应的波动方程的形式是

$$\frac{\partial^2 \boldsymbol{E}}{\partial r^2} + \frac{2}{r} \cdot \frac{\partial \boldsymbol{E}}{\partial r} = \frac{1}{v^2} \cdot \frac{\partial^2 \boldsymbol{E}}{\partial t^2}$$

② 上式左边可以写为

$$\frac{\partial^2 \boldsymbol{E}}{\partial r^2} + \frac{2}{r} \cdot \frac{\partial \boldsymbol{E}}{\partial r} = \frac{1}{r} \cdot \frac{\partial^2 (r\boldsymbol{E})}{\partial r^2}$$

于是可以得到

$$\frac{\partial^2 (r\boldsymbol{E})}{\partial r^2} = \frac{r}{v^2} \cdot \frac{\partial^2 \boldsymbol{E}}{\partial t^2}$$

由于 r 对 t 是独立的,故上式右边可以写为

$$\frac{r}{v^2} \cdot \frac{\partial^2 \boldsymbol{E}}{\partial t^2} = \frac{1}{v^2} \cdot \frac{\partial^2 (r\boldsymbol{E})}{\partial t^2}$$

因此

$$\frac{\partial^2 (r\boldsymbol{E})}{\partial r^2} = \frac{1}{v^2} \cdot \frac{\partial^2 (r\boldsymbol{E})}{\partial t^2}$$

上式与一维波动微分方程形式上完全类似,它的通解为

$$r\boldsymbol{E}(r,t) = f_1\left(t - \frac{r}{v}\right) + f_2\left(t + \frac{r}{v}\right)$$

或者写成

$$\boldsymbol{E}(r,t) = \frac{f_1\left(t - \dfrac{r}{v}\right)}{r} + \frac{f_2\left(t + \dfrac{r}{v}\right)}{r}$$

若 $\boldsymbol{E}$ 随着 t 的变化是正弦式的,则 $\boldsymbol{E}$ 可以写成

$$\boldsymbol{E}(r,t) = \frac{A_1}{r} \cdot e^{i(kr \pm \omega t)}$$

【例题 4】 如图 2-11 所示,试证明自然光进过偏振片后的强度为总强度的一半。

证明: 自然光是大量的有各种取向的彼此无关的线偏振光的集合,且角分布具有轴对称性,如图 2-11 所示。在此,可以引出"线偏振数密度"来描述大量线偏振集合的角分布。设在角范围 $\theta \sim \theta + \Delta\theta$ 之内,包含线偏振的数目为 ΔN,则 $\Delta N = \rho(\theta)\Delta\theta$,式中的 $\rho(\theta)$ 为线偏振密度,即为单位角度内所包含的线偏振数。显然,对于具有轴对称性的自然光来说,$\rho(\theta)$ 与 θ 无关,

保持为一个常数。由于自然光中的各线偏振光之间无固定相位关联,因此总强度 I_0 等于各线偏振光强度 i 的直接相加,即为

$$I_0 = \sum \Delta I = \sum (i \Delta N) = \sum (i\rho \Delta \theta) = i\rho \int_0^{2\pi} \mathrm{d}\theta = 2\pi i\rho$$

透过偏振光 p 的光强应该按照马吕斯定律先投影再求和,即在 $\alpha \sim \alpha + \Delta\alpha$ 范围内线偏振光透过 p 的光强为

$$\Delta I = i\Delta N \cos^2 \alpha = i\rho \cos^2 \alpha \Delta \alpha$$

透过 p 的光强为

$$I = \sum \Delta I = i\rho \sum \cos^2 \alpha \Delta \alpha = i\rho \int_0^{2\pi} \cos^2 \alpha \mathrm{d}\alpha = \pi i\rho$$

由此可见,若用线偏振数密度 ρ 和个别线偏振光强度 i 两个量来表示自然光总强度 I_0 和任意方向的强度 $I(\theta)$,分别是

$$I_0 = 2\pi i\rho, \quad I(\theta) = \pi i\rho$$

显然有

$$I(\theta) = I_0/2$$

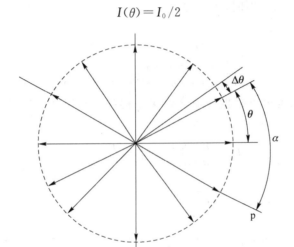

图 2-11　自然光进入偏振片光强示意图

【例题 5】　计算:①由空气到玻璃($n_2 = 1.560$)的全偏振角;②由此玻璃到空气的全偏振角;③在全偏振时由空气到此玻璃的折射光的偏振度;④在全偏振时由此玻璃到空气的折射光的偏振度;⑤自然光从空气以布儒斯特角入射到平行平面玻璃板以后,最终透射光的偏振度。

解:① 由空气到此玻璃的全偏振角为

$$i_{1B} = \arctan n = \arctan 1.56 = 57°20'$$

② 由此玻璃到空气的全偏振角为

$$i_{1B} = \arctan(1/n) = \mathrm{arccot}\, 1.56 = 32°40'$$

由此可见,光束射到空气中的平行平面玻璃板上,当上表面反射发生全偏振时,则折射光在下表面的反射也将发生全偏振,每一界面反射的全部都是 s 分量。这正是波片堆起偏器的理论依据之一。

③ 首先根据计算折射光偏振度的一般公式,由空气射向玻璃时,折射光的 p 分量为极大强度,s 分量为极小强度,所以折射光的偏振度为

$$P = \frac{I_{max} - I_{min}}{I_{max} + I_{min}} = \frac{I_{2p} - I_{2s}}{I_{2p} + I_{2s}} = \frac{I_{1p} T_p - I_{1s} T_s}{I_{1p} T_p + I_{1s} T_s}$$

$$= \frac{I_{1p} \frac{n_2}{n_1} |t_p|^2 - I_{1s} \frac{n_2}{n_1} |t_s|^2}{I_{1p} \frac{n_2}{n_1} |t_p|^2 + I_{1s} \frac{n_2}{n_1} |t_s|^2} \qquad (1)$$

$$= \frac{I_{1p} |t_p|^2 - I_{1s} |t_s|^2}{I_{1p} |t_p|^2 + I_{1s} |t_s|^2}$$

此式中的 n_1 是空气的折射率，n_2 是玻璃的折射率，自然光的 p 分量和 s 分量的强度相等，即 $I_{1p} = I_{1s}$，因此有

$$P = \frac{|t_p|^2 - |t_s|^2}{|t_p|^2 + |t_s|^2}$$

此式即为求折射光偏振度的公式，条件是自然光入射。因此，只要根据菲涅耳公式求出振幅透射率 t_p、t_s，就可以得到折射光的偏振度。

当光线以布儒斯特角入射时，由菲涅耳公式就可得

$$t_p = \frac{2n_1 \cos i_{1B}}{n_2 \cos i_{1B} + n_1 \cos(90° - i_{1B})} = \frac{n_1}{n_2}$$

$$t_s = \frac{2n_1 \cos i_{1B}}{n_1 \cos i_{1B} + n_2 \cos(90° - i_{1B})} = \frac{2n_1^2}{n_1^2 + n_2^2}$$

当然，$t_p = n_1/n_2$ 的结果也可以根据能流守恒关系得到。当以布儒斯特角入射时，p 分量全部透过，因此有

$$F_p = \frac{n_2 \cos i_2}{n_1 \cos i_1} |t_p|^2 = \frac{n_2 \cos i_2}{n_1 \cos i_{1B}} |t_p|^2$$

$$= \frac{n_2}{n_1} |t_p|^2 \tan i_{1B} = \left(\frac{n_2}{n_1}\right)^2 |t_p|^2 = 1$$

故得到 $t_p = n_1/n_2$。

根据结果改写式(1)，得到以布儒斯特角入射时折射光偏振度的计算公式

$$P = \frac{(n_1^2 - n_2^2)^2}{(n_1^2 + n_2^2)^2 + 4n_1^2 n_2^2}$$

将 $n_1 = 1$，$n_2 = 1.560$ 代入，得到 $P = 9.5\%$。

④ 从上面折射光偏振度的计算公式中可以看出，P 对 n_1 和 n_2 是对称的，满足互易关系。因此当光线逆向从玻璃到空气以布儒斯特角入射时，折射光的偏振度不变，即为 $P' = P = 9.5\%$。

⑤ 当入射光的 p 分量和 s 分量强度相等时，无论从空气到玻璃，还是从玻璃到空气，均有折射光的 p 分量强度极大，s 分量强度极小。因此以自然光入射到平行平面玻璃板上时，最终透射光的偏振度公式仍为

$$P = \frac{|t_p|^2 - |t_s|^2}{|t_p|^2 + |t_s|^2}$$

但是式中的 t_p、t_s 应由单次透射率的乘积代替，即为

$$t_p = t_{1p} \cdot t'_{1p}, \qquad t_s = t_{1s} \cdot t'_{1s}$$

t_{1s}、t'_{1s} 分别是平行平板上下表面的振幅透射率。若是 N 块这样的平行平板叠放在一起（波片堆），那么有

$$t_p = (t_{1p} \cdot t'_{1p})^N, \qquad t_s = (t_{1s} \cdot t'_{1s})^N$$

当以布儒斯特角入射时,由前两问的讨论可知

$$t_p = \frac{n_1}{n_2}, \qquad t'_{1p} = \frac{n_2}{n_1}, \qquad t_p = 1$$

$$t_s = \frac{2n_1^2}{n_1^2 + n_2^2}, \qquad t'_{1s} = \frac{2n_2^2}{n_2^2 + n_1^2}, \qquad t_s = \left(\frac{2n_1 n_2}{n_1^2 + n_2^2} \right)^2$$

此时透射光的偏振度简化为

$$P = \frac{1 - \left(\dfrac{2n_1 n_2}{n_1^2 + n_2^2} \right)^{2N}}{1 + \left(\dfrac{2n_1 n_2}{n_1^2 + n_2^2} \right)^{2N}}$$

设波片堆为 N 块,那么经历 $2N$ 次折射,最终透射光的偏振度为

$$P_N = \frac{1 - \left(\dfrac{2n_1 n_2}{n_1^2 + n_2^2} \right)^{2N}}{1 + \left(\dfrac{2n_1 n_2}{n_1^2 + n_2^2} \right)^{2N}}$$

结合本题,取参数 $n_1 = 1$,$n_2 = 1.560$,$N = 2$,算出 $P_1 \approx 18.9\%$。同样可从公式中看出,N 越大,则 P_N 值越高。

【例题 6】 如图 2-12 所示,一束右旋圆偏振光从空气正入射到玻璃板上,反射光的偏振态如何?

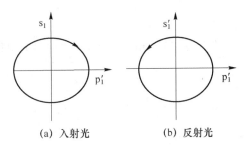

(a) 入射光　　　　(b) 反射光

图 2-12　右旋圆偏振光从空气正入射到玻璃板
的入射光与反射光示意图

答:决定反射光偏振态的是反射光中的两个垂直分量(p 分量和 s 分量)的振幅关系和相位关系。两者均可由菲涅耳公式确定。设空气的折射率为 n_1,玻璃的折射率为 n_2,正入射时,$i_1 = i_2 = 0$,那么由菲涅耳公式得振幅反射率为

$$r_p = \frac{n_2 - n_1}{n_2 + n_1} = -r_s > 0 \quad (n_2 > n_1)$$

上式表明 r_p、r_s 的模和辐角分别是

$$|r_p| = |r_s|$$
$$\arg r_p = 0 \tag{1}$$
$$\arg r_s = \pi \tag{2}$$

由于入射光是圆偏振光,两垂直分量的振幅相等。由式(1)可知,反射光两正交分量的振幅仍相等,即为

$$|E'_{1p}| = |E'_{1s}| \tag{3}$$

又由式(1)、式(2)可知,反射界面上 p 分量和 s 分量的相位突变

$$\delta_p = -\arg r_p = 0, \quad \delta_s = -\arg r_s = -\pi$$

由于入射圆偏振光是右旋的,则入射光 p 分量和 s 分量的相位差

$$\Delta\varphi_1 = \Delta\varphi_{1s} - \Delta\varphi_{1p} = \pi/2$$

因此反射光中的 p 分量和 s 分量的相位差是

$$
\begin{aligned}
\Delta\varphi_1' &= \varphi_{1s}' - \varphi_{1p}' \\
&= (\varphi_{1s}' - \varphi_{1s}) - (\varphi_{1p}' - \varphi_{1p}) + (\varphi_{1s} + \varphi_{1p}) \\
&= \delta_s \delta_p + \Delta\varphi_1 = -\pi - 0 + \pi/2 = -\pi/2
\end{aligned}
\tag{4}
$$

由式(3)、式(4)即可确定反射光为左旋圆偏振光。与入射光相比,电矢量瞬时值要小得多。另外,这个结论从物理上的对称性分析可以得到,入射光为右旋圆偏振光,反射光必为左旋圆偏振光,条件是正入射且介质各向同性。

【例题 7】 考虑一列线偏振的电磁波(其电矢量沿着 y 方向偏振,量值为 5 V/m)在真空中传播,以 30°入射于 $x=0$ 的电介质表面,波的频率为 6×10^{14} Hz,电介质的折射率为 1.5,试写出入射波、反射波和透射波的电场、磁场的完整表达式。

解: 入射波矢量为

$$\boldsymbol{k}_1 = (k_0\cos 30°)\hat{x} + (k_0\sin 30°)\hat{z} = \frac{\sqrt{3}}{2}k_0\,\hat{x} + \frac{1}{2}k_0\,\hat{z}$$

因此有

$$\boldsymbol{E}_1 = \hat{y}5\exp\left[\mathrm{i}\left(\frac{\sqrt{3}}{2}k_0\,\hat{x} + \frac{1}{2}k_0\,\hat{z} - \omega t\right)\right]\ \mathrm{V/m}$$

式中

$$k_0 = \frac{2\pi}{\lambda_0} = 4\pi\times10^6\ \mathrm{m}^{-1}, \quad \omega = 12\pi\times10^{14}\ \mathrm{Hz}$$

又有

$$\sin\theta_2 = \frac{n_1\sin\theta_1}{n_2} = \frac{1}{3} \Rightarrow \cos\theta_2 = \frac{\sqrt{8}}{3}$$

则

$$r_\perp = \frac{n_1\cos\theta_1 - n_2\cos\theta_2}{n_1\cos\theta_1 + n_2\cos\theta_2} = -0.240\,4$$

可得

$$R_s = R_\perp = 0.057\,796$$

以及

$$t_\perp = \frac{2\cos\theta_1\sin\theta_2}{\sin(\theta_1 + \theta_2)} = 0.759\,6$$

则

$$T_s = T_\perp = \frac{n_2\cos\theta_2}{n_1\cos\theta_1}|t_\perp|^2 = 0.942\,204$$

可得 $R_\perp + T_\perp = 1$,且

$$\boldsymbol{k}_2 = \hat{x}(n_2 k_0\cos\theta_2) + \hat{z}(n_2 k_0\sin\theta_2) = \hat{x}(\sqrt{2}k_0) + \hat{z}\left(\frac{1}{2}k_0\right)$$

以及

$$\boldsymbol{k}_3 = -\hat{x}k_0\cos\theta_1 + \hat{z}(k_0\sin\theta_1) = -\hat{x}\left(\frac{\sqrt{3}}{2}k_0\right) + \hat{z}\left(\frac{1}{2}k_0\right)$$

那么透射波和反射波的电场分别是

$$\boldsymbol{E}_2 = 3.8\ \hat{y}\exp\left[i\left(\sqrt{2}k_0x + \frac{1}{2}k_0z - \omega t\right)\right]\ \text{V/m}$$

$$\boldsymbol{E}_3 = -1.2\ \hat{y}\exp\left[i\left(-\frac{\sqrt{3}}{2}k_0x + \frac{1}{2}k_0z - \omega t\right)\right]\ \text{V/m}$$

根据公式可以推出相应的磁场表达式

$$\boldsymbol{H}_1 = 5\frac{k_1}{\omega\mu_0}(-\hat{x}\sin\theta_1 + \hat{z}\cos\theta_1)\exp\left[i\left(\frac{\sqrt{3}}{2}k_0x + \frac{1}{2}k_0z - \omega t\right)\right]$$

$$\boldsymbol{H}_2 = 3.8\frac{k_2}{\omega\mu_0}(-\hat{x}\sin\theta_2 + \hat{z}\cos\theta_2)\exp\left[i\left(\sqrt{2}k_0x + \frac{1}{2}k_0z - \omega t\right)\right]$$

$$\boldsymbol{H}_3 = -1.2\frac{k_1}{\omega\mu_0}(-\hat{x}\sin\theta_2 - \hat{z}\cos\theta_1)\exp\left[i\left(-\frac{\sqrt{3}}{2}k_0x + \frac{1}{2}k_0z - \omega t\right)\right]$$

式中

$$\frac{k_1}{\omega\mu_0} = \frac{k_0}{\omega\mu_0} = \frac{1}{c\mu_0} = \frac{1}{120\pi}$$

$$\frac{k_2}{\omega\mu_0} = \frac{k_0 n_2}{\omega\mu_0} = \frac{n_2}{c\mu_0} = \frac{1}{80\pi}$$

2.3　习　　题

1. 通过检验相位,试确定有下面的式子所表示的行波的运动方向:

$$\varPsi_1(y,t) = A\cos\left[2\pi\left(\frac{t}{\tau} + \frac{y}{\lambda} + \varepsilon\right)\right], \qquad \varPsi_2(z,t) = A\cos\left[10^{15}\pi\left(t - \frac{z}{v} + \varepsilon\right)\right]$$

2. 一列平面波从 A 点传播到 B 点,若在 AB 之间插入一透明薄片,薄片的厚度 $l = 1\ \text{mm}$,折射率 $n = 1.5$。假定光波的波长 $\lambda_0 = 500\ \text{nm}$,试计算插入薄片前后 B 点相位的变化。

3. 一束光从空气入射到一块平板玻璃上。讨论:

① 在什么条件下透射光获得全部能流?

② 在什么条件下透射光能流为零?

4. 导出光束正入射或入射角很小时的反射系数和透射系数的表示式。

5. 入射面到两种不同介质界面上的线偏振光波的电矢量与入射面成 α 角。若电矢量垂直于入射面的分波和平行于入射面的分波的反射率分别为 R_s 和 R_p,试写出总反射率 R 的表示式。

6. 一光学系统由两片分离的透镜组成,两片透镜的折射率均为 1.5,求此系统的反射光能损失。

7. 光束以很小的角度入射到一块平行平板上(如图 2-13 所示),试求相继从平板反射和透射的头两条光束的相对强度。设平板的折射率 $n = 1.5$。

8. 图 2-14 所示是一根圆柱形光纤,光纤芯的折射率为 n_1,光纤包层的折射率为 n_2,并且 $n_1 > n_2$。①证明入射光的最大孔径角 $2u$ 满足关系式:$\sin u = \sqrt{n_1^2 - n_2^2}$。②若 $n_1 = 1.62$,$n_2 = 1.52$,则最大孔径角等于多少?

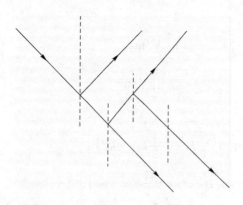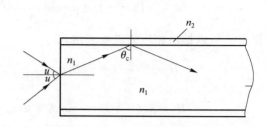

图 2-13　小角度入射平行平板示意图　　　图 2-14　入射光进入圆柱形光纤示意图

9. 如图 2-15 所示,光束 $E_1=E_{10}\cos(kz+\omega t)$ 和 $E_2=E_{20}\cos(kz-\omega t)$ 的电矢量方向之间的夹角为 α,且有 $E_{10}\cos\alpha=-E_{20}$。①两光束叠加形成的合光束是什么类型的光束? ②求合光束的电矢量表达式。③求合光束的光强。

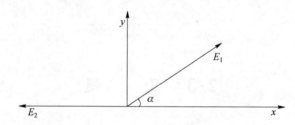

图 2-15　光束 E_1 与 E_2 电矢量关系示意图

10. 简答题:

① 已知两个单色光波的频率相差很小,列举两个简单的办法来测量这个频率差。

② 什么是群速? 什么是相速? 什么情况下群速慢于相速? 什么情况下相速慢于群速?

11. 在直角坐标系 (x,y,z) 中,一列平面简谐波的复振幅为

$$E(x,y,z)=\mathrm{i}\exp\left[\mathrm{i}2\pi\times10^3\left(x+y+\sqrt{2}z\right)\right]$$

式中各物理量均采用 SI 单位制。求该平面波的振幅 E_0 在原点处的初相位 φ_0、波长 λ 及传播方向 k_0。

12. 振幅为 A、波长为 $\frac{2}{3}\times10^{-3}$ mm 的单色平面波的方向余弦为 $\left(\frac{2}{3},\frac{1}{3},\frac{2}{3}\right)$,试确定它在 xOy 平面上的复振幅分布。波数的单位是 mm^{-1}。

13. 分别写出与 $z=0$ 平面距离为 R 的两个物点在此平面上产生的复振幅分布。一物点在 z 轴上,另一物点在轴外。

14. 一束在空气中传播的单色平面光波可以表示为

$$E=E_0\cos\left[\pi\times10^{15}\left(-\frac{x}{\sqrt{2}c}+\frac{z}{\sqrt{2}c}-t\right)\right]$$

式中 $E_0=10x+10y$,c 为光速,x 和 y 为 x、y 轴的单位矢量。①求光波的波长和频率;②求光波的偏振方向和传播方向;③在 $x=0$ 的平面上光束遇到折射率为 $n=1.5$ 的玻璃,对透镜到玻璃中的光波重求前两问。

15. 试由电磁场的边值关系推导出折射定律 $n_1\sin\theta_1=n_2\sin\theta_2$,式中 n_1 和 n_2 分别是介质

1 和介质 2 的折射率，θ_1 和 θ_2 分别是光波的入射角和折射角。

16. 写出在 xOy 平面内沿与 z 轴成 θ 角的方向传播的平面波的复振幅。

17. 写出向 $Q(x_0, y_0, z_0)$ 点会聚的球面波的复振幅。

18. 自然光投射到互相重叠的两块偏振片上，如果透射光的强度为透射光束最大强度的 1/3，或为入射光束强度的 1/3，则这两个偏振片的透振方向之间的夹角是多大？（假定偏振片是理想的，即它把自然光的强度严格减小一半。）

19. 将一偏振片沿 45°角插入一对正交偏振器之间。自然光经过它们，强度减为原来的百分之几？

20. 线偏振光以布儒斯特角从空气入射到玻璃（$n_2 = 1.560$）的表面上，其振动的方位角为 20°，求反射光和折射光的方位角。

21. ① 计算 $n_1 = 1.51, n_2 = 1.0$，入射角为 54°37′时，全反射光的相移 δ_p 和 δ_s。

② 如果入射光是线偏振的，全反射光中 p 振动和 s 振动的相位差为多少？说明两者的合成为椭圆偏振光。

22. 自然光中的振动矢量呈各向同性分布，合成矢量的平均值为零，为什么光强度却不为零？

23. 自然光和圆偏振光都可看成是等幅垂直偏振光的合成，它们之间的主要区别是什么？部分偏振光和椭圆偏振光呢？

24. 通常偏振片的透振方向是没有标明的，你能用什么简易的方法将它确定下来？

25. 一电矢量的振动方向与入射方向成 45°的线偏振光入射到两种介质分界面上，第一、第二种介质的折射率分别为 $n_1 = 1$ 和 $n_2 = 1.5$。问：入射角 $\theta_1 = 50°$时，反射光电矢量的方位角（与入射面所成角度）是多少？入射角 $\theta_1 = 60°$时，反射光电矢量的方位角又是多少？

26. 入射到两种不同介质界面上的偏振光波的电矢量与入射面成 α 角。若电矢量垂直于入射面的 s 波和平行于入射面的 p 波的反射率分别为 R_s 和 R_p，试写出总反射率的表达式。

27. 两束振动方向相互垂直的线偏振光在某点的场表示为

$$E_x = a_1 \cos(\omega t), \quad E_y = a_2 \cos\left(-\omega t + \frac{\pi}{2}\right)$$

试在一个振动周期内选定若干个（8 个以上）不同时刻，求出合成电矢量 E，并确定端点运动的轨迹。

28. 如图 2-16 所示的菲涅耳菱体的折射率为 1.5，入射线偏振光矢量与图面成 45°角，问：①要想从菱体射出圆偏振光，菱体的顶角 φ 应为多大？②若菱体的折射率为 1.49，能否产生圆偏振光？

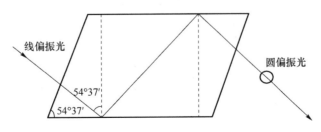

图 2-16　菲涅耳菱体

29. 一平面波函数的复振幅为

$$\widetilde{E}(P) = A\exp\left[-\mathrm{i}\left(\frac{k}{\sqrt{14}}x + \frac{2k}{\sqrt{14}}y + \frac{3k}{\sqrt{14}}z\right)\right]$$

试求波的方向。

30. 一束椭圆偏振光与自然光的混合光沿 z 轴方向传播,通过一偏振片 P。当偏振片的透振方向沿 x 轴时,透射光强度最大,为 $1.5I_0$;当透振方向沿 y 轴时,透射光强度最小,为 I_0。当透振方向与 x 轴成 θ 角时,透射光强是多少? 与入射光中的无偏振部分相关吗?

31. 一平面电磁波可以表示为 $E_x = 0, E_y = 2\cos\left[2\pi\times10^{14}\left(\frac{z}{c}-t\right)+\frac{\pi}{2}\right], E_z = 0$,求:①该电磁波的频率、波长、振幅和原点的初相位;②波的传播方向和电矢量的振动方向;③相应的磁场 B 的表达式。

32. 一平面简谐电磁波在真空中沿 z 轴正向传播,其频率为 6×10^{14} Hz,电场振幅为 $42.42\,\mathrm{V/m}$,如果该电磁波的振动面与 xOz 平面成 $45°$ 角,试写出 E 和 B 的表达式。

33. 计算光束经历全内反射时发生的相变。

34. 试分析光束经历全内反射后,透射波的性质。

35. 用什么方法可以区别相同波长的自然光、圆偏振光、椭圆偏振光、部分偏振光和偏振光?

36. 两相干平面波的波矢均在 xOz 平面内,与 z 轴的夹角分别为 θ 和 $-\theta$,同时照射 xOy 平面,设波长为 λ。①分别写出两列光波的波函数的表达式;②写出两列光波的复振幅;③求出 xOy 平面上的复振幅分布 $U(x,y)$;④画出 $U(x,y)$ 的分布图,求出复振幅分布的空间频率;⑤求 xOy 平面上的光强分布 $I(x,y)$;⑥画出 $I(x,y)$ 的分布图,求出光强度分布的空间频率。

2.4 习 题 解 答

1. **解**:因为 t 是正的面而且在增大,所以要保持相位不变的状态即 $\varphi = 2\pi\left(\frac{t}{\tau} + \frac{y}{\lambda} + \varepsilon\right) =$ 常数,要求 y 要减少。换句话说,由于 φ 是常数,Ψ_1 必然是沿负 y 方向运动的波。同样地,Ψ_2 是沿 z 增加的方向或 z 正方向运动的波。ε 的符号同运动方向是无关的。

2. **解**:假设 A 点的初相位为零,因此插入薄片前 B 点的相位为

$$\varphi_1 = 2\pi v\left(t - \frac{\overline{AB}}{c}\right)$$

这里假设空气中光的传播速度为 c。插入薄片后,光波在薄片内的传播速度为 v,于是这时 B 点的相位为

$$\varphi_2 = 2\pi v\left[t - \frac{(\overline{AB}-l)}{c} - \frac{l}{v}\right]$$

所以 B 点的相位为

$$\delta = \varphi_1 - \varphi_2 = 2\pi v\left(\frac{\overline{AB}-l}{c} + \frac{l}{v} - \frac{\overline{AB}}{c}\right)$$

$$= 2\pi\left(\frac{\overline{AB}-l}{\lambda_0} + \frac{l}{\lambda} - \frac{\overline{AB}}{\lambda_0}\right) = 2\pi l\left(\frac{1}{\lambda} - \frac{1}{\lambda_0}\right)$$

式中 λ 为光波在薄片内的波长。因为 $\lambda = \lambda_0/n$,所以上式又可写为

$$\delta = \frac{2\pi l}{\lambda_0}(n-1)$$

把 l、n 和 λ_0 的数值代入，得到

$$\delta = \frac{2\pi \times 10^{-3}}{500 \times 10^{-9}} \times (1.5-1) = 2\pi \times 10^3 \text{ rad}$$

3. **解：**①如图 2-17 所示，设空气和平板玻璃的折射率分别为 n_1 和 n_2，当光束从空气到玻璃的上表面以布儒斯特角 $i_{1B} = \arctan(n_2/n_1)$ 入射时，折射光线在下表面从玻璃到空气的入射角（即折射角）$i_2 = 90° - i_{1B}$，故有

$$\tan i_2 = \cot i_{1B} = \frac{n_1}{n_2}$$

$$i_2 = \arctan\left(\frac{n_2}{n_1}\right)$$

即下表面的入射角仍为布儒斯特角，光束以 i_{1B} 入射到界面上时，恒有 p 分量的振幅反射率。由以上分析可知，把 p 方向的线偏振光以 i_{1B} 从空气入射到平板玻璃上，并忽略介质对光的吸收，透射光即可获得全部入射光能流。取 $n_1 = 1.52$，$n_2 = 1.00$，可算出入射布儒斯特角

$$i_2 = \arctan\left(\frac{n_2}{n_1}\right) = \arctan 1.52 = 57°$$

② 以布儒斯特角 i_{1B} 入射，只能使 p 分量满足，并不能使 s 分量的 $r_s = 100\%$。因此，即使以 s 振动的线偏振光在 i_{1B} 入射，也不能实现透射能流为零。欲使透射能流为零，只有利用全反射，对于在空气中的平板玻璃，全反射只能发生在其下表面。当光线在下表面的入射角为临界角时，上表面相应的入射角为 90°，所以只有令光束掠入射到玻璃板上，才能实现透射能流为零，当然，此时对入射光束的偏振态并无限制。

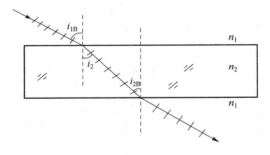

图 2-17　光束经过平行玻璃板光路示意图

4. **解：**①在光束正入射或入射角很小的情况下，$\cos\theta_1 \approx \cos\theta_2 \approx 1$。因此

$$r_s = -\frac{\sin(\theta_1-\theta_2)}{\sin(\theta_1+\theta_2)} = -\frac{\sin\theta_1\cos\theta_2 - \cos\theta_1\sin\theta_2}{\sin\theta_1\cos\theta_2 + \cos\theta_1\sin\theta_2} = -\frac{\sin\theta_1 - \sin\theta_2}{\sin\theta_1 + \sin\theta_2}$$

以 $\sin\theta_2$ 除分子和分母，并注意到 $\frac{\sin\theta_1}{\sin\theta_2} = \frac{n_2}{n_1} = n$（相对折射率），得到

$$r_s = -\frac{n-1}{n+1}$$

② 在角度很小时，$\tan\theta \approx \sin\theta$，故

$$r_p = -\frac{\tan(\theta_1-\theta_2)}{\tan(\theta_1+\theta_2)} \approx -\frac{\sin(\theta_1-\theta_2)}{\sin(\theta_1+\theta_2)} = -\frac{n-1}{n+1}$$

③

$$t_s = \frac{2\sin\theta_2\cos\theta_1}{\sin(\theta_1+\theta_2)} \approx \frac{2\sin\theta_2}{\sin\theta_1 + \sin\theta_2}$$

以 $\sin\theta_2$ 除分子和分母，得到

$$t_s = \frac{2}{n+1}$$

④

$$t_p = \frac{2\sin\theta_2\cos\theta_1}{\sin(\theta_1+\theta_2)\cos(\theta_1-\theta_2)} \approx \frac{2\sin\theta_2}{\sin\theta_1+\sin\theta_2} = \frac{2}{n+1}$$

由此可见，当光束正入射或入射角很小时，s 波和 p 波的差别将消失。原因在于：s 波和 p 波的规定源于相对于光束的入射面的垂直或平行分量，当光束正入射时，入射面将不唯一，s 波和 p 波将无差别。

5. **解**：根据公式有

$$R = \left(\frac{A_1'}{A_1}\right)^2$$

由于 $(A_1')^2 = (A_{1s}')^2 + (A_{1p}')^2$，其中 A_{1s}' 和 A_{1p}' 为反射光中 s 波和 p 波的振幅，所以

$$R = \left(\frac{A_{1s}'}{A_1}\right)^2 + \left(\frac{A_{1p}'}{A_1}\right)^2$$

对于入射光，s 波和 p 波的振幅分别为

$$A_{1s} = A_1\sin\alpha$$

和

$$A_{1p} = A_1\cos\alpha$$

因此

$$R = \left(\frac{A_{1s}'}{A_{1s}}\right)\sin^2\alpha + \left(\frac{A_{1p}'}{A_{1p}}\right)\cos^2\alpha$$

或者写为

$$R = R_s\sin^2\alpha + R_p\cos^2\alpha$$

同样，可以证明总透射率 T 有这样的形式

$$T = T_s\sin^2\alpha + T_p\cos^2\alpha$$

6. **解**：系统包括 4 个分界面，假设光束在接近正入射情形下通过各反射面，因而各面的反射率分别为

$$R_1 = \left(\frac{n_1-1}{n_1+1}\right)^2 = \left(\frac{1.5-1}{1.5+1}\right)^2 = 0.040$$

$$R_2 = \left(\frac{n_2-1}{n_2+1}\right)^2 = \left(\frac{\frac{1}{1.5}-1}{\frac{1}{1.5}+1}\right)^2 = 0.040$$

$$R_3 = R_1$$

$$R_4 = R_2$$

如果入射到系统的光能为 W，则相继透过各面的光能为

$$W_1 = (1-R_1)W = 0.96W$$

$$W_2 = (1-R_2)W_1 = 0.96^2W = 0.922W$$

$$W_3 = (1-R_3)W_2 = 0.96^3W = 0.885W$$

$$W_4 = (1-R_4)W_3 = 0.96^4W = 0.849W$$

光能损失

$$W_0 = W - W_4 = (1-0.849)W = 0.15W$$

故光能损失为 15％。

7. **解**：在接近正入射的情况下，光束从空气-平板界面反射的反射率为

$$R=\left(\frac{n-1}{n+1}\right)^2=\left(\frac{1.5-1}{1.5+1}\right)^2=0.04$$

显然，光束从平板-空气界面反射的反射率也等于 R。设入射光束的强度为 I，则第 1 条反射光束的强度为

$$I_1'=RI=0.04I$$

第 2 条反射光束的强度为

$$I_1'=(1-R)R(1-R)I=(1-R)^2RI=0.037I$$

头两条透射光束的强度分别为

$$I_1''=(1-R)(1-R)I=(1-R)^2I=(0-0.04)^2I=0.922I$$

$$I_2''=(1-R)RR(1-R)I=(1-R)^2R^2I$$

$$=(1-0.04)^2(0.04)^2I=0.0015I$$

可以看出，头两条反射光束的强度比较接近，而头两条透射光束的强度相差很大。

8. **解**：① 为了保证光线在光纤内的入射角大于临界角，必须使入射到光纤端面的光线限制在最大孔径角 $2u$ 的范围内。在光纤端面应用折射定律

$$\sin u=n_1\sin(90°-\theta_c)=n_1\cos\theta_c$$

而 $\sin\theta_c=\dfrac{n_2}{n_1}$，因此

$$\sin u=n_1\sqrt{1-\sin^2\theta_c}=n_1\sqrt{1-\left(\frac{n_2}{n_1}\right)^2}=\sqrt{n_1^2-n_2^2}$$

② 当 $n_1=1.62$，$n_2=1.52$ 时，$\sin u=\sqrt{1.62^2-1.52^2}\approx0.56$，$u\approx34°$，所以最大孔径角 $2u=68°$。

9. **解**：① E_1 分解成水平方向的分量 E_{1x} 和垂直分量 E_{1y}，E_{1x} 与 E_2 的频率相同，传播方向相反，相互叠加形成驻波 E_x，E_{1y} 为沿 z 轴传播的行波，合成波为 x 方向的驻波和 y 方向的行波。

②　$E_x=E_1\cos[\alpha(kz+\omega t)]\cos\alpha+E_{20}\cos(kz-\omega t)$

$\quad=E_{20}[\cos(kz)\cos(\omega t)-\sin(kz)\sin(\omega t)+\cos(kz)\cos(\omega t)+\sin(kz)\sin(\omega t)]$

$\quad=2E_{20}\cos(kz)\cdot\cos(\omega t)$

$\quad E=E_x x+E_y y=2E_{20}\cos(kz)\cdot\cos(\omega t)x+E_{10}\sin\alpha\cos(kz-\omega t)y$

③　$I=E_x^2+E_y^2=4[E_{20}\cos(kz)]^2+(E_{10}\sin\alpha)^2=E_{10}^2[4\cos^2\alpha\cos^2(kz)+\sin^2\alpha]$

10. **解**：① F-P 干涉仪和衍射光栅。

② 群速是等幅度面传播的速度。相速是光波等相位面传播的速度。在正常色散介质中，群速慢于相速。在反常色散介质中，相速慢于群速。

11. **解**：由

$$E(x,y,z)=i\exp\left[i2\pi\times10^3(x+y+\sqrt{2}z)\right]$$

可得

$$E(x,y,z)=\exp\left[i2\pi\times10^3(x+y+\sqrt{2}z)+i\frac{\pi}{2}\right]=\exp\left[i4\pi\times10^3\left(\frac{x}{2}+\frac{y}{2}+\frac{\sqrt{2}z}{2}\right)+i\frac{\pi}{2}\right]$$

则可知 $\varphi_0=\dfrac{\pi}{2}$ rad，$k_0=4\pi\times10^3$，而 $k_0=\dfrac{2\pi}{\lambda}=4\pi\times10^3$，因此 $\lambda=5\times10^{-2}$ m，则 k_0 的方向

为 $\left(\dfrac{1}{2}\boldsymbol{i}+\dfrac{1}{2}\boldsymbol{j}+\dfrac{\sqrt{2}}{2}\boldsymbol{k}\right)$。

12. 解： 假定光波的初相位为 0，则一般的波函数为

$$E=A\exp\left[\mathrm{i}\,\frac{2\pi}{\lambda}\left(\frac{2}{3}x+\frac{1}{3}y+\frac{1}{3}z\right)\right]$$

在 xOy 平面上的复振幅为

$$E=A\exp\left[\mathrm{i}3\times10^3\pi\left(\frac{2}{3}x+\frac{1}{3}y\right)\right]$$

13. 解：
$$\widetilde{U}^*(x,y)=\frac{a}{\sqrt{x^2+y^2+R^2}}\exp(-\mathrm{i}k\,\sqrt{x^2+y^2+R^2})$$

$$\widetilde{U}_1{}^*(x,y)=\frac{a}{\sqrt{(x-x_1)^2+(y-y_1)^2+R^2}}\exp\left[-\mathrm{i}k\,\sqrt{(x-x_1)^2+(y-y_1)^2+R^2}\right]$$

它们都是会聚的球面波，会聚中心 O^* 和 O_1^* 分别与 O 和 O_1 对波前成镜像对称。

14. 解： ① 一般的波函数可以写成以下形式

$$\boldsymbol{E}=\boldsymbol{E}_0\cos\left[\frac{2\pi}{\lambda}(x\cos\alpha+y\cos\beta+z\cos\gamma-vt)\right]$$

类比可知波长为 600 nm，频率为 5×10^{14} Hz。

② 传播方向：在 xOz 坐标平面内，与 x 轴夹角为 135°，与 z 轴夹角为 45°。偏振方向：在 xOy 坐标平面内，与 x 轴、y 轴的夹角均为 45°。

③ 波长为 400 nm，频率不变，为 5×10^{14} Hz。

玻璃中传播方向：与 x 轴的夹角为 62°，与 z 轴的夹角为 152°。

透射光：垂直分量 $\boldsymbol{E}_{ty}=t_s\times\boldsymbol{E}_{iy}=\boldsymbol{E}_{iy}\dfrac{2\sin\theta_2\cos\theta_1}{\sin(\theta_1+\theta_2)}=6.971$。

平行分量：$\boldsymbol{E}_{tx}=t_p\times\boldsymbol{E}_{ix}=\boldsymbol{E}_{ix}\dfrac{2\sin\theta_2\cos\theta_1}{\sin(\theta_1+\theta_2)\cos(\theta_1-\theta_2)}=7.29$。

偏振矢量与入射面的夹角：$\varphi_2=a\tan\left(\dfrac{\boldsymbol{E}_{ty}}{\boldsymbol{E}_{tx}}\right)=46.281\,4°$。

15. 证明： 设入射光波的波函数

$$\boldsymbol{E}_1=A_1\exp[\mathrm{i}(\boldsymbol{k}_1\cdot\boldsymbol{r}-\omega_1t)]\tag{1}$$

反射光波的波函数

$$\boldsymbol{E}_1'=A_1'\exp[\mathrm{i}(\boldsymbol{k}_1'\cdot\boldsymbol{r}-\omega_1t)]\tag{2}$$

折射光波的波函数

$$\boldsymbol{E}_2=A_2\exp[\mathrm{i}(\boldsymbol{k}_2\cdot\boldsymbol{r}-\omega_1t)]\tag{3}$$

由边界条件可得

$$\boldsymbol{n}\times(\boldsymbol{E}+\boldsymbol{E}_1)=\boldsymbol{n}\times\boldsymbol{E}_2\tag{4}$$

把式（1）、式（2）、式（3）代入式（4）可得

$$\omega_1=\omega_1'=\omega_2\quad\boldsymbol{k}_1\cdot\boldsymbol{r}=\boldsymbol{k}_1'\cdot\boldsymbol{r}=\boldsymbol{k}_2\cdot\boldsymbol{r}\tag{5}$$

由式（5）可得

$$(\boldsymbol{k}_1-\boldsymbol{k}_2)\cdot\boldsymbol{r}=0$$

又因为

$$\boldsymbol{k}_1=\frac{\omega}{v_1}\quad\boldsymbol{k}_2=\frac{\omega}{v_2}$$

也即

$$\frac{\omega}{v_1}\cos\left(\frac{\pi}{2}-\theta_1\right)=\frac{\omega}{v_2}\cos\left(\frac{\pi}{2}-\theta_2\right)$$

故

$$\frac{\sin\theta_1}{v_1}=\frac{\sin\theta_2}{v_2}$$

因此

$$n_1\sin\theta_1=n_2\sin\theta_2$$

得证。

16. **解**：如图 2-18 所示，该平面波波失的 3 个分量分别为

$$k_x=k\sin\theta,\quad k_y=0,\quad k_z=k\cos\theta$$

其复振幅为

$$\widetilde{U}(P)=A\exp\{\mathrm{i}[k(x\sin\theta+z\cos\theta)+\varphi_0]\}$$

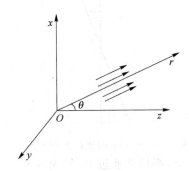

图 2-18　平面波波矢在坐标系中的表示图

17. **解**：如图 2-19 所示，设源点为 $Q(x_0,y_0,z_0)$，场点为 $P(x,y,z)$，则源点与场点的距离为

$$r=\sqrt{(x-x_0)^2+(y-y_0)^2+(z-z_0)^2}$$

因为 Q 点是会聚中心，所以沿靠近点源方向考查，扰动相位逐点落后，按符号约定应写成

$$\varphi(P)=\varphi(Q)-kr$$

再考虑振幅系数，这列球面波的复振幅为

$$\widetilde{U}(P)=\frac{A_1}{r}\exp[-\mathrm{i}(kr+\varphi_0)]$$

其中 φ_0 为 Q 点源的实际初相位。

18. **解**：①设自然光（即入射光）的总强度为 I_0，通过第一块偏振片 P_1 的强度为 $I_0/2$。当两块偏振片平行时，最后通过第二块偏振片 P_2 的强度为 $I_0/2$，此为最大透光强度

$$I_{\max}=I_0/2$$

当 P_1、P_2 的透振方向夹角为 θ（如图 2-20 所示）时，则

$$I_2=I_1\cos^2\theta=I_0\cos^2\frac{\theta}{2}=I_{\max}\cos^2\theta$$

若 $I_2/I_{\max}=1/3$，算出 $\cos\theta=\sqrt{1/3}$，故

$$\theta\approx54°45'$$

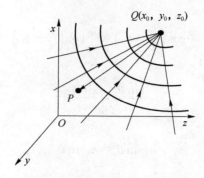

图 2-19　源点 Q 坐标系表示图

② 若 $I_2/I_0=1/3$，算出 $\cos\theta=\sqrt{2/3}$，故

$$\theta\approx35°15'$$

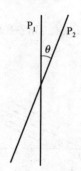

图 2-20　P_1、P_2 的透振方向夹角为 θ

19. **解**：设偏振片 P_1、P_2 正交，则最终通过 P_2 的光强为

$$I_2=0（消光）$$

若在 P_1、P_2 之间插入另一块偏振片 P，P 与 P_1 的夹角为 θ（如图 2-21 所示），则最终通过 P_2 的光强为

$$I_2'=I\sin^2\theta=I_1\cos^2\theta\sin^2\theta=\frac{1}{8}I_0\sin^2(2\theta)$$

式中 I_0 为入射光强，I_1、I 分别为通过 P_1、P 后的光强。当 $\theta=45°$时

$$\frac{I_2'}{I_0}=\frac{1}{8}=12.5\%$$

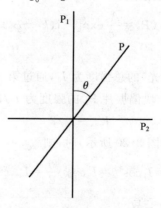

图 2-21　P 与 P_1 的夹角为 θ

20. **解**：因该偏振光以布儒斯特角入射，反射光显然为 s 光，即反射光的方位角 $\alpha'_1 = 90°$，在上题结果中取 $i = i_B$，$\tan i_B = n_2/n_1$，进一步简化折射线偏振方位角公式

$$\tan \alpha_2 = \frac{n_2 \cos i_B + n_1 \sin i_B}{n_1 \cos i_B + n_2 \sin i_B} \tan \alpha_1$$

$$= \frac{n_2 + n_1 \tan i_B}{n_1 + n_2 \tan i_B} \tan \alpha_1$$

$$= \frac{2 n_1 n_2}{n_1^2 + n_2^2} \tan \alpha_1$$

将 $n_1 = 1$，$n_2 = 1.560$，$\alpha_1 = 20°$ 代入，算得

$$\alpha_2 \approx 18°18'$$

21. **解**：① 将 $n_1 = 1.51$，$n_2 = 1.0$，$i_1 = 54°37'$ 代入公式中，分别算出

$$\delta_p \approx -123°48', \quad \delta_s \approx -78°48'$$

$$\delta'_{1p} - \delta_{1p} \approx 123°48', \quad \delta'_{1s} - \delta_{1s} \approx 78°48'$$

② 考查全反射光中 s 振动和 p 振动的实际相位差。设入射光为线偏振光，且 $\delta_{1s} - \delta_{1p} = 0$，则

$$\delta'_{1s} - \delta'_{1p} = (\delta'_{1s} - \delta_{1s}) - (\delta'_{1p} - \delta_{1p}) = -45°$$

两个振动合成结果为左旋的椭圆偏振光，如图 2-22 所示。

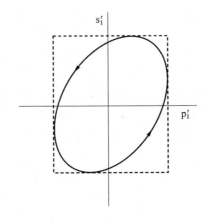

图 2-22　两个振动合成结果示意图

22. **解**：矢量图给出了自然光中大量横振动的方位分布。它表明自然光是大量相对于光的传播方向轴对称分布的线偏振光的集合。与矢量图解法中的振幅矢量不同，目前各矢量间的夹角并不代表各振动间的相位差，因此不能对它们进行合成。由于自然光中各方向横振动之间的相位是无关联的，所以总的光强是所有各方向横振动的线偏振光的非相干叠加，显然不为零。

23. **解**：自然光和圆偏振光都可看成是两个等幅垂直偏振的合成。它们的主要区别在于前者光振动矢量的两个正交分量之间没有稳定的相位关系；而后者的两个正交分量之间有确定的相位差 $\pm \pi/2$。部分偏振光和椭圆偏振光的主要区别也在相位关系上：前者两正交分量之间无稳定的相位关系；后者两个正交分量之间有稳定的相位差。在确定两个垂直偏振合成后的偏振态时，起决定作用的是两者的相位关系及其振幅关系。

24. **解**：粗略地判定偏振片的透振方向，一种简单的方法是根据反射光的偏振性判定。如图 2-23 所示，自然光从空气到玻璃入射，并使入射角为布儒斯特角 i_B（约 57°），则反射偏振光的振动方向是垂直入射面的。旋转偏振片并观察反射光，可得消光位置。消光时，偏振片上与入射面平行的方向即为透振方向。当然，实验时来自普通光源的入射光并不一定是平行光，

入射角也不必严格校准。这时"消光"并不精准,但强度最小的位置还是可以非常明显地观察到的。例如,隔着偏振片观察物体以接近入射经玻璃反射的像,旋转偏振片,可观察到像的亮度变化。当观察到像的亮度最小时,偏振片上与入射面平行的方向就是透振方向。

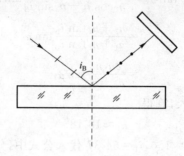

图 2-23 自然光从空气到玻璃的反射示意图

25. **解:** ① 当 $\theta_1 = 50°$ 时,由折射定律

$$\theta_2 = \arcsin\left(\frac{n_1 \sin\theta_1}{n_2}\right) = \arcsin\left(\frac{\sin 50°}{1.5}\right) = 30°42'$$

因此

$$r_s = -\frac{\sin(\theta_1 - \theta_2)}{\sin(\theta_1 + \theta_2)} = -\frac{\sin 19°18'}{\sin 80°42'} = -0.335$$

$$r_p = \frac{\tan(\theta_1 - \theta_2)}{\tan(\theta_1 + \theta_2)} = \frac{\tan 19°18'}{\tan 80°42'} = 0.057$$

因为入射光中电矢量振动方向与入射面成 $45°$,故在入射光中,电矢量垂直于入射面分量 E_{1s} 的振幅 A_{1s} 等于平行于入射面分量 E_{1p} 的振幅 A_{1p}。但在反射光中,由于 $r_s \neq r_p$,所以反射光中电矢量两个分量的振幅 A'_{1s} 和 A'_{1p} 不相等,它们的数值分别为

$$A'_{1s} = r_s A_{1s} = -0.335 A_{1s}, \qquad A'_{1p} = r_p A_{1p} = 0.057 A_{1p}$$

r_s 的负值表示 E'_{1s} 的方向与 E_{1s} 的方向相反。因此,反射光中电矢量两个分量的合振幅与入射面的夹角 α 由下式决定

$$\tan\alpha = A'_{1s}/A'_{1p} = -0.335/0.057 = -5.877$$

得到 $\alpha = -80°20'$。

② 当 $\theta_1 = 60°$ 时,有

$$\theta_2 = \arcsin\left(\frac{\sin 60°}{1.5}\right) = \arcsin 0.577 = 35°14'$$

故

$$r_s = -\frac{\sin(60° - 35°14')}{\sin(60° + 35°14')} = -\frac{0.419}{0.996} = -0.421$$

$$r_p = -\frac{\tan(60° - 35°14')}{\tan(60° + 35°14')} = -\frac{0.461}{10.92} = -0.042$$

因此,反射光电矢量的振动方向与入射面所成的夹角为

$$\alpha = \arctan\left(\frac{0.421}{0.042}\right) = 84°18'$$

26. **解:** 由于 $(A'_1)^2 = (A'_{1s})^2 + (A'_{1p})^2$,所以,据公式有

$$R = \left(\frac{A'_1}{A_1}\right)^2 = \left(\frac{A'_{1s}}{A_1}\right)^2 + \left(\frac{A'_{1p}}{A_1}\right)^2$$

对于入射光，s 波和 p 波的振幅分别为 $A_{1s}=A_1\sin\alpha,A_{1p}=A_1\cos\alpha$。因此

$$R=\left(\frac{A'_{1s}}{A_{1s}}\right)^2\sin^2\alpha+\left(\frac{A'_{1p}}{A_{1p}}\right)^2\cos^2\alpha$$

或者写为 $R=R_s\sin^2\alpha+R_p\cos^2\alpha$。

类似的做法可以证明总透射率 T 有这样的形式：

$$T=T_s\sin^2\alpha+T_p\cos^2\alpha$$

27. 解： 对于选定的几个不同时刻，合成电矢量为

$$E(0)=x_0a_1,\quad E(T/8)=x_0\frac{a_1}{\sqrt2}+y_0\frac{a_2}{\sqrt2},\quad E(T/4)=y_0a_2$$

$$E(3T/8)=-x_0\frac{a_1}{\sqrt2}+y_0\frac{a_2}{\sqrt2},\quad E(T/2)=-x_0a_1,\quad E(5T/8)=-x_0\frac{a_1}{\sqrt2}-y_0\frac{a_2}{\sqrt2}$$

$$E(3T/4)=-y_0a_2,\quad E(7T/8)=x_0\frac{a_1}{\sqrt2}-y_0\frac{a_2}{\sqrt2},\quad E(T)=x_0a_1$$

如图 2-24 所示，它们的端点分别对应于图中的点 A、B、C、D、E、F、G、H、A。可见，随着 t 的增大，合成电矢量的端点做左旋运动。若选取更小的时间间隔，可得到合成电矢量端点的运动轨迹为一椭圆。

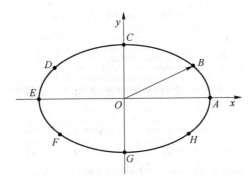

图 2-24　不同时刻场矢量端点的位置

事实上，由于 $\delta=\pi/2$，所以合成电矢量端点的运动方程为

$$\frac{E_x^2}{a_1^2}+\frac{E_y^2}{a_2^2}=1$$

这是一个长短轴 $2a_1$、$2a_2$ 和坐标轴 x、y 重合的椭圆，即如图 2-24 所示的标准椭圆。

28. 解： ①要使菱体的出射光为圆偏振光，出射光的 p 波和 s 波的振幅必须相等（入射线偏振光的电矢量与图面成 45° 保证了这一条件的实现），位相差必须等于 $\pi/2$。光束在菱体内以相同条件全反射两次，每次全反射后 p 波和 s 波的位相差必须等于 $\pi/4$。全反射条件下 p 波和 s 波的位相差的计算公式为

$$\tan\frac{\delta}{2}=\frac{\cos\sqrt{\sin^2\theta-n^2}}{\sin^2\theta}$$

已知 $n=1/1.5$，为使 $\delta=\pi/4$，由上式可解出光束在菱体内的入射角，上式两边平方，得到

$$C^2=\frac{(1-\sin^2\theta)(\sin^2\theta-n^2)}{\sin^2\theta}$$

式中，$C=\tan\dfrac{\delta}{2}=\tan22°30'$，整理后得到

$$(1+C^2)\sin^2\theta-(n^2+1)\sin^2\theta+n^2=0$$

把 C 和 n 的值代入,得到方程的解:$\theta = 53°15'$ 或 $\theta = 50°13'$。由于 $\varphi = \theta$,所以菱体顶角可选 $53°15'$ 或 $50°13'$。

② 对于一定的菱体折射率 n,位相差 δ 有一极大值,它由下式决定

$$\frac{\mathrm{d}}{\mathrm{d}\theta} = \tan\frac{\delta}{2} = \frac{2n^2 - (1+n^2)\sin^2\theta}{\sin^2\theta\sqrt{\sin^2\theta - n^2}} = 0$$

其解为 $\sin^2\theta = \dfrac{2n^2}{1+n^2}$。把这一结果代入 δ 的计算公式,得到位相差极大值 δ_m 的表示式为

$$\tan\frac{\delta_m}{2} = \frac{1-n^2}{2n}$$

当 $n = 1/1.49$ 时,$\tan\dfrac{\delta_m}{2} = 0.4094$,$\delta_m = 44°32'$,所以 $\delta_m < \pi/4$。因此光束在菱体内两次全反射后不能产生圆偏振光。

29. **解:** 由平面波的相位特性

$$\varphi(P) = \boldsymbol{k} \cdot \boldsymbol{r} = -\left(\frac{k}{\sqrt{14}}x + \frac{2k}{\sqrt{14}}y + \frac{3k}{\sqrt{14}}z\right)$$

波矢为

$$\boldsymbol{k} = k\left(\frac{-1}{\sqrt{14}}\boldsymbol{e}_x + \frac{-2}{\sqrt{14}}\boldsymbol{e}_y + \frac{-3}{\sqrt{14}}\boldsymbol{e}_z\right)$$

方向为

$$\frac{\boldsymbol{k}}{k} = -\left(\frac{1}{\sqrt{14}}\boldsymbol{e}_x + \frac{2}{\sqrt{14}}\boldsymbol{e}_y + \frac{3}{\sqrt{14}}\boldsymbol{e}_z\right)$$

30. **解:** 椭圆的长轴沿 x 方向。设自然光的光强为 I_1,而椭圆偏振光分量的振幅为 A_x、A_y。则

$$\begin{cases} 0.5I_1 + A_x^2 = 1.5I_0 \\ 0.5I_1 + A_y^2 = I_0 \end{cases}, \quad \begin{cases} A_x^2 = 1.5I_0 - 0.5I_1 \\ A_y^2 = I_0 - 0.5I_1 \end{cases}$$

P 与 x 轴成 θ 角,考虑椭圆偏振光的两正交分量间的相位差是 $\pi/2$,所以透射光强

$$\begin{aligned} I(\theta) &= 0.5I_1 + A_x^2\cos^2\theta + A_y^2\sin^2\theta \\ &= 0.5I_1 + (1.5I_0 - 0.5I_1)\cos^2\theta + (I_0 - 0.5I_1)\sin^2\theta \\ &= 1.5I_0\cos^2\theta + I_0\sin^2\theta = I_0(1 + 0.5\cos^2\theta) \end{aligned}$$

可见,透射光强与入射光中无偏振部分(即自然光)的光强 I_1 无关。

31. **解:** 此题考查的是矢平面电磁波的表达式以及其各个参数之间的关系。

① 根据平面电磁波的通用表达式:$E = A\cos\left[2\pi\nu\left(\dfrac{z}{c} - t\right) + \varphi\right]$,对应有 $\omega = 2\pi\nu = 2\pi\times10^{14}$ rad/s,即频率 $\nu = 10^{14}$ Hz,$\lambda = cT = \dfrac{c}{\nu} = \dfrac{3\times10^8}{10^{14}} = 3\ \mu m$,$A = 2$ V/m。当 $z = 0$,$t = 0$ 时初相位 $\varphi_0 = \dfrac{\pi}{2}$。

② 由表达式可知,波沿 z 轴正方向传播,电矢量振动方向为 y 轴。

③ B 与 E 垂直,传播方向相同,因为 $\dfrac{E}{B} = \dfrac{1}{\sqrt{\varepsilon\mu}} = c$,所以相应磁场 B 的表达式为

$$B_x = -0.67\times10^{-8}\cos\left[2\pi\times10^{14}\left(\frac{z}{c} - t\right) + \frac{\pi}{2}\right], \quad B_y = 0, \quad B_z = 0$$

32. **解:** 本题考查的是平面简谐电磁波的表达式,以及其各参数的关系和性质。

电矢量的振幅在 x 和 y 方向上的分量分别为

$$A_x = A\cos45° = 42.42\times0.707 = 30\ \text{V/m}$$

$$A_y = A\cos45° = 42.42\times0.707 = 30\ \text{V/m}$$

因此该电矢量的表达式为

$$E_x = E_y = A_x \cos\left[\omega\left(\frac{z}{c}-t\right)\right] = 30\cos\left[2\pi\times6\times10^{14}\left(\frac{z}{3\times10^8}-t\right)\right] \text{ V/m}, E_z = 0$$

又

$$B_y = B_x = \frac{E_x}{c} = \frac{30}{30\times10^8} \text{ T} = 1\times10^{-7} \text{ T}$$

磁场的表达式为

$$B_y = -B_x = (1\times10^{-7})\cos\left[2\pi\times6\times10^{14}\left(\frac{z}{3\times10^8}-t\right)\right], B_z = 0$$

33. 解：

$$r_{\parallel} = \frac{\cos\theta_1 - \mathrm{i}\gamma}{\cos\theta_1 + \mathrm{i}\gamma} = \frac{A\mathrm{e}^{-\mathrm{i}\phi}}{A\mathrm{e}^{\mathrm{i}\phi}} = \mathrm{e}^{-2\mathrm{i}\phi}$$

式中

$$A = (\cos^2\theta_1 + \gamma^2)^{1/2}$$

$$\cos\phi = \frac{\cos\theta_1}{(\cos^2\theta_1 + \gamma^2)^{1/2}}, \quad \sin\phi = \frac{\gamma}{(\cos^2\theta_1 + \gamma^2)^{1/2}}$$

因此

$$E_{30} = E_{10}\mathrm{e}^{-2\mathrm{i}\phi}$$

相变(Δ)为

$$\Delta = 2\phi = 2\arctan\frac{\gamma}{\cos\theta_1} = 2\arctan\left(\frac{\varepsilon_1}{\varepsilon_2}\frac{\sqrt{\sin^2\theta_1 - \sin^2\theta_c}}{\cos\theta_1}\right)$$

34. 解： 与透射波相关的电场由下式给出

$$E_2 = E_{20}\exp[\mathrm{i}(k_2 \cdot r - \omega t)] = E_{20}\exp[\mathrm{i}(k_{2x}x + k_{2z} \cdot z - \omega t)]$$
$$= E_{20}\exp[\mathrm{i}(k_2 x \cdot \cos\theta_2 + k_2 z\sin\theta_2 - \omega t)]$$

又有

$$\frac{\sin\theta_1}{\sin\theta_2} = \sqrt{\frac{\varepsilon_2}{\varepsilon_1}}$$

$$\sin\theta_2 = \sqrt{\frac{\varepsilon_1}{\varepsilon_2}}\sin\theta_1$$

$$E_1 = E_{10}\exp[\mathrm{i}(k_1 \cdot r - \omega t)]$$

$$E_2 = E_{20}\exp[\mathrm{i}(k_2 \cdot r - \omega_2 t)]$$

$$E_3 = E_{30}\exp[\mathrm{i}(k_3 \cdot r - \omega_3 t)]$$

而

$$\cos\theta_2 = \sqrt{1 - \frac{\varepsilon_1}{\varepsilon_2}\sin^2\theta_1} = \sqrt{\frac{\varepsilon_1}{\varepsilon_2}}\sqrt{\frac{\varepsilon_2}{\varepsilon_1} - \sin^2\theta_1} = \sqrt{\frac{\varepsilon_2}{\varepsilon_1}}\mathrm{i}\gamma$$

因此,有

$$E_2 = E_{20}\mathrm{e}^{-\beta x}\exp\left\{\mathrm{i}\left[\left(k_2\sqrt{\frac{\varepsilon_1}{\varepsilon_2}}\sin\theta_1\right)z - \omega t\right]\right\} \tag{1}$$

式中

$$\beta = k_2\sqrt{\frac{\varepsilon_2}{\varepsilon_1}}\gamma = \frac{\omega}{c}\sqrt{n_1^2\sin^2\theta_1 - n_2^2}$$

式(1)给出的场表示一个沿 z 方向传播,但振幅在 x 方向按照指数规律衰减的波,这种波称为 "表面波"或"隐失波"。

35. 解： 区别方法如下。

① 用一块偏振片分别垂直插入 5 种入射光,并以入射光线为轴,旋转偏振片一周,在透射光中观察光强变化:a. 若光强没有变化,那么入射光是圆偏振光或自然光;b. 若光强有变化,但是没有消光现象,那么入射光可能是椭圆偏振光或者部分偏振光;c. 若光强发生变化,且有消光现象,那么入射光必定是偏振光。

② 进一步区分圆偏振光和自然光,椭圆偏振光和部分偏振光采用在该偏振片之前,再平行插入一块 1/4 波晶片的方法。对于自然光和部分偏振光在通过 1/4 波晶片之后,虽然发生双折射,但是两种光无固定的相位差,因此通过偏振片之后光强变化情况与前者无异。而对于圆偏振光和椭圆偏振光来说,通过波晶片后,相位差再增加 $\pi/2$,通过晶片会合成偏振光,此时再透过偏振片就会看到消光现象。

至此 5 种光均可区分开来。

36. 解:① $E_1 = A\cos(k \cdot x\sin\theta + k \cdot z\cos\theta - \omega t)$,$E_2 = A\cos[k \cdot x\sin(-\theta) + k \cdot z\cos\theta - \omega t]$。

② $E_1 = A\exp[ik(x\sin\theta + z\cos\theta)]$,$E_2 = A\exp\{ik[x(-\sin\theta) + z\cos\theta]\}$。

③ $U(x,y) = A\exp(ikx\sin\theta) + A\exp[ikx\sin(-\theta)] = 2\cos(kx\sin\theta)$。

④ 分布图如图 2-25 所示,当 $kx\sin\theta$ 等于 2π 的整数倍时,$U(x,y)=1$;当 $kx\sin\theta$ 等于 π 的奇数倍时,$U(x,y)=-1$;当 $kx\sin\theta$ 等于 $\pi/2$ 的奇数倍时,$U(x,y)=0$。

空间频率 $f_x = \dfrac{\sin\theta}{\lambda}$,$f_y = 0$。

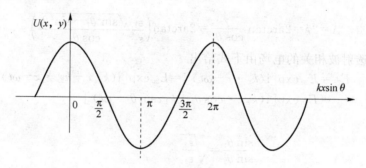

图 2-25 $U(x,y)$ 的分布图

⑤ $I(x,y) = 4\cos^2(kx\sin\theta) = 2 + 2\cos(2kx\sin\theta)$。

⑥ 如图 2-26 所示,当 $kx\sin\theta$ 等于 π 的整数倍时,$I(x,y)=4$;当 $kx\sin\theta$ 等于 $\pi/2$ 的奇数倍时,$I(x,y)=0$;当 $kx\sin\theta$ 等于 $\pi/4$ 的奇数倍时,$I(x,y)=2$。

空间频率 $f'_x = \dfrac{2\sin\theta}{\lambda}$,$f'_y = 0$。

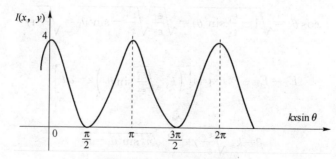

图 2-26 $I(x,y)$ 的分布图

第3章 光 的 干 涉

3.1 知 识 要 点

1. 波的叠加原理与干涉现象

多列波在同一介质中传播,交叠区域内某点的振动是各列波单独存在时引起的振动的合成,这就是波的叠加原理。

多列波相干叠加,造成交叠区域内强度相长和相消的现象即为干涉。

2. 相干条件和相干波的产生方法

（1）相干条件

要发生合振动强弱在空间稳定分布的干涉现象,这两列波必须满足一定的条件:参与叠加的光波的频率相同;存在相互平行的振动分量;参与叠加的光波相位差稳定。

（2）相干波的产生方法

考虑将同一光源同一点发出的光波分开,经不同路径后再相遇。相干光获得的方法有分波阵面法和分振幅法两种方法。

① 分波阵面法——双缝干涉型。

② 分振幅法——薄膜干涉型。

3. 光场的相干性

（1）衬比度 γ

对于光波来说,干涉现象往往表现成亮暗相间的条纹,干涉现象的显著程度可用干涉条纹的衬比度 γ 来描述,其定义为

$$\gamma = \frac{I_{max} - I_{min}}{I_{max} + I_{min}}$$

其中 I_{max} 和 I_{min} 分别是干涉场中光强度的极大值和极小值。γ 的取值范围为

$$0 \leqslant \gamma \leqslant 1$$

（2）光场的时间相干性

光源在同一时刻发出的光分为两束后,又先后到达某一观察点,只有当这两束光先后到达的时差小于某一值时才能在观察点产生干涉。这一时差决定了光的时间相干性。时间相干性的好坏用一个波列的延续时间 τ_0 或波列长度 L_0 来衡量。

相干时间:τ_0 为光场的时间相干性提供了一个度,即相干时间。

相干长度：$L_0 = c\tau_0$，$L_0 = \dfrac{\lambda^2}{\Delta\lambda}$。

时间相干反比公式：$\tau_0 \cdot \Delta\upsilon = 1$。

光场的时间相干性取决于光源的单色性。

（3）光场的空间相干性

在给定宽度单色线光源的照明空间中，随着两个横向分布次波源间距的变化，其相干程度也随之变化，这种相干性称为空间相干性。

相干间隔：$d_{\max} = \dfrac{B}{b}\lambda$，$B$ 越大，空间相关性越好。

（4）光场的部分相干

任何实际的光场都是完全相干叠加与完全非相干叠加的混合，两列强度相同的波做叠加，其相干程度由 γ 体现。

$$\begin{cases} \gamma = 1 & \text{完全相干} \\ \gamma = 0 & \text{完全不相干} \\ 0 < \gamma < 1 & \text{部分相干} \end{cases}$$

并且实际光场的时间相干性与空间相干性往往同时存在。

4. 薄膜干涉之等倾条纹

薄膜干涉是分振幅干涉，肥皂泡、油膜上的彩色就是薄膜干涉的体现。干涉条纹分为厚度不均匀薄膜表面的等厚条纹和厚度均匀薄膜在无穷远处产生的等倾条纹。

（1）等倾条纹

干涉条纹是以 O 点为中心的同心圆圈，由于这种干涉条纹是等倾角光线交点的轨迹，故称为等倾条纹。

亮纹：干涉相长 $\Delta = m\lambda$，$m = 0,1,2,3,\cdots$

暗纹：干涉相消 $\Delta = (2m+1)\dfrac{\lambda}{2}$，$m = 0,1,2,3,\cdots$

（2）透射光、增透膜和增反膜

① 透射光的干涉

如果结构是 $n_0/n/n_0$，反射光有半波损失，$\Delta = 2h\sqrt{n^2 - n_0^2 \sin^2 i}$，对于相同的 i，透射光与反射光的 Δ 总是相差 $\dfrac{\lambda}{2}$。所以它们的干涉图样是互补的，反映了能量守恒定律。

② 增透膜

增透的手段：使反射光干涉相消。

当 $n_0 < n_c < n$ 时，上下表面都有半波损失抵消，当 $n_c = \sqrt{n_0 n}$ 时，可以完全消除反射。

③ 增反膜

在玻璃基底上镀 $n_c > n$ 的膜，可以提高反射率。

进一步提升反射率，靠单模是不够的，应该采用多层膜，即通常所说的多层介质高反射膜。

5. 薄膜干涉之等厚条纹

（1）劈尖干涉

两平面夹角角度 θ 构成劈尖，光程差及干涉图样：

$$\Delta = 2nh + \dfrac{\lambda}{2}$$

相邻两条明纹或者暗纹对应的厚度差：

$$\Delta h = \frac{\lambda}{2n}$$

相邻两条明纹或者暗纹在表面上的距离间隔 $l = \frac{\Delta h}{\sin\theta} = \frac{\lambda}{2n\sin\theta} \approx \frac{\lambda}{2n\theta}$，由此式可知 θ 变小，条纹疏松，θ 变大，条纹密集。

（2）牛顿环

一个大口径透镜放在一个光学平板玻璃上，两者之间的空气薄膜构成同心圆环——牛顿环。

牛顿环半径：$r^2 = R^2 - (R-h)^2 = 2Rh - h^2 \approx 2Rh, r = \sqrt{2Rh}$。

明环半径：$r_{m明} = \sqrt{\frac{(2m-1)R\lambda}{2}}, m = 1,2,3,\cdots$

暗纹半径：$r_{m暗} = \sqrt{mR\lambda}, m = 0,1,2,3,\cdots$

曲率半径：$R = \frac{r_{k+m}^2 - r_k^2}{m\lambda}$，其中 r_k 为某一圈半径，r_{k+m} 为由它向外数第 m 圈的半径。

6. 迈克尔逊干涉仪

（1）干涉图样

把光路拉到同一方向上，等效为 M_1' 与 M_2 之间的空气薄膜干涉，如图 3-1 所示。

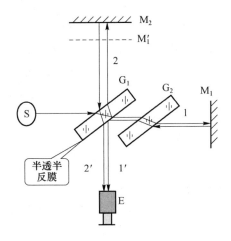

图 3-1　迈克尔逊干涉仪

① 调节 M_1 和 M_2 的方向，使 M_1' 和 M_2 平行，将在无穷远处看见等倾条纹。

② 当 M_1' 与 M_2 之间有微小角度时，得到等厚条纹。

在视场内放置一个标准基线，M_1' 与 M_2 之间移动 $\frac{\lambda}{2}$，将有一个条纹移过基线，M_1' 与 M_2 之间移动的距离 Δh 与移过基线条纹个数 N 的关系：$\Delta h = N\frac{\lambda}{2}$。

（2）迈克尔逊干涉仪的变形

迈克尔逊干涉仪的变形有马赫-曾德尔干涉仪、Sagnac 干涉仪。

7. 多光束干涉

（1）多光束干涉公式

板间光程差：$\Delta = 2nh\cos i'$。

相位差: $\delta = \dfrac{4\pi}{\lambda} nh \cos i'$。

多次反射和折射时振幅的分割如图 3-2 所示。

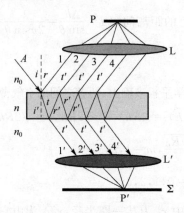

图 3-2　多次反射和折射时振幅的分割

$$\text{反射光束} \begin{cases} \tilde{E}_1 = rA e^{i0} \\ \tilde{E}_2 = tt'r' A e^{i\delta} \\ \tilde{E}_3 = tt'r'^3 A e^{i2\delta} \\ \tilde{E}_4 = tt'r'^5 A e^{i3\delta} \end{cases} \qquad \text{透射光束} \begin{cases} \tilde{E}'_1 = tt' A e^{i0} \\ \tilde{E}'_2 = tt'r'^2 A e^{i\delta} \\ \tilde{E}'_3 = tt'r'^4 A e^{i2\delta} \\ \tilde{E}'_4 = tt'r'^6 A e^{i3\delta} \end{cases}$$

反射率: $R = r^2$。

精细系数: $F = \dfrac{4R}{(1-R)^2}$, $I_T = I_0 \dfrac{1}{1 + F\sin^2 \dfrac{\delta}{2}}$。

艾里公式: $I_R = I_0 \dfrac{F\sin^2 \dfrac{\delta}{2}}{1 + F\sin^2 \dfrac{\delta}{2}}$。

(2) 多光束干涉图样的特点

① 干涉条纹的半值宽度

干涉条纹的半值宽度为峰值两侧 I_T / I_0 的值降到一半的两点间的距离 δ。

半值相位宽度: $\varepsilon = \dfrac{4}{\sqrt{F}} = \dfrac{2(1-R)}{\sqrt{R}}$。

② 亮条纹的角分布

以单色光的扩展光入射, δ 因 i 变化引起的微分: $\mathrm{d}\delta = -\dfrac{4\pi nh \sin i \, \mathrm{d}i}{\lambda}$。

亮条纹的半值角宽度: $\Delta i_k = \dfrac{\lambda \varepsilon}{4\pi nh \sin i_k} = \dfrac{\lambda}{2\pi nh \sin i_k} \dfrac{1-R}{\sqrt{R}} = \dfrac{\lambda}{\pi nh \sin i_k} \dfrac{1}{\sqrt{F}}$, F 越大, Δi_k 越细锐。

③ 亮条纹的波长分布

以非单色平行光入射, δ 因 i 变化引起的微分: $\mathrm{d}\delta = -\dfrac{4\pi nh \cos i}{\lambda_m^2} \mathrm{d}\lambda_m$。

半值谱线宽度：$\Delta\lambda_m = -\dfrac{\lambda_m^2}{2\pi n h\cos i_m}\dfrac{1-R}{\sqrt{R}}$。

3.2　典　型　例　题

【例题 1】　如图 3-3 所示的杨氏实验装置中，若单色光源的波长 $\lambda = 5\times10^{-7}$ m，$d = S_1 S_2 = 0.33$ cm，$r_0 = 3$ m，试求：①条纹间隔；②若在 S_2 后面置一厚度 $h = 0.01$ mm 的平行平面玻璃片，试确定条纹移动方向和计算位移的公式，假设一直条纹的位移为 4.73 mm，试计算玻璃的折射率。

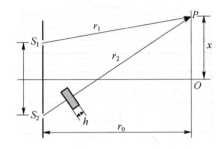

图 3-3　杨氏实验装置

解：①
$$\Delta x = \frac{r_0}{d}\lambda = 0.5 \text{ mm}$$

② 插入玻璃片后从 S_2 到 P 点的光程为 $r_2 + (n-1)h$，由于光程增大，$j=0$ 级条纹向下移动，所有条纹亦将同样移动。

由于 P 点处的光程差为
$$\delta = r_2 + (n-1)h - r_1 = x\frac{d}{r_0} + (n-1)h$$

j 级亮纹
$$x\frac{d}{r_0} + (n-1)h = j\lambda$$

对 0 级条纹
$$\Delta x\frac{d}{r_0} + (n-1)h = 0, \quad n = 1 - \Delta x\frac{d}{hr_0\times} = 1 + 4.73\times\frac{3.3}{0.01\times3\times10^3} = 1.52$$

【例题 2】　图 3-4 所示为一观察干涉条纹的实验装置。R_1 为透镜 L_1 下表面的曲率半径，R_2 为透镜 L_2 上表面的曲率半径，今用一束波长 $\lambda = 5.893\times10^{-7}$ m 的单色平行钠光垂直照射，由反射光测得第 20 级暗条纹的半径 r 为 2.4 cm，又已知 $R_2 = 2.5$ cm，试求：①干涉图样的形状和特性；②透镜下表面的曲率半径 R_1 是多少？

解：① 因为以光轴为对称轴，所以两球面的反射光相干叠加后为同心圆环干涉条纹。半径为 r 的圆环到球面顶点切面的高度为 $h_1 = \dfrac{r^2}{2R_1}$，$h_2 = \dfrac{r^2}{2R_2}$，$\Delta h = h_1 - h_2 = r^2\left(\dfrac{1}{2R_1} - \dfrac{1}{2R_2}\right)$，有半波损失，亮条纹满足 $2\Delta h = (2j+1)\lambda/2$，即 $\Delta h = r^2\left(\dfrac{1}{2R_1} - \dfrac{1}{2R_2}\right) = (2j+1)\lambda/4$，$r^2 =$

$$\frac{(2j+1)\lambda}{2\left(\frac{1}{R_1}-\frac{1}{R_2}\right)}=\frac{(2j+1)\lambda\lambda_1 R_2}{2(R_2-R_1)}, r_j=\sqrt{\frac{(2j+1)\lambda R_1 R_2}{2(R_2-R_1)}},\text{暗条纹 } r'_j=\sqrt{\frac{j\lambda R_1 R_2}{R_2-R_1}}。$$

② $R_1=\left(\frac{j\lambda}{r_j^2}+\frac{1}{R_2}\right)^{-1}=\left(\frac{20\times589.3\times10^{-7}}{2.5^2}+\frac{1}{200}\right)^{-1}=0.005\ 189^{-1}=192.73\ \text{cm}。$

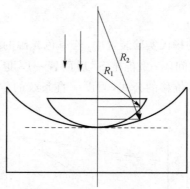

图 3-4　干涉条纹实验装置

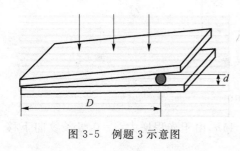

图 3-5　例题 3 示意图

【例题 3】　如图 3-5 所示,金属细丝测量得 $D=28.880\ \text{nm}$,$\lambda=589.3\ \text{nm}$。30 个明条纹之间的总距离 $L=4.295\ \text{mm}$,劈尖 θ 很小,所以有 $d=D\tan\theta\approx D\sin\theta$。30 个条纹有 29 个间隔,$l=\frac{L}{29}$,又 $l=\frac{\lambda}{2\theta}$,所以 $d=\frac{29\lambda D}{2L}=0.057\ 46\ \text{mm}=57.46\ \mu\text{m}$,精度为百分之几微米。

【例题 4】　如图 3-6 所示,波长 λ 为 $0.5\ \mu\text{m}$ 的平行单色光垂直入射到双缝平面上,已知双缝间距 d 为 $0.5\ \text{mm}$,在双缝另一侧 5 cm 远处,正放置一枚像方焦距 f' 为 10 cm 的理想透镜 L,在 L 右侧 12 cm 远处放置一屏幕。问屏幕上有无干涉条纹?若有,则条纹间距是多少?

解:两光源成虚像,可以算得 $s'=\frac{sf}{s-f}=\frac{5\times10}{5-10}=-10\ \text{cm}$,像高 $y'=-\frac{s'}{s}y=-\frac{-10}{5}\times$

$0.25=0.5\ \text{mm}$,则两像光源 $d'=1.0\ \text{mm}$,$D'=10+12=22\ \text{cm}$,有干涉条纹,$\Delta x'=\frac{D'y}{d'}=0.11\ \text{mm}$。

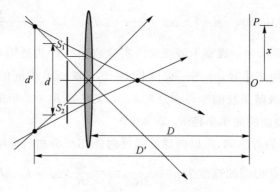

图 3-6　例题 4 示意图

【例题 5】 图 3-7 所示为一种利用干涉现象测定气体折射率的原理性装置,在 S_1 后面放置一长度为 l 的透明容器,在待测气体注入容器而将空气排出的过程中屏幕上的干涉条纹就会移动,由移过条纹的根数即可推知气体的折射率。试求:①设待测气体的折射率大于空气的折射率,干涉条纹如何移动? ②设 $l = 2.0$ cm,条纹移过 20 根,光波长为 589.3 nm,空气折射率为 1.000 276,求待测气体(氯气)的折射率。

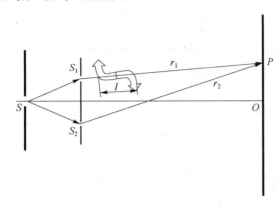

图 3-7 例题 5 的原理装置

解:①在充气过程中,上光源的光程逐渐增大,条纹上移。

② 光程差改变

$$(n - n_a)l = \Delta j\lambda$$

$$n = \Delta j\lambda/l + n_a = 20 \times 589.3 \times 10^{-6}/20 + 1.000\,276 = 1.000\,865\,3$$

【例题 6】 图 3-8 所示的是 Newton 环的干涉装置,平凸透镜球面的曲率半径 $R = 1.00$ m,折射率 $n_1 = 1.50$,平板玻璃由左右两部分组成,折射率分别是 $n_3 = 1.50$ 和 $n_4 = 1.75$,平凸透镜的顶点在这两部分玻璃的分界处,中间充以折射率 $n_2 = 1.62$ 的二硫化碳液体,若用单色光垂直照射,在反射光中测得右边 j 级明条纹的半径 $r_j = 4$ mm,$j+5$ 级明条纹的半径 $r_{j+5} = 6$ mm,试求:①入射光的波长;②观察到的干涉图样。

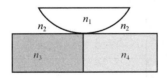

图 3-8 Newton 环干涉装置

解:左边有半波损失,右边没有。

① 由

$$2n_2h = \frac{n_2 r_j^2}{R} = j\lambda, \quad \frac{n_2}{R}(r_{j+\Delta j}^2 - r_j^2) = \Delta j\lambda$$

可得

$$\lambda = \frac{n_2}{\Delta j R}(r_{j+\Delta j}^2 - r_j^2) = \frac{1.62}{5 \times 10 \times 10^3} \times (6^2 - 4^2) = 648 \times 10^{-6} \text{ mm} = 648 \text{ nm}$$

② 左边亮条纹 $2n_2h = \frac{n_2 r_j^2}{R} = (j + \frac{1}{2})\lambda$,暗条纹 $2n_2h = \frac{n_2 r_j^2}{R} = j\lambda$,即同一高度处,两侧条纹正好明暗错开。

【**例题 7**】 一个 Michelson 干涉仪被调节,当用波长 $\lambda=5\times10^{-7}$ m 的扩展光源照明时会出现同心圆环形条纹,若要移动其中一臂而使圆环中心处相继出现 1 000 条条纹,则该臂要移动多少? 若中心是亮的,计算第一个暗环的角半径。(要求用两臂的路径距离差和波长表示。)

解: 是等倾干涉。$2\Delta h=\Delta j\lambda$,$\Delta h=\dfrac{\Delta j\lambda}{2}=\dfrac{1\,000\times500.0}{2}=250\times10^{3}$ nm $=250$ μm。中心亮

环,$2h=j\lambda$,第一暗环,$2h\cos i=(j-\dfrac{1}{2})\lambda$,所以有 $1-\cos i=2\sin^{2}\dfrac{i}{2}\approx\dfrac{i^{2}}{2}=\dfrac{\lambda}{4h}i=\sqrt{\dfrac{\lambda}{2h}}$。

【**例题 8**】 如果 Fabry-Poret 干涉仪两反射面的间距为 1.00 cm,用绿光做实验,干涉条纹中心正好是一亮斑,求第 10 个亮环的角直径。

解: 透射光

$$2h\cos i_j=j\lambda,\quad 2nh=j_0\lambda,\quad 2nh\cos i_j=(j_0-9)\lambda$$
$$1-\cos i_j=9\lambda/(2h)$$

而

$$1-\cos i=\dfrac{i^{2}}{2},\quad i=\sqrt{\dfrac{9\lambda}{h}}=\sqrt{\dfrac{9\times500\times10^{-9}}{10.0\times10^{-3}}}=0.021$$

所以角直径为 0.042。

3.3 习 题

1. 在杨氏双缝实验中,除了原有的光源缝 S 外,再在 S 的正上方开一狭缝 S',如图 3-9 所示。①若使 $S'S_2-S'S_1=\dfrac{\lambda}{2}$,试求单独打开 S 或 S' 以及同时打开它们时屏上的光强分布。②若 $S'S_2-S'S_1=\lambda$,S 和 S' 同时打开时,屏上的光强分布如何?

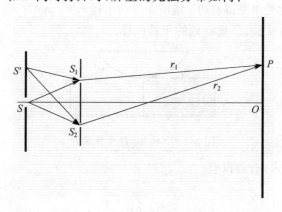

图 3-9 杨氏双缝实验

2. 瑞利干涉仪的结构和使用原理如下(参见图 3-10):以钠光灯作为光源置于透镜 L_1 的前焦面,在透镜 L_2 的后焦面上观测干涉条纹的变动,在两个透镜之间安置一对完全相同的玻璃管 T_1 和 T_2。实验开始时,T_2 管充以空气,T_1 管抽成真空,此时开始观察干涉条纹。然后逐渐使空气进入 T_1 管,直到它与 T_2 管的气压相同。记下这一过程中条纹移过的数目。射光波长为 589.3 nm,管长为 20 cm,条纹移过 98 根,求空气的折射率。

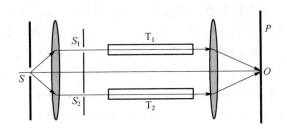

图 3-10　瑞利干涉仪

3. 如图 3-11 所示，将一焦距 f' 为 50 cm 的会聚透镜的中央部分截取 6 mm，把余下的上下两部分再黏合在一起，成为一块透镜 L。在透镜 L 的对称轴上，左边 300 cm 处有一波长 $\lambda = 5 \times 10^{-7}$ m 的单色点光源 S，在右边 450 cm 处置一光屏 DD。试分析并计算：

① S 发出的光经过透镜 L 后的成像情况，如所成之像不止一个，计算各像之间的距离；

② 在光屏 DD 上能否观察到干涉条纹？如能观察到干涉条纹，相邻明条纹的间距是多少？

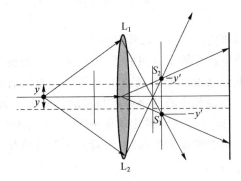

图 3-11　习题 3 示意图

4. 白光以 45° 角射在肥皂 $(n=1.33)$ 膜上，试求使反射光呈黄色 $(\lambda = 6.1 \times 10^{-7}$ m) 的最小膜厚度。

5. 将光滑的平板玻璃覆盖在柱形平凹透镜上，如图 3-12 所示，试求：①用单色光垂直照射时，画出反射光中干涉条纹分布的大致情况；②若圆柱面的半径为 R，且中央为暗纹，问从中央数第 2 条暗纹与中央暗纹的距离是多少？③连续改变入射光的波长，在 $\lambda = 5 \times 10^{-7}$ m 和 $\lambda = 6 \times 10^{-7}$ m 时，中央均为暗纹，求柱面镜的最大深度；④若轻压上玻璃片，条纹如何变化？

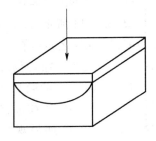

图 3-12　习题 5 示意图

6. 用很薄的云母片 $(n=1.58)$ 覆盖在双缝装置中的一条缝上，这时，光屏上的中心被原来的第 7 级亮纹所占据，若 $\lambda = 5.5 \times 10^{-7}$ m，则云母片有多厚？

7. 波长 λ 为 $0.5\ \mu m$ 的平行单色光垂直入射到双孔平面上,已知双孔间距 t 为 $0.5\ mm$,在双孔屏另一侧 $5\ cm$ 远处,正放置一枚像方焦距 f' 为 $5\ cm$ 的理想薄透镜 L,并在 L 的像方焦平面处放置接收屏。求:①干涉条纹的间距等于多少?②将透镜往左移近双孔 $2\ cm$,接收屏上干涉条纹的间距又等于多少?

8. 在杨氏双缝实验中,双缝间距为 $0.5\ mm$,接收屏距双缝 $1\ m$,点光源距双缝 $30\ cm$,它发射波长 $\lambda=5\times10^{-7}\ m$ 的单色光。试求:①屏上干涉条纹间距;②若点光源由轴上向下平移 $2\ mm$,屏上的干涉条纹向什么方向移动?移动多少? ③如点光源发出的光波为 $500.0\pm2.5\ nm$ 范围内的准单色光,求屏上能看到的干涉极大的最高级次;④若光源具有一定的宽度,屏上干涉条纹消失时,它的临界宽度是多少?

9. 沿着与肥皂膜的法线成 $35°$ 角的方向观察膜呈绿色($\lambda=5\times10^{-7}\ m$),设肥皂水的折射率为 1.33,求:①薄膜的厚度;②如果垂直注视,膜呈何种颜色?

10. 一束白光垂直照射厚度为 $0.4\ \mu m$ 的玻璃片,玻璃的折射率为 1.5,在可见光谱范围内($\lambda=4\times10^{-7}\ m$ 到 $\lambda=7\times10^{-7}\ m$),反射光的哪些波长成分将被加强?

11. 白光以 $45°$ 角射在肥皂($n=1.33$)膜上,试求使反射光呈黄色($\lambda=6.1\times10^{-7}\ m$)的最小膜厚度。

12. 如图 3-13 所示的实验装置,在一洁净玻璃片的上表面放一滴油,当油滴展开成油膜时,在波长 $\lambda=6\times10^{-7}\ m$ 的单色光的垂直照射下,从反射光中观察到油膜所形成的干涉条纹。在实验中由读数显微镜向下观察油膜所形成的干涉条纹。如果油膜的折射率 $n=1.20$,玻璃的折射率 $n'=1.50$,试求:①当油膜中心的最高点与玻璃片的上表面相距 $h=1.2\times10^{-6}\ m$ 时,描述所观察到的条纹的形状,即可以观察到几条亮条纹,亮条纹所在处油膜的厚度是多少? 中心点的明暗程度又如何? ②当油膜逐渐扩展时,所看到的条纹将如何变化?

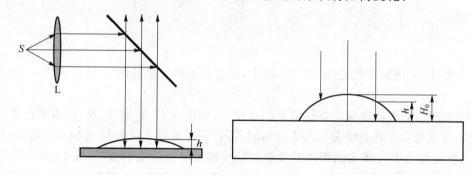

图 3-13 习题 12 示意图

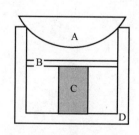

图 3-14 习题 13 示意图

13. 如图 3-14 所示,A 为平凸透镜,B 为平板玻璃,C 为金属柱,D 为框架,A、B 之间留有气隙,而 A 被固定在框架的边缘上。温度变化时,C 发生伸缩,而假设 A、B、D 都没有伸缩。现用波长为 $\lambda=6.328\times10^{-7}\ m$ 的激光垂直照射,试求:①在反射光中观察时,看到 Newton 环的条纹都移向中央,这表明金属柱 C 的长度是增加还是缩短? ②如果观察到有 10 个明条纹移到中央而消失,C 的长度变化了多少毫米?

14. 在傍轴条件下,等倾条纹的半径与干涉级有什么样的依赖关系? Newton 环的情况又怎样? 能够将两者进行区别吗? 如何区别?

15. 用钠光($\lambda=5.893\times10^{-7}$ m)观察 Michelson 干涉条纹,起初看到干涉场中有 16 个亮环,且中心是亮的。移动一个平面镜 M_1 后,看到中心吞吐了 20 环,此时干涉场中还剩 6 个亮环。试求:①M_1 移动的距离;②开始时中心亮斑的干涉级;③M_1 移动后,最外面亮环的干涉级。

16. 将光滑的平板玻璃覆盖在柱形平凹透镜上,如图 3-15 所示,试求:①用单色光垂直照射时,画出反射光中干涉条纹分布的大致情况;②若圆柱面的半径为 R,且中央为暗纹,问从中央数第 2 条暗纹与中央暗纹的距离是多少? ③连续改变入射光的波长,在 $\lambda=5\times10^{-7}$ m 和 $\lambda=6\times10^{-7}$ m 时,中央均为暗纹,求柱面镜的最大深度;④若轻压上玻璃片,条纹如何变化?

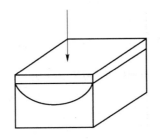

图 3-15　习题 16 示意图

17. 设 Fabry-Poret 腔(F-P 腔)长 5 cm,用扩展光源做实验,光波波长 $\lambda=6\times10^{-7}$ m,问:①中心干涉级数是多少? ②在 $1°$ 的倾角附近,干涉环的半角宽度是多少? (设反射率 $R=0.98$。)③如果用该 F-P 腔分辨谱线,其色分辨本领有多大? 可分辨的最小波长间隔是多少? ④如果用其对白光进行选频,透射最强的谱线有几条? 每条谱线的宽度是多少? ⑤由于热胀冷缩所引起的腔长的改变量为 10^{-5}(相对值),则谱线的漂移量是多少?

18. 若用钠光灯的双谱线 $\lambda=5.890\times10^{-7}$ m 和 $\lambda=5.896\times10^{-7}$ m 照明 Michelson 干涉仪,首先调整干涉仪,得到清晰的干涉条纹,然后移动 M_1,干涉图样为什么会逐渐变得模糊?问第一次视场中干涉条纹消失时,M_1 移动了多少距离?

19. 玻璃板上有一层油膜,波长可连续改变的单色光正入射,在 $\lambda=6\times10^{-7}$ m 时,观察到反射光干涉相消,并且在这两波长之间再无其他波长的光相消。①证明油膜的折射率一定小于 1.5(玻璃的折射率为 1.5)。②若油的折射率为 1.3,求油膜的厚度。

20. 如图 3-16 所示,在一厚玻璃中有一气泡,形状类似球面透镜,用单色光从玻璃的左侧垂直入射。①说明在右侧看到的干涉条纹的特点,即形状、间距、级数和边界处的条纹特点。②若均匀用力挤压玻璃的左右两侧,条纹有何变化?

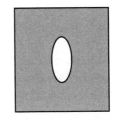

图 3-16　习题 20 示意图

21. 波长为 λ 的平行单色光以小倾角 θ 斜入射到间距为 t 的双缝上,设接收屏到双缝的距离为 D。①求零级主极大的位置。②假设在屏上到双缝距离都相等的地方恰好出现暗条纹,倾角 θ 必须满足什么条件?

22. 一台迈克尔逊干涉仪,使用波长 $\lambda=550$ nm 的扩展光源,调节两臂使干涉仪产生同心圆环干涉条纹。①此圆环干涉条纹为何种干涉条纹? ②要使干涉圆环向中心——消失 20 个圆环条纹,则可动臂必需移动多远? ③空气平板是变厚还是变薄了?

23. 如图 3-17 所示,点光源 S 发射的球面波与平面波满足相干条件,若在 x_0y_0 平面上两波具有相同的位相,在 xy 平面上两波具有相同的振幅,距 S 1 m 远的、与平面波传播方向垂直

的 xy 平面满足 $x^2+y^2\ll1\,\mathrm{m}$,那么:① xy 平面上的干涉条纹是什么形状? ② 干涉条纹的间距和空间频率各是多少?

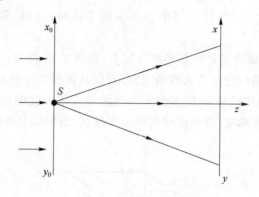

图 3-17 习题 23 示意图

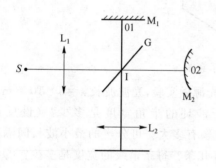

图 3-18 习题 24 示意图

24. 如图 3-18 所示,将一台泰曼-格林干涉仪的一个反射镜改为球面反射镜,使用波长为 550 nm 的光源远心照明,调节球面反射镜的镜臂,使其产生同心圆环干涉条纹。①此圆环干涉条纹为何种干涉条纹? ②要使干涉圆环向中心——消失 20 个圆环条纹,则可动臂必需移动多远? ③M₂ 的移动方向是向左还是向右?

25. 将一个波长稍小于 600 nm 的光波与一个波长为 600 nm 的光波在 F-P 干涉仪上进行比较,当 F-P 干涉仪的两镜面间距离改变 2.0 mm 时,两光波的条纹系就重合一次(干涉条纹基本消失),试求未知光波的波长。

26. 波长为 λ、振幅为 A、传播方向平行于 xz 平面但与 z 轴的夹角为 θ 的平面波,与光源位于 z 轴上,距坐标原点的距离为 a,波长也为 λ 的球面波在 $z=0$ 平面发生干涉。设发散球面波在 $(0,0,-a)$ 点与平面波在坐标原点的初相位相等,振幅也为 A,$a^2\gg x^2+y^2$,请问:① 在 $z=0$ 平面上干涉条纹是什么形状? ② 干涉条纹的间距是多少?

27. 波长为 500 nm 的绿光投射在间距 d 为 0.022 cm 的双缝上,在距离 180 cm 处的光屏上形成干涉条纹,求两个亮条纹之间的距离。若改用波长为 700 nm 的红光投射到此双缝上,两个亮条纹之间的距离又为多少?算出这两种光第 2 级亮纹的位置。

28. 在杨氏实验装置中,光源的波长为 640 nm,两狭缝间距为 0.4 mm,光屏离狭缝的距离为 50 cm。试求:①光屏上第 1 亮条纹和中央亮条纹之间的距离;②若 p 点离中央亮条纹 0.1 mm,问两束光在 p 点的相位差是多少? ③求 p 点的光强度和中央点的强度之比。

29. 把折射率为 1.5 的玻璃片插入杨氏实验的一束光路中,光屏上原来第 5 级亮条纹所在的位置为中央亮条纹,试求插入的玻璃片的厚度,已知光的波长为 6×10^{-7} m。

30. 波长为 500 nm 的单色平行光射在间距为 0.2 mm 的双狭缝上,通过其中一个缝的能量为另一个的 2 倍,在离狭缝 50 cm 的光屏上形成干涉图样,求干涉条纹间距和条纹的可见度。

31. 波长为 700 nm 的光源与菲涅耳双镜的相交棱之间的距离为 20 cm,棱到光屏间的距离 L 为 180 cm,若所得干涉条纹中相邻亮条纹的间隔为 1 mm,求双镜平面之间的夹角 θ。

32. 在如图 3-19 所示的劳埃德镜实验中，光源 S 到观察屏的距离为 1.5 m，到劳埃德镜面的垂直距离为 2 mm。劳埃德镜长 40 cm，置于光源和屏之间的中央。①若光波波长 $\lambda =$ 500 nm，问条纹间距是多少？②确定屏上可以看见条纹的区域大小，此区域内共有几条条纹？（提示：产生干涉的区域 P_1P_2 可由图中的几何关系求得。）

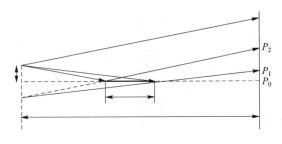

图 3-19　劳埃德镜实验

33. 迈克尔逊干涉仪的反射镜 M_2 移动 0.25 mm 时，看到条纹移过的数目为 909 个，设光为垂直入射，求所用光源的波长。

34. 迈克尔逊干涉仪平面镜的面积为 4×4 cm^2，观察到该镜上有 20 个条纹。当入射光的波长为 589 nm 时，两镜面之间的夹角为多大？

35. 调节一台迈克尔逊干涉仪，使其用波长为 500 nm 的扩展光源照明时会出现同心圆环条纹。若要使圆环中心处相继出现 1 000 条圆环条纹，则可动臂将移动多远的距离？若中心是亮的，试计算第一暗环的角半径。（提示：圆环是等倾干涉图样。计算第一暗环角半径可利用 $\theta \approx \sin\theta$ 及 $\cos\theta \approx 1 - \theta^2/2$ 的关系。）

36. 用单色光观察牛顿环，测得某一亮环的直径为 3 mm，在它外边第 5 个亮环的直径为 4.6 mm，所用平凸透镜的凸面曲率半径为 1.03 m，求此单色光的波长。

37. 在反射光中观察某单色光所形成的牛顿环。其第 2 级亮环与第 3 级亮环的间距为 1 mm，求第 19 和第 20 级亮环之间的距离。

38. 菲涅耳双棱镜实验装置尺寸如图 3-20 所示：缝到棱镜的距离为 5 cm，棱镜到屏的距离为 95 cm，棱镜角为 $\alpha = 179°32'$，构成棱镜玻璃材料的折射率为 $n' = 1.5$，采用的是单色光。当厚度均匀的肥皂膜横过双棱镜的一半部分放置时，该系统中心部分附近的条纹相对原先有 0.8 mm 的位移。若肥皂膜的折射率为 $n = 1.35$，试计算肥皂膜厚度的最小值。

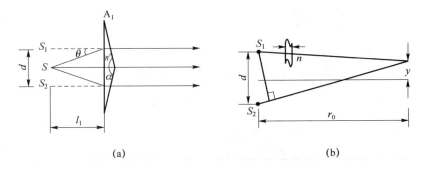

(a)　　　　　　　　　　　　　　(b)

图 3-20　菲涅耳双棱镜实验装置

39. 将焦距为 50 cm 的会聚透镜中央部分 C 切去（见图 3-21），余下的 A、B 两部分仍旧粘起来，C 的宽度为 1 cm。在对称轴线上距透镜 25 cm 处置一点光源，发出波长为 692 nm 的红宝石激光，在对称轴线上透镜的另一侧 50 cm 处置一光屏，平面垂直于轴线。试求：①干涉条纹的间距是多少？②光屏上呈现的干涉图样是怎样的？

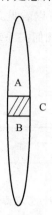

图 3-21　习题 39 示意图

3.4　习 题 解 答

1. **解**：单独打开中央缝，$I=4I_0\cos^2(\dfrac{kd}{2D}x')=4I_0\cos^2(\dfrac{\pi d}{\lambda D}x')$。

单独打开旁边缝，则计入双缝前的光程差 $\delta_1=x\dfrac{d}{l}=x\beta$，总位相差 $k\delta=\dfrac{2\pi}{\lambda}(x\dfrac{d}{l}+x'\dfrac{d}{D})$，

所以 $I'=4I_0\cos^2[\pi(\dfrac{x}{l}+\dfrac{x'}{D})\dfrac{d}{\lambda}]$。

两缝同时打开：$I+I'$。

① $S'_2S_2-S'_1S_1=\lambda/2, \delta_1=x\dfrac{d}{l}=\lambda/2$。

② $S'_2S_2-S'_1S_1=\lambda, \delta_1=x\dfrac{d}{l}=\lambda$。

2. **解**：$(n-1)l=\Delta j\lambda, n=\Delta j\lambda/l+1=98\times589.3\times10^{-6}/200+1=1.000\,289$。

3. **解**：① $s'=\dfrac{sf}{s-f}=\dfrac{300\times50}{300-50}=60$ cm，像高 $y'=-\dfrac{s'}{s}y=-\dfrac{60}{3000}\times3=-0.6$ mm，像光源间距 $d'=2y+2y'=7.12$ mm。

② 由图 3-11 可见，两像光源发出的光在屏幕上并不相交，故没有干涉。

4. **解**：$h=\dfrac{(2j+1)\lambda}{4n\cos i_2}\overset{j=0}{=}\dfrac{\lambda}{4n\sqrt{n^2-\sin^2 i_1}}=1.354\times10^{-7}$ m$=13.54$ μm。

5. **解**：① 是平行于柱面轴线的直条纹。

② 有半波损失，距离轴线 d 处的膜厚为 H，$d^2=R^2-(R-h)^2=2Rh-h^2\approx2Rh$，$H=H_0-h=H_0-\dfrac{d^2}{2R}$，$2H=(j+\dfrac{1}{2})\lambda=2(H_0-\dfrac{d^2}{2R})$，$d_j=\sqrt{[2H_0-(2j+1)\lambda]R}$，暗条纹 $d'_j=\sqrt{2(H_0-j\lambda)R}$。中心暗纹 $j=H_0/\lambda$，从中心数第一条暗纹 $j-1$，与中央暗纹间距 $d'=\sqrt{2\lambda R}$。

③ $2H_0=j\lambda_1=(j+1)\lambda_2$，即 $6\,000j=5\,000(j+m), j=5m$，要求其他波长的光不出现暗

纹,$2H_0 \neq k \times 4\,000$,$m$ 最大取 1。$H_0 = 3\,000 \times 5 = 1.5 \times 10^{-6}$ m $= 1.5\ \mu$m。

④ 条纹间距变大,且中心有条纹被吞入。

6. **解:** 插入前 $x_j = j \dfrac{D}{d}\lambda$,插入后 $x_j' = \dfrac{j\lambda - (n-1)h}{d} r_0$,中心处的光程差 $\delta_0 = (n-1)h = 7\lambda$,

$h = \dfrac{7\lambda}{n-1} = \dfrac{7.550 \times 10^{-9}}{1.58-1} = 6.64 \times 10^{-6}$ m $= 6.64\ \mu$m。

7. **解:** $s' = \dfrac{sf}{s-f} = \dfrac{5 \times 5}{5-5} = \infty$,变为平面光。与光轴夹角:$\sin\alpha = \dfrac{d/2}{s} = \dfrac{0.5/2}{50} = 0.005$。如图 3-22 所示。

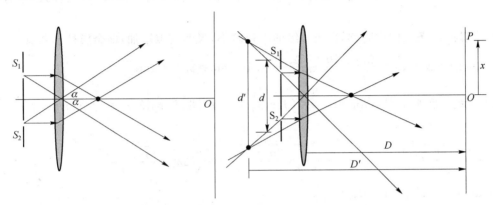

图 3-22　习题 7 示意图

在接收屏上,$\Delta\varphi = \boldsymbol{k}_1 \cdot \boldsymbol{r} - \boldsymbol{k}_2 \cdot \boldsymbol{r} = k(-x\sin\alpha + z\cos\alpha) - k(-x\sin\alpha + z\cos\alpha)$,取 $z = 0$,$\Delta\varphi = 2kx\sin\alpha = j2\pi$,$x = \dfrac{2\pi j}{2k\sin\alpha} = \dfrac{j\lambda}{2\sin\alpha}$,间距 $\Delta x = \dfrac{\lambda}{2\sin\alpha} = 50\ \mu$m。左移 2 cm,$s' = \dfrac{sf}{s-f} = \dfrac{3 \times 5}{3-5} = -7.5$ cm,

为虚像,像高 $y' = -\dfrac{s'}{s}y = -\dfrac{-7.5}{3} \times 0.25 = 0.625$ mm,则两像光源 $d' = 1.25$ mm,$D' = 50 + 20 + 75 = 145$ mm,$\Delta x' = \dfrac{D'\lambda}{d'} = 58\ \mu$m。

8. **解:** ① $\Delta x = \dfrac{D\lambda}{d} = 1.00$ mm。

② $k\delta = \dfrac{2\pi}{\lambda}\left(x\dfrac{d}{l} + x'\dfrac{d}{D}\right) = 2j\pi$,0 级条纹位置,$x'\dfrac{d}{D} = \left(j\lambda - x\dfrac{d}{l}\right)\dfrac{D}{d} = -x\dfrac{D}{l} = 2 \times \dfrac{100}{30} = 6.7$ mm,所以干涉条纹上移。

③ $j = \dfrac{L}{\lambda} = \dfrac{\lambda^2/\Delta\lambda}{\lambda} = \dfrac{\lambda}{\Delta\lambda} = 100$。

④ $b = \dfrac{\lambda l}{d} = 0.3$ mm。

9. **解:** 反射光干涉相长,$2nh\cos i_2 = (2j+1)\lambda/2$。

① $h = \dfrac{(2j+1)\lambda}{4n\cos i_2} = \dfrac{2j+1}{4n\sqrt{n^2 - \sin^2 i_1}} = \lambda = (2j+1) \times 1.041\,7 \times 10^{-7}$ m。

② $i_1 = i_2 = 0$,$2nh = (2j+1)\lambda/2$,$\lambda = \dfrac{4nh}{2j+1} = \dfrac{4 \times 1.33 \times (2j+1)}{2j+1} = 554.2$ nm。

10. **解:** $2nh = (2j+1)\lambda/2$,$\lambda = \dfrac{4nh}{2j+1} = \dfrac{4 \times 1.5 \times 0.4}{2j+1} = 0.48\ \mu$m。

11. **解:** $h=\dfrac{(2j+1)\lambda}{4n\cos i_2}\overset{j=0}{=\!=\!=}\dfrac{\lambda}{4n\sqrt{n^2-\sin^2 i_1}}=1.354\times10^{-7}$ m$=13.54\ \mu$m。

12. **解:** 油膜上表面和油膜与玻璃的分界面的反射光相干叠加,无半波损失。

① 光程差为 $2nh_1$,n 为油膜的折射率,h_1 为油膜的厚度。亮条纹:$2nh_1=j\lambda$,$j=\dfrac{2nh_1}{\lambda}$。当

$h_1=h$ 时,$j=\dfrac{2\times1.20}{600}\times1\,200=4.8$,可见 5 条亮纹,$j=0,1,2,3,4$。而暗条纹 $j'=\dfrac{2nh_1}{\lambda}-\dfrac{1}{2}$,中心点介于明暗之间。

② 油膜扩展,j 减小,看见亮条纹向中心收缩并消失,同时可见油膜新扩展的区域有新条纹出现。

13. **解:** ① 条纹向中间移,即第 j 级的半径减小,说明气隙增加,即金属柱 C 缩短。

② $2n\Delta h=\Delta j\lambda$,$\Delta h=\dfrac{\Delta j\lambda}{2n}=\dfrac{10\times632.8}{2}=3\,164$ nm$=3.164\ \mu$m。

14. **解:** 等倾干涉 $2hn_2\cos i_2=\left(j-\dfrac{1}{2}\right)\lambda$,其圆环半径 $r_1=f\cdot i_1=f\cdot\dfrac{n_2 i_2}{n_1}=$

$f\cdot\dfrac{n_2\sqrt{2(1-\cos i_2)}}{n_1}=f\cdot\dfrac{n_2\sqrt{2\left[1-\dfrac{(j-1/2)\lambda}{2n_2 h}\right]}}{n_2}=\dfrac{f}{n_1}\sqrt{2n_2^2-\dfrac{n_2(j-1/2)\lambda}{h}}$。

牛顿环 $r_j=\sqrt{(j+1/2)R\lambda}$。

区别:前者是等倾干涉,后者是等厚干涉。对于中心条纹而言,前者明暗随即出现,而后者始终是明或暗纹。

当膜厚改变时,圆环的变化方式正好相反。

15. **解:** ① $2h\cos i=j\lambda$,中心条纹:$2\Delta h=\Delta j\lambda$,$\Delta h=\Delta j\dfrac{\lambda}{2}=20\times\dfrac{589.3}{2}=5\,893$ nm。

② 中心条纹:开始时 $2h=j_0\lambda$;结束时 $2(h+\Delta h)=(j_0+\Delta j)\lambda$。所以有 $\dfrac{h}{h+\Delta h}=\dfrac{j_0}{j_0+\Delta j}$。

最外圈的条纹:开始时 $2h\cos i=j\lambda$,设中心级数为 j_0,$j=j_0+(m-1)$,m 为视场中可见的环数;结束时 $2(h+\Delta h)\cos i=j'\lambda$,中心级数为 $j_0+\Delta j$,$j'=j_0+\Delta j+(m-1)$。可以得到:$\dfrac{h}{h+\Delta h}=$

$\dfrac{j_0+m-1}{j_0+\Delta j+m'-1}$。综合两式可得:$\dfrac{j_0}{j_0+\Delta j}=\dfrac{j_0+m-1}{j_0+\Delta j+m'-1}$,$\Delta j=-20$,$m=16$,$m'=6$,$j_0=30$。

16. **解:** ① 是平行于柱面轴线的直条纹。

② 有半波损失,距离轴线 d 处的膜厚为 H,$d^2=R^2-(R-h)^2=2Rh-h^2\approx2Rh$,$H=H_0-$

$h=H_0-\dfrac{d^2}{2R}$,$2H=\left(j+\dfrac{1}{2}\right)\lambda=2\left(H_0-\dfrac{d^2}{2R}\right)$,$d_j=\sqrt{[2H_0-(2j+1)\lambda]R}$,暗条纹 $d'_j=$

$\sqrt{2(H_0-j\lambda)R}$。中心暗纹 $j=H_0/\lambda$,从中心数第一条暗纹 $j-1$,与中央暗纹间距 $d'=\sqrt{2\lambda R}$。

③ $2H_0=j\lambda_1=(j+1)\lambda_2$,即 $6\,000j=5\,000(j+m)$,$j=5m$,要求其他波长的光不出现暗纹,$2H_0\neq k\times4\,000$,m 最大取 1。$H_0=3\,000\times5=15\,000\times10^{-10}$ m$=1.5\ \mu$m。

④ 条纹间距变大,且中心有条纹被吞入。

17. **解:** ① $2h=j_0\lambda$,$j_0=2h/\lambda=2\times5\times10^6/0.6=166\,666$。

② $\Delta i_j=\dfrac{\lambda}{2\pi nh\sin i}\dfrac{1-\rho}{\sqrt{\rho}}=\dfrac{(1-0.98)\times0.6}{\sqrt{0.98}\times2\pi\times5\times10^4\sin 1°}=2.21\times10^{-6}$。

③ $A=\dfrac{\lambda}{\delta\lambda}=\dfrac{\sqrt{\rho}}{1-\rho}j\pi=\dfrac{\sqrt{0.98}}{1-0.98}\times166\ 666\pi=2.59\times10^{-7}$，$\delta\lambda=\dfrac{\lambda}{A}=\dfrac{600}{2.59\times10^{7}}=2.32\times$

10^{-5} nm。

④ $\lambda=\dfrac{1}{j}2nh$，$j=\dfrac{2nh}{\lambda}=131\ 578\sim250\ 000$，共 $118\ 422$ 条。

$\Delta\lambda_j=\dfrac{\lambda}{j\pi}\dfrac{1-\rho}{\sqrt{\rho}}$，或 $\Delta\nu_j=\dfrac{c}{\pi j\lambda_j}\dfrac{1-\rho}{\sqrt{\rho}}=\dfrac{c}{2nh}\dfrac{1-\rho}{\sqrt{\rho}}=1.93\times10^{7}$ Hz。

⑤ $2h=j_0\lambda$，$2\delta h=j_0\delta\lambda=\dfrac{2h}{\lambda}\delta\lambda$，$\dfrac{\delta\lambda}{\lambda}=\dfrac{\delta h}{h}$，$\delta\lambda=\lambda\dfrac{\delta h}{h}=600\times10^{-7}$ nm $=6\times10^{-5}$ nm。

18. **解**：这是非单色光的时间相干性问题。

非单色波的相干长度即波列的有效长度，$L=\dfrac{\lambda^2}{\Delta\lambda}\geqslant2h$，$h\leqslant\dfrac{\lambda^2}{2\Delta h}=\dfrac{\lambda_1\lambda_2}{2(\lambda_1-\lambda_2)}=0.289$ mm。

19. **解**：① 如果油膜的折射率大于玻璃，则反射光的相干叠加中要计入半波损失，即干涉相消的条件是 $2nh=j\lambda$，$500j_1=700j_2=2nh$。由于波长的变化是连续的，则式中两整数只能相差 1，所以 $j_1=3.5$，$j_2=2.5$，但这显然不对。

如果油膜的折射率小于玻璃，则反射光的相干叠加中没有半波损失，即干涉相消的条件是 $2nh=(j-\dfrac{1}{2})\lambda$，$500(j_1-\dfrac{1}{2})=700(j_2-\dfrac{1}{2})$，$j_1=3$，$j_2=2$。

② $h=\dfrac{j-\dfrac{1}{2}}{2n}\lambda=\dfrac{2.5}{2\times1.3}\times700=673$ nm。

20. **解**：① 由球面镜的对称性可知干涉条纹是同心圆环。透射光中没有半波损失。可以证明透镜上距离光轴 ρ 处的厚度为 $h=d-(\dfrac{\rho^2}{2R_1}+\dfrac{\rho^2}{2R_2})$，亮纹 $2h=j\lambda$，$\rho^2=(2d-j\lambda)/(\dfrac{1}{R_1}+\dfrac{1}{R_2})=\dfrac{(2d-j\lambda)R_1R_2}{R_1+R_2}$，为说明主要特征，可以令两球面半径相等。$\rho^2=(2d-j\lambda)R$ 与牛顿环相似。

② 若挤压，则使膜变薄，圆环被吞入中心。

21. **解**：如图 3-23 所示，光程差中应包括双缝前的部分，$\delta=\dfrac{xt}{D}-t\sin\theta$。

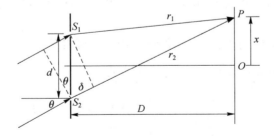

图 3-23　习题 21 示意图

① $j=0$ 级，$x_0=D\sin\theta$，在入射方向上。

② 暗条纹 $\delta=\dfrac{xt}{D}-t\sin\theta=(j+\dfrac{1}{2})\lambda$，$x=0$，$t\sin\theta=-(j+\dfrac{1}{2})\lambda$，由于 j 可以取任意整数，同时又以小角度入射，$\theta\approx\sin\theta=(j+\dfrac{1}{2})\dfrac{\lambda}{t}$。

22. 解:① 等倾干涉。

② 有 $2h\cos\theta=m\lambda$，$\theta=0$，经微分得 $\Delta h=\Delta m\dfrac{\lambda}{2}$，当 $\Delta m=20$ 时，$\Delta h=\dfrac{0.55\times10^{-3}\times20}{2}=$
5.5×10^{-3} mm。

③ 干涉圆环中心消失的条纹 $\Delta m=-20$，$\Delta h=-5.5\times10^{-3}$ mm，空气板变薄了。

23. 解:① 到达 xy 平面的平面波波前函数为 $\widetilde{E}=a\exp(\mathrm{i}k)$，到达 xy 平面的球面波波前函数为 $\widetilde{E}_2=a\exp(\mathrm{i}k\sqrt{x^2+y^2+1})$，而在 $x^2+y^2\ll1\mathrm{m}$ 条件下，$\sqrt{x^2+y^2+1}=1+(x^2+y^2)/2$，所以 $\widetilde{E}_2=a\exp\{\mathrm{i}k[1+(x^2+y^2)/2]\}$。两波干涉迭加后 $I=4a^2\cos^2(\delta/2)$，$\delta=\delta_2-\delta_1=k(x^2+y^2)/2$，其亮条纹的轨迹满足方程 $\delta=k(x^2+y^2)/2=2m\pi$，即 $x^2+y^2=2m\lambda$，$m=0,\pm1,\pm2,\cdots$。显然，条纹是圆心位于 xy 平面坐标原点的同心圆环。

② 条纹间距 $\Delta r=\lambda/\sqrt{x^2+y^2}$，条纹空间频率 $f=1/\Delta r=\sqrt{x^2+y^2}/\lambda$。

24. 解:① 此圆环干涉条纹是等厚干涉条纹。

② 有 $2h=m\lambda$，经微分得 $\Delta h=\Delta m\dfrac{\lambda}{2}$，当 $\Delta m=20$ 时，$\Delta h=\dfrac{0.55\times10^{-3}\times20}{2}=5.5\times10^{-3}$ mm。

③ 干涉圆环中心消失时 $\Delta m=20$，$\Delta h=5.5\times10^{-3}$ mm，M_2 向右移动。

25. 解:两光波的条纹系重合，条纹基本消失时，应满足:$\Delta=2h=m_1\lambda_1=(m_2+\dfrac{1}{2})\lambda_2$。干涉级差:$\Delta m=m_2-m_1+\dfrac{1}{2}=\dfrac{2h}{\lambda_2}-\dfrac{2h}{\lambda_1}=\dfrac{\Delta\lambda2h}{\lambda_1\lambda_2}$。镜面间距离改变 2.0 mm，两波长的条纹系再次重合，条纹消失时，干涉级差变化:$\Delta m'=m_2-m_1+\dfrac{1}{2}+1=\dfrac{2h}{\lambda_2}-\dfrac{2h}{\lambda_1}=\dfrac{2(h+\Delta h)\times\Delta\lambda}{\lambda_1\lambda_2}$。上两式相减:$\Delta m'-\Delta m=1=\dfrac{2\Delta h\times\Delta\lambda}{\lambda_1\lambda_2}$。故 $\lambda_2-\lambda_1=\dfrac{\bar{\lambda}^2}{2\Delta h}=\dfrac{600^2}{2\times2\times10^6}=0.09$ nm。

26. 解:① 到达 xy 平面的平面波波前函数为 $\widetilde{E}_1=A\exp(\mathrm{i}kx\sin\theta)$，到达 xy 平面的球面波波前函数为 $\widetilde{E}_2=A\exp(\mathrm{i}k\sqrt{x^2+y^2+a^2})$，而在 $x^2+y^2\ll a^2$ 条件下，$\sqrt{x^2+y^2+a^2}\approx a+(x^2+y^2)/(2a)$，所以 $\widetilde{E}_2\approx A\exp\left[\mathrm{i}k\left(a+\dfrac{x^2+y^2}{2a}\right)\right]$。两波干涉迭加后 $I=4A^2\cos^2(\delta/2)$，$\delta=\delta_2-\delta_1=k[a+(x^2+y^2)/(2a)]-kx\sin\theta$，其亮条纹的轨迹满足方程 $\delta=k[a+(x^2+y^2)/(2a)]-kx\sin\theta=2m\pi$，即 $y^2+(x-a\sin\theta)^2=2ma\lambda-a^2(2-\sin^2\theta)$，$m=0,\pm1,\pm2,\cdots$。显然，条纹是圆心位于 $(a\sin\theta,0)$ 处的同心圆环。

② 由 $y^2+(x-a\sin\theta)^2=2ma\lambda-a^2(2-\sin^2\theta)$ 微分可得条纹间距 $\Delta x=a\lambda/(x-a\sin\theta)$。

27. 解:由条纹间距公式 $\Delta y=y_{j+1}-y_j=\dfrac{r_0}{d}\lambda$ 得

$$\Delta y_1=\dfrac{r_0}{d}\lambda_1=\dfrac{180}{0.022}\times500\times10^{-7}=0.409\text{ cm}$$

$$\Delta y_2=\dfrac{r_0}{d}\lambda_2=\dfrac{180}{0.022}\times700\times10^{-7}=0.573\text{ cm}$$

$$y_{21}=j_2\dfrac{r_0}{d}\lambda_1=2\times0.409=0.818\text{ cm}$$

$$y_{22}=j_2\dfrac{r_0}{d}\lambda_2=2\times0.573=1.146\text{ cm}$$

$$\Delta y_{j2}=y_{22}-y_{21}=1.146-0.818=0.328\text{ cm}$$

28. 解: ①由公式 $\Delta y=\dfrac{r_0}{d}\lambda$ 得

$$\Delta y=\frac{r_0}{d}\lambda=\frac{50}{0.4}\times 6.4\times 10^{-5}=8.0\times 10^{-2}\ \text{cm}$$

②

$$r_2-r_1\approx d\sin\theta\approx d\tan\theta=d\,\frac{y}{r_0}=0.04\times\frac{0.01}{50}=0.8\times 10^{-5}\ \text{cm}$$

$$\Delta\varphi=\frac{2\pi}{\lambda}(r_2-r_1)=\frac{2\pi}{6.4\times 10^{-5}}\times 0.8\times 10^{-5}=\frac{\pi}{4}$$

③ 由公式 $I=A_1^2+A_2^2+2A_1A_2\cos\Delta\varphi=4A_1^2\cos^2\dfrac{\Delta\varphi}{2}$ 得

$$\frac{I_p}{I_0}=\frac{A_p^2}{A_0^2}=\frac{4A_1^2\cos^2\dfrac{\Delta\varphi}{2}}{4A_1^2\cos^2\dfrac{\Delta\varphi_0}{2}}=\frac{\cos^2\dfrac{1}{2}\cdot\dfrac{\pi}{4}}{\cos^2 0°}=\cos^2\frac{\pi}{8}$$

$$=\frac{1+\cos\dfrac{\pi}{4}}{2}=\frac{2+\sqrt{2}}{4}=0.853\ 6$$

29. 解: 未加玻璃片时,S_1、S_2 到 P 点的光程差,由公式 $\dfrac{\Delta\varphi}{2\pi}=\dfrac{\Delta r}{\lambda}$ 可知为

$$\Delta r=r_2-r_1=\frac{\lambda}{2\pi}\times 5\times 2\pi=5\lambda$$

现在 S_1 发出的光束在途中被插入玻璃片时,P 点的光程差为

$$r_2-[(r_1-h)+nh]=\frac{\lambda}{2\pi}\Delta\varphi'=\frac{\lambda}{2\pi}\times 0=0$$

所以玻璃片的厚度为

$$h=\frac{r_2-r_1}{n-1}=\frac{5\lambda}{0.5}=10\lambda=6\times 10^{-4}\ \text{cm}$$

30. 解:

$$\Delta y=\frac{r_0}{d}\lambda=\frac{500}{0.2}\times 500\times 10^{-6}=1.25\ \text{mm}$$

$$I_1=2I_2,\ A_1^2=2A_2^2,\ \frac{A_1}{A_2}=\sqrt{2}$$

$$V=\frac{2(A_1/A_2)}{1+(A_1/A_2)^2}=\frac{2\sqrt{2}}{1+2}=0.942\ 7\approx 0.94$$

31. 解:

$$\theta=\sin\theta=\frac{(r+L)\lambda}{2r\Delta y}=\frac{(200+1\ 800)\times 700\times 10^{-6}}{2\times 200\times 1}=35\times 10^{-4}$$

$$\text{弧度}\approx 12'$$

32. 解: ①干涉条纹间距

$$\Delta y=\frac{r_0}{d}\lambda=\frac{1\ 500}{4}\times 500\times 10^{-6}=0.187\ 5\ \text{mm}$$

② 产生干涉的区域 P_1P_2 由图中几何关系得:设 P_2 点的位置为 y_2,P_1 点的位置为 y_1,则干涉区域

$$y=y_2-y_1$$

$$y_2=\frac{1}{2}(r_0+r')\tan\alpha_2=\frac{1}{2}(r_0+r')\times\frac{\dfrac{1}{2}d}{\dfrac{1}{2}(r_0-r')}$$

$$= \frac{d(r_0 + r')}{2(r_0 - r')} = \frac{2 \times (1\,500 + 400)}{1\,500 - 400} = \frac{3\,800}{1\,100} = 3.455 \text{ mm}$$

$$y_1 = \frac{1}{2}(r_0 - r') \tan \alpha_1 = \frac{1}{2}(r_0 - r') \frac{\frac{1}{2}d}{\frac{1}{2}(r_0 + r')} = \frac{d}{2} \frac{(r_0 - r')}{(r_0 + r')}$$

$$= \frac{2 \times (1\,500 - 400)}{1\,500 + 400} = 1.16 \text{ mm}$$

屏上可以看见的条纹区域为

$$y = y_2 - y_1 = 3.46 - 1.16 = 2.30 \text{ mm}$$

因为劳埃德镜干涉存在半波损失现象,暗条纹数量为 $N_暗$,亮条纹数量为 $N_亮$

$$N_暗 = \frac{y}{\Delta y}$$

$$N_亮 = N_暗 - 1 = \frac{y}{\Delta y} - 1 = \frac{2.3}{0.187\,5} - 1 = 12 - 1 = 11$$

$$\lambda = \frac{2d\Delta L}{L} = \frac{2 \times 0.036 \times 1.4}{179} = 5.631\,284\,916 \times 10^{-4} \text{ mm} = 563.13 \text{ nm}$$

33. 解: 迈克尔逊干涉仪移动每一条条纹相当于 h 的变化为

$$\Delta h = h_2 - h_1 = \frac{(j+1)\lambda}{2\cos i_2} - \frac{j\lambda}{2\cos i_2} = \frac{\lambda}{2\cos i_2}$$

现因 $i_2 = 0$,故 $\Delta h = \frac{\lambda}{2}$,$N = 909$ 所对应的 h 为

$$h = N\Delta h = \frac{N\lambda}{2}$$

故

$$\lambda = \frac{2h}{N} = \frac{2 \times 0.25}{909} = 5.5 \times 10^{-4} \text{ mm} = 550 \text{ nm}$$

34. 解: 因为 $S = 4 \times 4 \text{ cm}^2$,$L = 4 \text{ cm} = 40 \text{ mm}$,所以 $\Delta L = \frac{L}{N} = \frac{40}{20} = 2 \text{ mm}$,又因为 $\Delta L = \frac{\lambda}{2\theta}$,所以 $\theta = \frac{\lambda}{2\Delta L} = \frac{589}{2 \times 2 \times 10^6} = 147.25 \times 10^{-6} \text{ rad} = 30.37''$。

35. 解: ① 因为光程差 δ 每改变一个波长 λ 的距离,就有一亮条纹移过。所以 $\Delta\delta = N\lambda$。又因为对于迈克尔逊干涉仪光程差的改变量 $\Delta\delta = 2\Delta d$(Δd 为反射镜移动的距离),所以 $\Delta\delta = N\lambda = 2\Delta d$,故 $\Delta d = \frac{N}{2}\lambda = \frac{1\,000}{2} \times 500 = 25 \times 10^4 \text{ nm} = 0.25 \text{ mm}$。

② 因为迈克尔逊干涉仪无附加光程差,并且 $i_1 = i_2 = 0$,$n_1 = n_2 = 1.0$,它形成等倾干涉圆环条纹,假设反射面的相位不予考虑,所以光程差 $\delta = 2d\cos i_2 = 2d = 2|l_2 - l_1|$,即两臂长度差的 2 倍。若中心是亮的,对中央亮纹有

$$2d = j\lambda \tag{1}$$

对第一暗纹有

$$2d\cos i_2 = (2j-1)\frac{\lambda}{2} \tag{2}$$

由式(2)减式(1)得

$$2d(1 - \cos i_2) = \frac{\lambda}{2}$$

所以

$$i_2 = \sqrt{\frac{\lambda}{2d}} = \sqrt{\frac{1}{1\,000}} = 0.032 \text{ rad} = 1.8°$$

这就是等倾干涉条纹的第一暗环的角半径,可见 i_2 是相当小的。

36. **解**:对于亮环,有

$$r_j = \sqrt{(2j+1)\frac{\lambda}{2}R}, j = 0,1,2,3,\cdots$$

所以

$$r_j^2 = (j+\frac{1}{2})R\lambda, \qquad r_{j+5}^2 = (j+5+\frac{1}{2})R\lambda$$

$$\lambda = \frac{r_{j+5}^2 - r_j^2}{5R} = \frac{d_{j+5}^2 - d_j^2}{4 \times 5 \times R} = \frac{4.6^2 - 3.0^2}{4 \times 5 \times 1\,030} = 5.903 \times 10^{-4} \text{ mm} = 590.3 \text{ nm}$$

37. **解**:对于亮环,有

$$r_j = \sqrt{(2j+1)\frac{\lambda}{2}R}, j = 0,1,2,3,\cdots$$

所以

$$r_1 = \sqrt{(1+\frac{1}{2})\lambda R}, \qquad r_2 = \sqrt{(2+\frac{1}{2})\lambda R}$$

又根据题意可知

$$r_2 - r_1 = \sqrt{\frac{5}{2}\lambda R} - \sqrt{\frac{3}{2}\lambda R} = 1 \text{ mm}$$

两边平方得

$$\frac{5}{2}\lambda R + \frac{3}{2}\lambda R - 2\sqrt{\frac{5}{2} \times \frac{3}{2}\lambda^2 R^2} = 1$$

所以

$$\lambda R = \frac{1}{4 - \sqrt{15}}$$

$$r_{20} - r_{19} = \sqrt{\left(20+\frac{1}{2}\right)\lambda R} - \sqrt{\left(19+\frac{1}{2}\right)\lambda R} = \sqrt{\frac{41}{2} \times \frac{1}{4 - \sqrt{15}}} - \sqrt{\frac{39}{2} \times \frac{1}{4 - \sqrt{15}}}$$

$$= 0.039 \text{ cm}$$

38. **解**:光源和双棱镜系统的性质相当于相干光源 S_1 和 S_2,它们是虚光源。由近似条件 $\theta = (n'-1)A$ 和 $\theta \approx \frac{d}{2} \cdot \frac{1}{l}$ 得

$$d = 2l\theta = 2l(n'-1)A \tag{1}$$

按双棱镜的几何关系得

$$2A + \alpha = \pi$$

所以

$$A = \frac{\pi - \alpha}{2} = 14' \tag{2}$$

肥皂膜插入前,相长干涉的条件为

$$\frac{d}{r_0}y = j\lambda \tag{3}$$

由于肥皂膜的插入,相长干涉的条件为

$$\frac{d}{r_0}y' + (n-1)t = j\lambda \tag{4}$$

由式(3)和式(4)得

$$t = \frac{d(y'-y)}{r_0(n-1)} = \frac{2l(n'-1)A(y'-y)}{r_0(n-1)}$$

代入数据得

$$t = 4.94 \times 10^{-7} \text{ m}$$

39. 解:①透镜由 A、B 两部分黏合而成,这两部分的主轴都不在该光学系统的中心轴线上,A 部分的主轴在中心线上 0.5 cm 处,B 部分的主轴在中心线下 0.5 cm 处,由于单色点光源 P 经凸透镜 A 和 B 所成的像是对称的,故仅需考虑 P 经 B 的成像位置即可。

由 $\frac{1}{s'} - \frac{1}{s} = \frac{1}{f}$ 得 $s' = -50$ cm,又因为 $\beta = \frac{y'}{y} = \frac{s'}{s}$,所以 $y' = \frac{s'y}{s} = 1$ cm,即所成的虚像在 B 的主轴下方 1 cm 处,也就是在光学系统对称轴下方 0.5 cm 处,同理,单色光源经 A 所成的虚像在光学系统对称轴上方 0.5 cm 处,两虚像构成相干光源,它们之间的距离为 1 cm,所以 $\Delta y = r_0 \frac{\lambda}{d} = 6.92 \times 10^{-3}$ cm。

② 光屏上呈现的干涉条纹是一簇双曲线。

第4章 光的衍射

4.1 知识要点

1. 光的衍射

定义：当光在传播过程中遇到障碍物阻挡(限制)时,能绕过障碍物偏离直线传播的现象。

其有两个特点：

① 光束在衍射屏上的什么方位受到限制,则接收屏幕上的衍射图样就沿该方向扩展；

② 光孔线度越小,对光束的限制越厉害,则衍射图样越加扩展,即衍射效应越强。

当 $a \gg 10^3 \lambda$ 时,衍射现象不明显。

当 $a < 10^3 \lambda$ 时,衍射现象明显。

2. 惠更斯-菲涅耳原理

惠更斯的子波概念和子波干涉思想一起组成惠更斯-菲涅耳原理。

波前 S 上每个面元 dS 都可以看成是新的振动中心,它们发出次波。在空间某一点 P 的振动是所有这些次波在该点的相干波长,如图 4-1 所示。

其积分表达式为

$$\widetilde{E}(P) = C \oiint_S \widetilde{E}(Q) \frac{e^{ikr}}{r} F(\theta) dS$$

其中, $F(\theta)$ 为倾斜因子。

干涉与衍射的区别如下。

① 本质上无区别——都是相干叠加。

② 习惯上的区别——干涉:分立光束叠加。衍射:子波源连续叠加。

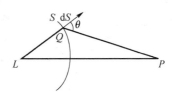

图 4-1 惠更斯子波示意图

3. 基尔霍夫衍射积分公式

基尔霍夫从波动方程出发,利用格林定理,并假定电磁场的边界条件,给出了更加严格的衍射公式。基尔霍夫衍射积分公式为

$$\widetilde{E}(P) = \frac{1}{i\lambda} \iint_S \widetilde{E}(\theta) \frac{e^{ikr}}{r} \frac{\cos\theta_0 + \cos\theta}{2} dS$$

与惠更斯-菲涅耳原理的比较

$$F(\theta_0,\theta)=\frac{1}{2}(\cos\theta_0+\cos\theta)$$

$$C=\frac{1}{i\lambda}$$

近场衍射和远场衍射如图 4-2 所示。

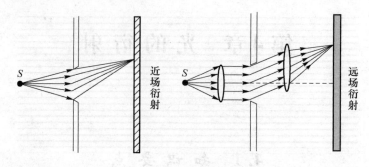

图 4-2　近场衍射和远场衍射示意图

4. 单缝夫琅禾费衍射

（1）衍射装置

夫琅禾费衍射装置如图 4-3 所示，平行光入射，衍射屏上有一宽度为 a 的单狭缝，在衍射屏之后，置一凸透镜 L_2，接收屏位于透镜的像方焦平面。

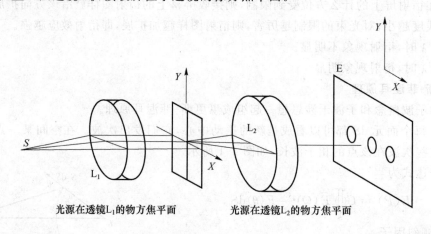

图 4-3　夫琅禾费衍射装置

（2）衍射图样分析方法

① 菲涅耳半波带法

本方法主要利用将积分化为有限项求和的思想，把单缝划分为一系列半波带，相邻波带边缘到 P_θ 的光程为 $r_0+i\frac{\lambda}{2}(i=0,1,2,\cdots,N)$，相邻半波带的对应点到 P_θ 的光程差为 $\frac{\lambda}{2}$，因而在 P 点振动的相位相反，振动方向也相反，相邻半波带在 P 点是干涉相消的。

设 a 可以分成 N 个半波带，总光程差为 $BC=a\sin\theta=N\frac{\lambda}{2}$：

当 N 为偶数时，$a\sin\theta=\pm m\lambda$，P_θ 为暗纹；

当 N 为奇数时，$a\sin\theta=\pm(2m+1)\dfrac{\lambda}{2}$，$P_\theta$ 为明纹；

当 N 不为整数时，P_θ 介于明暗之间。

中央是明条纹，$\theta=0$ 代表所有子波的光程差为 0，所有子波都干涉相长，0 级非常亮，±1 级为暗级，在 $a\sin\theta=\pm\lambda$ 之间是中央明条纹，比其他次级明条纹宽一倍，如图 4-4 所示。

$$a\sin\theta\begin{cases} =-\lambda\sim\lambda & \text{中央明条纹}\\ =\pm m\lambda & \text{暗纹}\\ =\pm(2m+1)\dfrac{\lambda}{2} & \text{明纹}\end{cases}$$

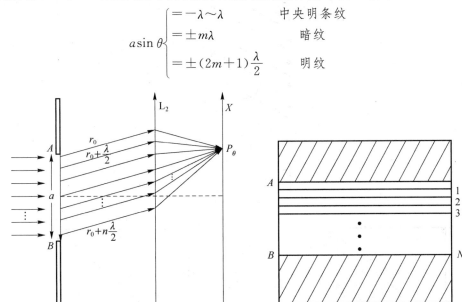

图 4-4　菲涅耳半波带法示意图

② 矢量图解法

将 a 分成 N 个宽度为 $\Delta x=\dfrac{a}{N}$ 的条带，对各条带在 P_θ 点引起的振动做矢量和，如图 4-5 所示。

a. 零级主极大：$\dfrac{\sin\alpha}{\alpha}=1$，$\theta=0$。

b. 极小——暗条纹：$a\sin\theta=\pm m\lambda$，$\sin\theta\approx\theta=\pm m\dfrac{\lambda}{\alpha}$。

c. 次极大——高阶明条纹：位置由 $\dfrac{\mathrm{d}}{\mathrm{d}\alpha}\left(\dfrac{\sin\alpha}{\alpha}\right)^2=0$ 决定。

③ 基尔霍夫衍射积分法

$$\tilde{E}(P)=\dfrac{1}{\mathrm{i}\lambda}\iint\tilde{E}(Q)\,\dfrac{\mathrm{e}^{\mathrm{i}kr}}{r}\,\dfrac{\cos\theta_0+\cos\theta}{2}\,\mathrm{d}S$$

傍轴条件为 $\cos\theta_0\approx\cos\theta=1$，如图 4-6 所示。因为等光程性，所以 r 用 r_0 代替，有

$$\tilde{E}(P)=\tilde{C}\dfrac{\sin\alpha}{\alpha},\qquad \alpha=\dfrac{\pi}{\lambda}a\sin\theta=\dfrac{1}{2}\dfrac{2\pi}{\lambda}a\sin\theta$$

$$I(P)=I_0\left(\dfrac{\sin\alpha}{\alpha}\right)^2$$

5. 矩孔夫琅禾费衍射

矩孔边长为 a 和 b，令 $2\alpha=\dfrac{2\pi}{\lambda}a\sin\theta_1$，$2\beta=\dfrac{2\pi}{\lambda}a\sin\theta_2$，故

$$I(P) = I_0 \left(\frac{\sin \alpha}{\alpha} \right)^2 \left(\frac{\sin \beta}{\beta} \right)^2$$

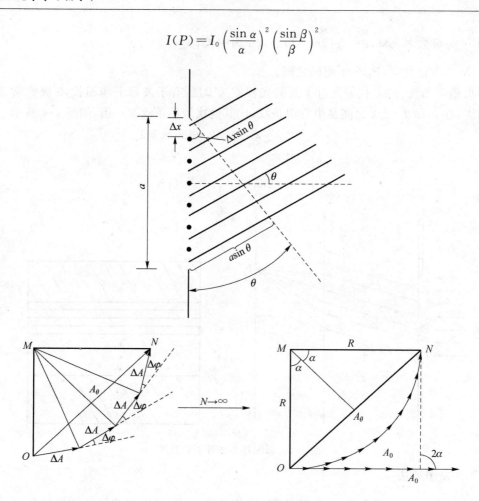

图 4-5　矢量图解法示意图

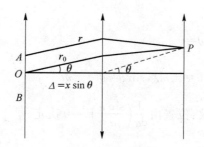

图 4-6　基尔霍夫衍射积分法示意图

6. 圆孔夫琅禾费衍射

$$\widetilde{E}(P) = \frac{l^{ihr_0}}{2i\lambda r_0} \int_0^\rho \rho d\rho \int_0^{2\pi} d\phi \ e^{-ik\frac{Rq}{r_0}\cos(\varphi - \Phi)} = \widetilde{C} \left[\frac{2J_1(\frac{kRq}{r_0})}{\frac{kRq}{r_0}} \right]$$

令

$$\delta = \frac{kRq}{r_0} = \frac{2\pi}{\lambda} k \frac{q}{r_0} = \frac{2\pi}{\lambda} k \sin \theta, \quad I(P) = I(\theta) \left[\frac{2J_1(\delta)}{\delta} \right]^2, \quad \delta = \frac{2\pi}{\lambda} k \sin \theta$$

$J_1(\delta)$ 为一阶贝塞尔函数。圆孔夫琅禾费衍射图样如图 4-7 所示。

衍射图样的特点：

① 在接收屏上的衍射条纹是一系列的同心圆环，明暗交错；

② 中央是 0 级衍射斑，次级越大的条纹，其角半径越大；

③ 不同级次的圆环之间的角距离不相等；

④ 不同级次的衍射亮纹的辐射通量并不相等。

如图 4-8 所示，第一极小在 $1.22\dfrac{\lambda}{D}$ 处，第二极小在 $2.24\dfrac{\lambda}{D}$ 处，第一次极大为 $0.017\,5I_0$（$1.75\%I_0$），第二次极大为 $0.004\,2I_0$（$0.42\%I_0$）。有 84% 的光能量集中在中央主极大内，中央主极大〔艾里斑（Airy disk）〕的角半径 $\theta_a \approx \sin\theta_a = 0.61\dfrac{\lambda}{R} = 1.22\dfrac{\lambda}{D}$。

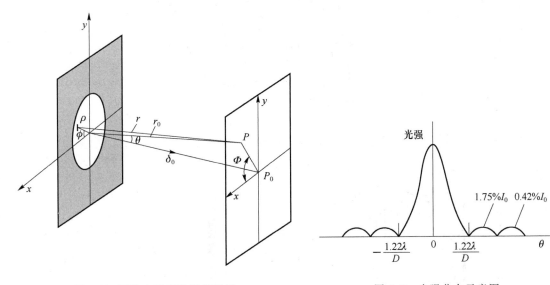

图 4-7　圆孔夫琅禾费衍射图样　　　　图 4-8　光强分布示意图

圆孔夫琅禾费衍射与单缝衍射的比较如表 4-1 所示。

表 4-1　圆孔夫琅禾费衍射与单缝衍射的比较

特征 / 衍射类型	特征变量	光强分布	第一极小	第一极大	第二极小	第二极大
单缝衍射	$2\alpha = \dfrac{2\pi}{\lambda}a\sin\theta$	$I_0\left(\dfrac{\sin\alpha}{\alpha}\right)^2$	$\alpha = \pi$ $\sin\theta = \dfrac{\lambda}{a}$	$\alpha = 1.43\pi$ $\sin\theta = 1.43\dfrac{\lambda}{a}$ $4.7\%I_0$	$\alpha = 2\pi$ $\sin\theta = 2\dfrac{\lambda}{a}$	$\alpha = 2.46\pi$ $\sin\theta = 2.46\dfrac{\lambda}{a}$ $1.7\%I_0$
圆孔夫琅禾费衍射	$2\delta = \dfrac{2\pi}{\lambda}D\sin\theta$	$I_0\left[\dfrac{2J_1(\delta)}{\delta}\right]^2$	$\delta = 1.22\pi$ $\sin\theta = \dfrac{1.22\lambda}{D}$	$\delta = 1.62\pi$ $\sin\theta = 1.62\dfrac{\lambda}{D}$ $1.75\%I_0$	$\delta = 2.24\pi$ $\sin\theta = 2.24\dfrac{\lambda}{D}$	$\delta = 2.66\pi$ $\sin\theta = 2.66\dfrac{\lambda}{D}$ $4.2\%I_0$

7. 光栅衍射

（1）光栅的概念

广义地说，具有周期性空间结构或光学性质（如透射率、折射率）的衍射屏，统称光栅。

光栅分类:透射式、反射式,平面光栅、凹面光栅,黑白透射光栅、正弦透射光栅,一维光栅(光纤光栅)、二维光栅、三维光栅(晶体光栅)。

光栅常数:$d=a+b$。

(2) 多缝衍射强度分布

如图 4-9 所示,利用振幅矢量法得到的衍射光强为

$$I(\theta) = I_0 \left(\frac{\sin u}{u}\right)^2 \left[\frac{\sin(N\beta)}{\sin \beta}\right]^2$$

其中第一项为单缝衍射因子,第二项为双缝干涉因子,如图 4-10 所示。

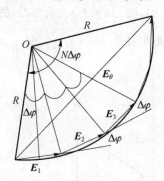

图 4-9 多缝衍射振幅矢量法示意图

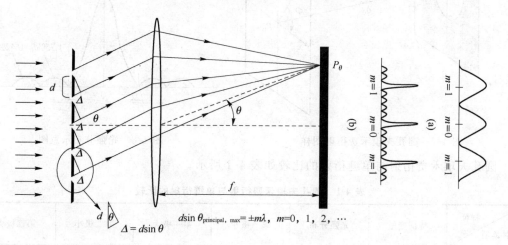

$$d\sin \theta_{principal,\ max} = \pm m\lambda, \quad m = 0,\ 1,\ 2,\ \cdots$$

图 4-10 多缝衍射强度分布示意图

分析多缝干涉因子 $\left[\dfrac{\sin(N\beta)}{\sin \beta}\right]^2$:

① 主极大光强:$I = N^2 |E_1|^2$。主极大位置:$d\sin \theta = \pm m\lambda$,即光栅方程。

② 极小位置:$\sin \theta = \pm\left(m + \dfrac{m'}{N}\right)\dfrac{\lambda}{d}$,$N$ 条缝有 $N-1$ 个极小,$N-2$ 个次极大。

③ 主极大的半角宽:经过光栅衍射的每一级光谱线,在空间都有一定的角宽度,通常用谱线的极大值与相邻极小值的角度差表示谱线的角宽度,这就是"半角宽度"

$$\Delta\theta = \frac{\lambda}{Nd\cos \theta}$$

分析衍射因子 $\left(\dfrac{\sin \alpha}{\alpha}\right)^2$:

a. 调制各主极大强度的相对大小。

b. 引起缺级。

4.2　典　型　例　题

【例题1】　单色平面光照射到一小圆孔上,将其波面分成半波带,求第 K 个带的半径。若极点到观察点的距离 r_0 为 1 m,单色光的波长为 450 nm,求此时第一半波带的半径。

解:
$$r_k^2 = \rho_k^2 + r_0^2$$

而

$$r_k = r_0 + k\frac{\lambda}{2}$$

$$r_k - r_0 = k\frac{\lambda}{2}, \quad \sqrt{\rho_k^2 + r_0^2} - r_0 = k\frac{\lambda}{2}$$

将上式两边进行平方,得

$$\rho_k^2 + r_0^2 = r_0^2 + kr_0\lambda + k^2\frac{\lambda^2}{4}$$

略去 $k^2\lambda^2$ 项,则 $\rho_k = \sqrt{kr_0\lambda}$。将 $k=1, r_0 = 100 \text{ cm}, \lambda = 4\,500 \times 10^{-8} \text{ cm}$ 代入上式,得
$$\rho = 0.067 \text{ cm}$$

【例题2】　平行单色光从左向右垂直射到一个有圆形小孔的屏上,设此孔可以像照相机光圈那样改变大小。问:①小孔半径满足什么条件时,才能使得此小孔右侧轴线上距小空孔中心 4 m 的 P 点的光强分别得到极大值和极小值? ②P 点最亮时,小孔直径应为多大? 设此时的波长为 500 nm。

解:① 根据上题结论 $\rho_k = \sqrt{kr_0\lambda}$,将 $r_0 = 400 \text{ cm}, \lambda = 5 \times 10^{-5} \text{ cm}$ 代入,得
$$\rho_k = \sqrt{400 \times 5 \times 10^{-5}k} = 0.141\,4\sqrt{k} \text{ cm}$$

当 k 为奇数时,P 点为极大值;当 k 为偶数时,P 点为极小值。

② P 点最亮时,小孔的直径为
$$2\rho_1 = 2\sqrt{r_0\lambda} = 0.282\,8 \text{ cm}$$

【例题3】　用波长为 624 nm 的单色光照射一光栅,已知该光栅的缝宽 b 为 0.012 mm,不透明部分的宽度 a 为 0.029 mm,缝数 N 为 10^3 条。求:①单缝衍射图样的中央角宽度;②单缝衍射图样中央宽度内能看到多少级光谱?③谱线的半宽度为多少?

解:① 单缝衍射图样的中央角宽度

$$\Delta\theta = 2\theta_1 = \frac{2\lambda}{b} = \frac{2 \times 6.240 \times 10^{-5}}{1.2 \times 10^{-3}} = 10.4 \times 10^{-2} \text{ rad}$$

② 单缝衍射图样包络下的范围内共有光谱级数由下式确定

$$\frac{d}{b} = \frac{0.041}{0.012} = 3.42$$

式中 d 为光栅常数,所以看到的级数为 3。

③ 谱线的半角宽度公式为 $\Delta\theta = \dfrac{\lambda}{Nd\cos\theta}$,令 $\cos\theta \approx 1$(即 $\theta \approx 0$),故

$$\Delta\theta = \frac{\lambda}{Nd} = \frac{6.24 \times 10^{-5}}{10^3 \times 0.004\ 1} = 1.52 \times 10^{-5}\ \text{rad}$$

【例题 4】 波长为 0.001 47 nm 的平行 X 射线射在晶体界面上,晶体原子层的间距为 0.28 nm,问光线与界面成什么角度时,能观察到二级光谱?

解: 因为 $2d\sin\alpha_0 = j\lambda$,所以

$$\sin\alpha_0 = \frac{j\lambda}{2d} = \frac{2 \times 0.001\ 47 \times 10^{-10}}{2 \times 0.28 \times 10^{-9}} = 0.005\ 25$$

$$\alpha_0 \approx 0.3° = 18'$$

光线与界面成 $18'$ 的角度时,能观察到二级光谱。

【例题 5】 用坐标纸绘制 $N=2, d=3a$ 的夫琅禾费衍射强度分布曲线,横坐标取 $\sin\theta$,至少画到第 7 级主级强,并计算第一个主级强与单缝主级强之比。

解: 作强度分布曲线如图 4-11 所示。作图时注意到 $N=2$,故相邻主级强之间不出现次级强;又因 $d=3a$,故缺级在 $k=\pm3, \pm6, \cdots$ 级。

多缝衍射某级主级强与单缝 0 级(主级强)强度之比为

$$\frac{I(\theta)}{I} = \left(\frac{\sin\alpha}{\alpha}\right)^2 \left[\frac{\sin(N\beta)}{\sin\beta}\right]^2 = N^2 \left(\frac{\sin\alpha}{\alpha}\right)^2$$

式中

$$\alpha = \frac{\pi a \sin\theta}{\lambda} = \pi\ \frac{a}{d}\ \frac{d\sin\theta_k}{\lambda} = k\pi\ \frac{a}{d}$$

当 $k=1, a/d=1/3, N=2$ 时,得

$$\alpha = \frac{\pi}{3}, \quad \frac{\sin\alpha}{\alpha} = \frac{3\sqrt{3}}{2\pi}, \quad \left(\frac{\sin\alpha}{\alpha}\right)^2 \approx 0.684$$

于是 $I(\theta_1)/I_0 = 4 \times 0.684 \approx 2.74$。

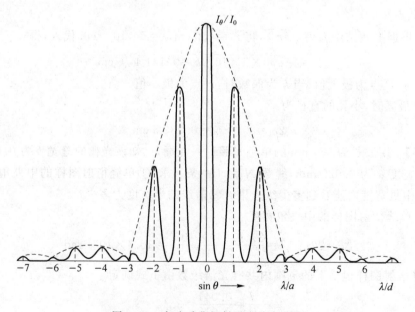

图 4-11　夫琅禾费衍射强度分布曲线

【例题 6】 导出正入射时不等宽双缝的夫琅禾费衍射强度分布式,缝宽分别为 a 和 $2a$,缝距为 $d=3a$,见图 4-12(a)。

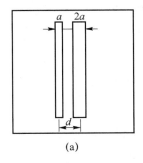 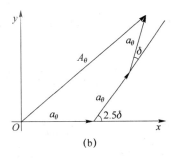

图 4-12　不等宽双缝示意图及矢量分布图

解： 把缝宽为 $2a$ 的单缝看成缝宽为 a，且间距也为 a 的双缝。这样本题的不等宽双缝即化为等宽不等距的三缝，缝宽均为 a，缝距分别为 $2.5a$ 和 a。用图 4-12(a) 所示的矢量图即可求得合振幅 A_θ，图中 $\delta = 2\pi a \sin\theta/\lambda$，$A_\theta$ 的 x、y 分量分别为

$$A_{\theta x} = a_\theta \left[1 + \cos\left(\frac{5}{2}\delta\right) + \cos\left(\frac{7}{2}\delta\right) \right]$$

$$A_{\theta y} = a_\theta \left[\sin\left(\frac{5}{2}\delta\right) + \sin\left(\frac{7}{2}\delta\right) \right]$$

所以衍射强度的分布为

$$I = a_\theta^2 \left\{ \left[1 + \cos\left(\frac{5}{2}\delta\right) + \cos\left(\frac{7}{2}\delta\right) \right]^2 + \left[\sin\left(\frac{5}{2}\delta\right) + \sin\left(\frac{7}{2}\delta\right) \right]^2 \right\}$$

$$= a_\theta^2 \left\{ 3 + 2\left[\cos\delta + \cos\left(\frac{5}{2}\delta\right) + \cos\left(\frac{7}{2}\delta\right) \right] \right\}$$

$$= I_0 \left(\frac{\sin\alpha}{\alpha}\right)^2 \left\{ 3 + 2\left[\cos(2\beta) + \cos(5\beta) + \cos(7\beta) \right] \right\}$$

$$= I_0 \left(\frac{\sin\alpha}{\alpha}\right)^2 \left\{ 3 + 2\left[\cos(2\alpha) + \cos(5\alpha) + \cos(7\alpha) \right] \right\}$$

式中 I_0 为单缝的零级主级强，$\alpha = \pi \sin\theta/\lambda$。

【例题 7】 波长为 $\lambda = 5.633 \times 10^{-7}$ m 的单色光从远处的光源发出，经过一个直径 $D = 2.6$ mm 的圆孔，在距孔 1 m 处放一屏幕，问：①幕上正对孔中心的点 P 是亮的还是暗的？②要使 P 点的明暗变成与①相反的情况，至少要将屏幕移动多少距离？

解： Fresnel 圆孔衍射。

① 由 $j = \dfrac{\rho^2 (R+b)}{\lambda b R} = \dfrac{\rho^2}{\lambda}\left(\dfrac{1}{R} + \dfrac{1}{b}\right) = \dfrac{\rho^2}{\lambda b} = \dfrac{1.3^2}{563.3 \times 10^{-6} \times 1 \times 10^3} = 3$ 可知，P 为亮点。

② 使 $j = 2$ 或 $j = 4$。根据上式可计算 $b = \dfrac{\rho^2}{j\lambda} = \dfrac{1.3^2}{563.3 \times 10^{-6} j} = \begin{cases} 1\,500 \text{ mm}, & j = 2 \\ 750 \text{ mm}, & j = 4 \end{cases}$，前移

0.25 m 或后移 0.5 m。

【例题 8】 对于波长为 500 nm 的光，波带片的第 8 个半波带的直径为 5 mm，求此波带片的焦距，以及距离焦点最近的两个次焦点到波带片的距离。

解： 波带片公式为 $f = \dfrac{\rho^2}{j\lambda}$，故

$$f = \frac{2.5^2}{8 \times 500 \times 10^{-6}} = 1\,562.5 \text{ mm} = 1.56 \text{ m}$$

相邻的次焦点

$$f' = \frac{f}{2m+1} = \begin{cases} 0.521 \text{ m} & m=1 \\ 0.312 \text{ m} & m=2 \end{cases}$$

4.3 习　题

1. 一反射式天文望远镜的通光孔径为 2.5 m,求可以分辨的双星的最小夹角。与人眼相比,分辨本领提高了多少倍? 人眼瞳孔的直径约为 2 mm。

2. 双星之间的角距离为 1×10^{-6} rad,辐射波长为 577.0 nm 和 579.0 nm,要分辨此双星,望远镜的孔径至少多大?

3. 设菲涅耳双面镜的夹角 $\varepsilon = 10^{-3}$ rad,有一单色狭缝光源 S 与两镜相交处 C 的距离 r 为 0.5 m,单色波的波长 $\lambda = 5 \times 10^{-7}$ m。在距两镜相交处 $L = 1.5$ m 的屏幕 Σ 上出现明暗干涉条纹,如图 4-13 所示。①求屏幕 Σ 上两相邻明条纹之间的距离;②问在屏幕 Σ 上最多可以看到多少明条纹?

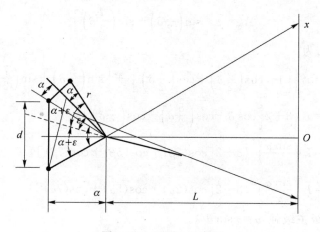

图 4-13　习题 3 示意图

4. 有一光栅,光栅常数为 4 μm,总宽度为 10 cm,波长为 500.0 nm 和 500.01 nm 的平面波正入射,光栅工作在二级光谱,问这双线分开多大角度? 能否分辨?

5. 波长为 632.8 nm 的激光垂直入射在一半径为 1.25 mm 的衍射屏上,为了观察夫琅禾费(Fraunhofer)衍射,观察屏大约要放多远?

6. 在菲涅耳(Fresnel)圆孔衍射实验中,保持其他条件不变,而使圆孔的半径连续增大,大致画出观察点 P 处光强随圆孔半径变化的曲线。

7. 当缝宽分别是 1λ、5λ、10λ 时,单缝 Fraunhofer 衍射的半强角宽度是多大?(半强角宽度是光强等于中央衍射主极大光强一半的衍射角宽度。)

8. 若将一个 Fresnel 波带片的前 5 个偶数半波带挡住,其余全开放,衍射场中心的强度与自由传播时相比扩大了多少倍?

9. 一硬币的半径为 1.2 cm,据波长为 500 nm 的点光源 10 cm,求在两者的中心连线上,硬币后 10 cm 处的光强表示式 $\left(\frac{a_{k+1}}{2}\right)^2$ 中 k 的数值。

10. 如图 4-14 所示,用波长为 632.8 nm 的平行光垂直照射宽度为 0.2 mm 的单狭缝,缝后有一焦距为 60 cm 的透镜,光屏在此透镜的焦平面上,求衍射图样中心到第二条暗纹的距离。

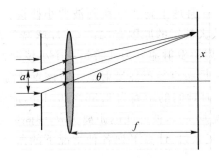

图 4-14　狭缝衍射示意图

11. 波长为 500.0 nm 的单色光垂直入射到直径为 4 mm 的圆孔上,确定轴线上光强极大值和极小值点的位置。

12. 波长为 500.0 nm 的单色光垂直入射到直径为 4 mm 的圆孔上,接收屏在圆孔后 1.5 m 处,问孔的轴线与屏的焦点处是亮点还是暗点? 如果要使该点的光强发生相反的变化,孔的直径要改变多少?

13. 500.0 nm 的光正入射到如图 4-15 所示的衍射屏上,$r_1=\sqrt{2}$ mm,$r_2=1$ mm,轴上观察点距衍射屏 2 m,计算该点的振幅和强度。

图 4-15　习题 13 示意图

14. 波带片第 5 环的半径为 1.5 mm,对于 500.0 nm 的光,其焦距和第一环的半径是多少? 若在波带片和屏幕间充以折射率为 n 的介质,将发生什么变化?

15. 平行光正入射到单圆孔衍射屏上,在轴上距离孔 L 处记录光强变化,发现光强随孔径的增加呈震荡型变化。①求第一极大时圆孔的半径 r_a;②求第一极小时圆孔的半径 r_b;③上述两半径趋于无限大时,两者光强的比值;④如果用半径为 r_a 的不透光圆屏代替衍射屏,此时的强度如何?

16. ①平行单色光以 θ 角入射到有一单缝的衍射屏上,屏后有一透镜,设透镜无限大,求后焦面上的光强分布。②如果将上述狭缝换为长板条,强度又如何?

17. 波长为 480 nm 的平行单色光垂直入射到缝宽为 0.4 mm 的单缝衍射屏上,缝后透镜焦距为 60 cm,计算当屏上一点到缝两端的位相差分别为 $\dfrac{\pi}{2}$ 和 $\dfrac{\pi}{6}$ 时,该点到焦点的距离分别是多少?

18. 平行白光正入射到 0.320 mm 宽的狭缝上,缝后 1 m 远处有一小的分光镜的入射缝正对该狭缝,对图样进行分光研究。如果狭缝沿着垂直方向移动 1.250 cm,则分光镜中所见如何?

19. 阿波罗 11 号登月后,在月球上将 100 块阿波罗小棱镜排成方阵,用来精确测量月地之间距离的变化。不采用整块大棱镜的原因有二:一是月球温差大,大棱镜易变形;二是月地间有相对运动,返回光束将偏离原发射地。为此将每一个小棱镜置于一个保护圆筒中,利用衍射使返回的光束在地面上有一展布直径罩住发射地。若该直径需要 17.17 km,红宝石激光器发出的光的波长为 694.3 nm,月地间的距离为 3.86×10^5 km,请设计保护圆筒的直径。

20. 3 个狭缝衍射屏,缝宽均为 a,彼此间的距离为 d,中间缝盖有可以引起 180° 位相改变的滤光片,波长为 λ 的单色光正入射,计算下列各种情况下的角度。①第一衍射极小;②第一干涉极小;③第一干涉极大。

21. ①用 275.0 nm 的紫外光比用 500.0 nm 的可见光,显微镜的分辨本领可以增大多少倍?②显微镜的物镜在空气中的数值孔径为 0.9,若用紫外光,可以分辨的两条线的最小间距是多少?③用油浸系统时,可分辨的最小间距是多少?油的折射率为 1.6。④照相底片上感光微粒的大小约为 0.5 mm,问当油浸系统的紫外光显微镜的横向放大率是多少时,底片上恰能分辨?

22. 一反射式天文望远镜的通光孔径为 2.5 m,求可以分辨的双星的最小夹角。与人眼相比,分辨本领提高了多少倍?人眼瞳孔的直径约为 2 mm。

23. 一束激光(波长为 630 nm)掠入射于一钢尺上(最小刻度为 1/16 英寸,1 英寸 = 2.54 cm),反射的光投射到 10 m 以外的竖立墙壁上。①推导墙上干涉极大处的角度 θ。为简单起见,设入射激光束平行于钢尺表面。②墙上零级和一级干涉图样的垂直分布如何?

24. 双星之间的角距离为 1×10^{-6} rad,辐射波长为 577.0 nm 和 579.0 nm。①要分辨此双星,望远镜的孔径至少多大?②要分辨这两波长,光栅的刻线数应为多少条?解释原因。

25. 已知光栅的缝宽为 1.5×10^{-4} cm,波长为 600 nm 的单色光垂直入射,发现第 4 级缺级,透镜焦距为 1 m,试求:①屏幕上第 2 级亮条纹与第 3 级亮条纹的距离;②屏幕上所呈现的全部亮条纹数。

26. 为了能分辨第二级钠光谱的双线,长度为 10 cm 的平面光栅的常数是多少?

27. 平行光正入射到宽度为 6 cm 的平面透射光栅上,在 30° 衍射角方向上的恰可分辨的两谱线的频率差 $\Delta\nu$ 是多少?

28. 有一光栅,光栅常数为 4 μm,总宽度为 10 cm,波长为 500.0 nm 和 500.01 nm 的平面波正入射,光栅工作在二级光谱,问这双线分开多大角度?能否分辨?

29. 一光栅宽 5 cm,每毫米有 400 条刻线。波长为 500 nm 的平行光正入射时,光栅的第 4 级衍射光谱在单缝衍射的第一极小值位置。试求:①每缝的宽度;②第二级衍射谱的半角宽度;③第二级可分辨的最小波长差;④如果入射光的入射方向与光栅平面的法线成 30° 角,光栅能分辨的最小波长差又是多少?

30. 一块透明片的振幅透过率为 $t(x) = e^{-\pi x^2}$ (高斯分布函数),将其置于透镜的前焦面上,并用单位振幅的单色光垂直照明,求透镜后焦面上的振幅分布。

31. 利用傅里叶变换方法,求包含 N 个狭缝的衍射光栅的夫琅禾费衍射的强度分布公式。设狭缝的宽度为 a,光栅常数为 d,光栅由单位振幅的单色光垂直照明。

32. 一个望远物镜的直径为 40 mm,焦距为 300 mm,试问(设 $\lambda = 550$ nm):①使用此望远镜可分辨的两个遥远点状物之间的最小角距离应为多大?②在望远镜焦平面上两衍射图样的中心距离是多少?

33. 请确定图 4-16 所示的 3 个缝受到一束单色平面波垂直照明时的 Fraunhofer 衍射光强分布。

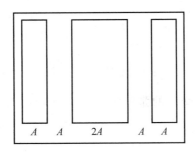

图 4-16 习题 34 示意图

34. 在双缝的夫琅禾费图样中,欲使单缝衍射的中央极大内含有 3 个亮条纹:①需要满足什么条件? ②如果双缝的间距是 3 mm,缝宽应该取多大? ③若光的波长为 630 nm,中央亮条纹的半角宽度有多大?

35. 波长为 500 nm 的单色点光源离光阑 1 m,光阑上有一个内外半径分别为 0.5 mm 和 1 mm 的透光圆环,接收点 P 离光阑 1 m,求 P 点的光强 I 与没有光阑时的光强度 I_0 之比。

36. 波长为 632.8 nm 的平行光射向直径为 2.76 mm 的圆孔,与孔相距 1 m 处放一屏。试问:①屏上正对圆孔中心的 P 点是亮点还是暗点? ②要使 P 点变成与①相反的情况,至少要把屏幕分别向前或向后移动多少?

37. 一束平行白光垂直入射在每毫米 50 条刻痕的光栅上,问第一级光谱的末端和第二级光谱的始端的衍射角之差 θ 为多少?(设可见光中最短的紫光的波长为 400 nm,最长的红光波长为 760 nm。)

38. 单色平面波垂直入射不透明屏 Σ 上的单缝,单缝后置一透镜,在透镜后焦面上观察衍射图样。讨论在下列情况下,衍射图样的变化。

① 单缝在 Σ 面内垂直于单缝方向平移。

② 单缝在 Σ 面内沿单缝方向平移。

③ 单缝在 Σ 面内旋转。

④ 单缝沿透镜轴线移动。

⑤ 单缝宽度变大和变小。

39. 人眼的瞳孔直径为 2 mm,光的波长为 550 nm,要用望远镜观察角间隔为 3×10^{-7} rad 的两颗星,求望远镜的:①物镜直径;②角放大率。

40. 在双缝的夫琅禾费衍射实验中,波长为 632.8 nm,投射焦距为 50 cm。测出条纹间隔为 1.5 mm,且第四级缺级。求:①双缝的间隔和缝宽;②第 1、2、3 亮纹的相对强度。

4.4 习 题 解 答

1. **解**:

$$\delta\theta_m = 1.22 \frac{\lambda}{D} = 1.22 \times \frac{550}{2.5 \times 10^9} = 2.648 \times 10^{-7}$$

对于人眼

$$\delta\theta'_m = 1.22\frac{\lambda}{D_{eye}} = 1.22\times\frac{550}{2\times10^6} = 3.355\times10^{-4}$$

比较得

$$\frac{\delta\theta'_m}{\delta\theta_m} = \frac{D}{D_{eye}} = \frac{2\,500}{2} = 1\,250$$

2. 解： $$D = 1.22\frac{\lambda}{\delta\theta_m} = 1.22\times\frac{579\times10^{-9}}{1\times10^{-6}} = 0.706\ m$$

3. 解： 两像光源对反射镜交线的张角为 $\beta = 2(\alpha+\varepsilon)-2\alpha = 2\varepsilon$，则两者间距 $d = 2r\sin\beta$，$D = r\cos\beta + L$。

① $\Delta x = \dfrac{D\lambda}{d} = 1.00\ mm$。

② 由于两光源的重叠照射区域 $x_M = L\tan\beta$，$j = \dfrac{x_M}{\Delta x} = \dfrac{L\tan\beta}{\Delta x} = 3$，如果仅考虑屏幕上部，则包括 0 级，可以看见 4 条，下半部分也应该有一些，但考虑反射镜的遮挡，会少一些。

4. 解： 焦距离 $\delta\theta = j\dfrac{\delta\lambda}{d\cos\theta} = \dfrac{2\delta\lambda}{d\cos\theta}$，考虑

$$\cos\theta = \sqrt{1-\sin^2\theta} = \sqrt{1-(j\lambda/d)^2} = \sqrt{1-4(\lambda/d)^2}$$

$$\delta\theta = j\frac{\delta\lambda}{d\cos\theta} = \frac{2\delta\lambda}{\sqrt{d^2-4\lambda^2}} = \frac{2\times0.01\ nm}{\sqrt{4^2-4\times0.5^2}\ \mu m} = 5.16\times10^{-6}$$

光栅的刻线数 $N = W/d = 10\ cm/4\ \mu m = 2.5\times10^4$，由 Rayleigh 判据 $\delta\lambda = \dfrac{\lambda}{jN} = \dfrac{5\,000}{2\times2.5\times10^4} = 0.1\times10^{-10}\ m$，恰可分辨。

5. 解： 要满足远场条件

$$k\frac{x^2+y^2}{2z} \ll \pi$$

即

$$z \gg k\frac{x^2+y^2}{2\pi}$$

$$k\frac{x^2+y^2}{2\pi} = k\frac{\rho^2}{2\pi} = \frac{\rho^2}{\lambda} = \frac{1.25^2}{632.8\times10^{-6}} = 2.47\times10^3\ mm = 2.47\ m$$

6. 解： 由 Fresnel 半波带公式 $j = \dfrac{\rho^2(R+b)}{\lambda bR}$ 及强度公式 $I_P = \{\frac{1}{2}[A_1(P)\pm A_j(P)]\}^2$ 可以画出大致的强度分布曲线，此曲线是振荡衰减的。

7. 解： 由 Fraunhofer 单缝衍射公式 $I(\theta) = I_0(\dfrac{\sin u}{u})^2$，$\dfrac{I(\theta)}{I_0} = (\dfrac{\sin u}{u})^2 = \dfrac{1}{2}$，$\dfrac{\sin u}{u} = \dfrac{1}{\sqrt{2}}$，即

$$\frac{\sin\left(\frac{\pi}{\lambda}a\sin\theta\right)}{\frac{\pi}{\lambda}a\sin\theta} = \frac{1}{\sqrt{2}}$$可知，该超越方程的解是：$\frac{\pi}{\lambda}a\sin\theta = 1.391\,557$。

① 当 $a = \lambda$ 时，$\sin\theta = \dfrac{1.391\,557}{\pi}\dfrac{\lambda}{a} = 0.442\,9$。

② 当 $a = 5\lambda$ 时，$\sin\theta = \dfrac{1.391\,557}{\pi}\dfrac{\lambda}{5a} = 0.088\,6$。

③ 当 $a=10\lambda$ 时, $\sin\theta=\dfrac{1.391\,557}{\pi}\dfrac{\lambda}{a}=0.044\,3$。

8. **解**: $A=\dfrac{1}{2}A_1+(A_2+A_4+A_6+A_8+A_{10})\approx\dfrac{1}{2}A_1+5A_2\approx\dfrac{11}{2}A_1$, 强度 $I=A^2=121\left(\dfrac{A_1}{2}\right)^2=121I_0$。

9. **解**: $j=\dfrac{\rho^2}{\lambda}\left(\dfrac{1}{R}+\dfrac{1}{b}\right)=\dfrac{(1.2\times10^{-2})^2}{600.0\times10^{-9}}\times\left(\dfrac{1}{10}+\dfrac{1}{10}\right)=48$, $A=\dfrac{1}{2}A_{48+1}=\dfrac{1}{2}A_{49}$, 由衍射的反比关系: $\Delta\theta_0=\dfrac{\lambda}{a}$。

10. **解**: 暗条纹分布为 $\sin u=0$, $u=\dfrac{\pi a\sin\theta}{\lambda}=j\pi$, $j\neq0$, $\sin\theta=\dfrac{j\lambda}{a}$, $j\neq0$, 第二条暗纹到中心处的距离

$$x=f\cdot\tan\theta\approx f\sin\theta=j\dfrac{f\lambda}{a}=2\times\dfrac{60\times6\,328\times10^{-8}}{0.02}=3.80\times10^{-3}\ \text{cm}=0.038\ \text{mm}$$

11. **解**: Fresnel 圆孔衍射。$b=\dfrac{\rho^2}{j\lambda}$, j 取奇数为极大值点, 取偶数为极小值点。

$$b=\dfrac{(0.2\times10^{-2})^2}{j500.0\times10^{-9}}=\dfrac{8}{j}=\begin{cases}\dfrac{8}{2m+1}\ \text{m}&\text{亮点}\\[2mm]\dfrac{4}{m}\ \text{m}&\text{暗点}\end{cases}$$

12. **解**: $j=\dfrac{\rho^2}{b\lambda}=\dfrac{1.3^2}{1\,500\times589.0\times10^{-6}}=2$, 所以孔的轴线与屏的焦点处是暗点。$\rho=\sqrt{jb\lambda}=\sqrt{(2m+1)b\lambda}=1.88\sqrt{2m+1}$ mm, 该焦点为亮点。

13. **解**: 在观察点, $j_1=\dfrac{r_1^2}{b\lambda}=\dfrac{\sqrt{2}^2}{2\,000\times500.0\times10^{-6}}=1$, $j_2=\dfrac{r_2^2}{b\lambda}=\dfrac{1^2}{2\,000\times500.0\times10^{-6}}=2$, 由于第二半波带只露出 $1/4$, 所以有 $A=A_1-\dfrac{1}{4}A_2=\dfrac{3}{4}A_1$, 光强 $I=A^2=\dfrac{9}{4}I_0$。

14. **解**:
$$f=\dfrac{\rho_j^2}{j\lambda}=\dfrac{1.5^2}{5\times500\times10^{-6}}=900\ \text{mm}=0.9\ \text{m}$$

$$\rho_j=\sqrt{jf\lambda}=\sqrt{\dfrac{j}{5}}\rho_5=0.67\ \text{mm}$$

充入介质后, 等效波长改变, 但是波带片却没有改变, 故有 $f_1\lambda_1=f_2\lambda_2$, $f_2=f_1\lambda_1/\lambda_2=nf_1$。

15. **解**: Fresnel 圆孔衍射。

$$r_a=\sqrt{jL\lambda}\overset{j=1}{=}\sqrt{L\lambda}$$

$$r_{1极小}=\sqrt{jL\lambda}\overset{j=1}{=}\sqrt{2L\lambda}$$

第一极大值 $I_a=A_1^2$, 自由传播时, $r=\infty$, $I_0=\dfrac{1}{4}A_1^2$, 圆屏衍射强度 $I=\dfrac{1}{2}A_2^2\approx\dfrac{1}{2}A_1^2=I_0$, 强度相当于自由传播时的强度。

16. **解**: ① $I(\theta)=I_0\left(\dfrac{\sin u}{u}\right)^2$, 而 $u=\dfrac{\pi a}{\lambda}(\sin\theta\pm\sin\theta_0)$。

② 由巴比涅(Babinet)原理, 几何像点之外, 即 $\theta\neq\theta_0$, $I'(\theta)=I(\theta)=I_0\left(\dfrac{\sin u}{u}\right)^2$; 几何像点

处，$\tilde{U}'(\theta_0) = \tilde{U}_f - \tilde{U}(\theta_0) = K\tilde{U}(\theta_0) - \tilde{U}(\theta_0) = (K-1)\tilde{U}(\theta_0)$，$I'(\theta_0) = I(\theta) = (K-1)^2 I_0$。

17. 解：狭缝两端到 P 点处的位相差

$$\Delta\varphi = \frac{2\pi}{\lambda}a\sin\theta$$

$$\sin\theta = \frac{\lambda}{2\pi a}\Delta\varphi = \frac{0.48}{400 \times 2\pi}\Delta\varphi = \frac{1.2\times10^{-3}}{2\pi}\Delta\varphi = \begin{cases} 3\times10^{-4} & \Delta\varphi=\pi/2 \\ 1\times10^{-4} & \Delta\varphi=\pi/6 \end{cases}$$

$$x = f\cdot\tan\theta \approx f\sin\theta = \begin{cases} 0.018\text{ cm} & \Delta\varphi=\pi/2 \\ 0.006\text{ cm} & \Delta\varphi=\pi/6 \end{cases}$$

18. 解：分光缝移动。

$$x = f\cdot\tan\theta \approx f\sin\theta, \quad \sin\theta = \frac{x}{f} = 1.250\times10^{-2}$$

而由衍射极小分布公式

$$\sin\theta = j\frac{\lambda}{a}$$

$$j = \frac{a}{\lambda}\sin\theta = \frac{0.320}{\lambda}\times1.250\times10^{-2} = \frac{4\times10^{-6}}{\lambda} = \begin{cases} 9 & \lambda=400\text{ nm} \\ 5 & \lambda=700\text{ nm} \end{cases}$$

可见 9 条紫色条纹(即紫光出现 9 次)，红光出现 5 次，其他颜色的光出现的次数介于两者之间。

19. 解：从月球上每个棱镜反射回来的光，在地面上有一个衍射艾里斑。设保护圆筒的直径为 D，则 $\frac{\phi}{2} = \Delta\theta_0 S = 1.22\frac{\lambda}{D}S$，$D = 1.22\frac{2S}{\phi}\lambda = \frac{2.44\times2.4\times10^5}{1.67}\times694.3\times10^{-6} = 38.1$ mm。

20. 解：①衍射只与单缝有关，则 $\sin\theta = j\frac{\lambda}{a} \overset{j=1}{=} \frac{\lambda}{a}$。

② 干涉由缝间光的叠加决定

$$\tilde{U}(\theta) = e^{ikL_1} + e^{i(kL_1+kd\sin\theta\pm\pi)} + e^{i(kL_1+2kd\sin\theta)}$$

$$= e^{i(kL_1+kd\sin\theta)}(e^{-ikd\sin\theta}-1+e^{ikd\sin\theta}) = e^{ikL_1}(2\cos\beta-1)e^{i\beta}$$

光强 $I(\theta) = (2\cos\beta-1)^2$，极小值 $\cos\beta = 1/2$，$\frac{2\pi}{\lambda}d\sin\theta = j\pi\pm\frac{\pi}{3}$，$\sin\theta = (j\pm\frac{1}{3})\frac{\lambda}{2d}$，一级极小值 $\sin\theta = \frac{\lambda}{6d}$。

③ $\cos\beta = -1$，$\frac{2\pi}{\lambda}d\sin\theta = (2j+1)\pi$，$\sin\theta = (j+\frac{1}{2})\frac{\lambda}{2d}$，一级极大值 $\sin\theta = \frac{\lambda}{4d}$。

21. 解：①分辨本领 $\delta\theta_m = 1.22\frac{\lambda}{D}$，短波比长波：$5\,500/2\,750 = 2$ 倍。

② $\delta y_m = \frac{0.61\lambda}{n_a\sin u} = \frac{0.61\times275.0}{0.9} = 186$ nm。

③ $\delta y'_m = \frac{0.61\lambda}{n_0\sin u} = \frac{0.61\times275.0}{1.6\times0.9} = 116$ nm。

④ $\beta = \frac{\delta y''}{\delta y'_m} = \frac{0.5\times10^6}{116} = 4.3\times10^3$。

22. 解： $\delta\theta_m = 1.22\frac{\lambda}{D} = 1.22\times\frac{550}{2.5\times10^9} = 2.648\times10^{-7}$

对于人眼

$$\delta\theta'_{\mathrm{m}}=1.22\frac{\lambda}{D_{\mathrm{eye}}}=1.22\times\frac{550}{2\times10^{6}}=3.355\times10^{-4}$$

比较

$$\frac{\delta\theta'_{\mathrm{m}}}{\delta\theta_{\mathrm{m}}}=\frac{D}{D_{\mathrm{eye}}}=\frac{2\,500}{2}=1\,250$$

23. 解：① 等效于光栅的衍射 $d(\cos\theta-\cos\theta_0)=j\lambda$，掠入射 $d(\cos\theta-1)=j\lambda$，近轴条件下 $\cos\theta\approx1-\dfrac{\theta^2}{2}$，所以 $\theta=\sqrt{\dfrac{2j\lambda}{d}}$。

② $j=0,\theta=0$；$j=1,l\theta=l\sqrt{\dfrac{2\lambda}{d}}=10\times\sqrt{\dfrac{2\times6.3\times10^{-7}}{2.54\times10^{-2}/16}}=0.282$ m $=28.2$ cm。

24. 解：① $D=1.22\dfrac{\lambda}{\delta\theta_{\mathrm{m}}}=1.22\times\dfrac{579\times10^{-9}}{1\times10^{-6}}=0.706$ m。

② 光栅的色分辨本领 $A=\dfrac{\lambda}{\delta\lambda}=jN$，$N=\dfrac{\lambda}{j\delta\lambda}=\dfrac{5\,780}{20j}=\dfrac{289}{j}$。

25. 解：① $j=4$ 缺级，$\dfrac{d}{a}=4$，$d=4a=6.0\times10^{-4}$ cm，$\Delta x=f(\sin\theta_3-\sin\theta_2)=(3-2)\dfrac{f}{d}\lambda=\dfrac{1\times10^2\times600\times10^{-8}}{6\times10^{-4}}=1.00$ cm。

② $j_{\mathrm{MAX}}=d/\lambda=10$，除去缺级，共有 $1+2\times9-4=15$ 条。

26. 解：$A=\dfrac{\lambda}{\delta\lambda}=jN$，$N=\dfrac{\lambda}{j\delta\lambda}=\dfrac{(5\,896+5\,890)/2}{2(5\,896-5\,890)}=492$，光栅宽度 $d=L/N=100/492=0.20$ mm。

27. 解：$\Delta\nu=\Delta\left(\dfrac{c}{\lambda}\right)=\dfrac{c\Delta\lambda}{\lambda^2}=\dfrac{c}{\lambda}\dfrac{1}{A}=\dfrac{c}{jN\lambda}=\dfrac{c}{Nd\sin\theta}=\dfrac{c}{L\sin\theta}=\dfrac{3\times10^8}{6\times10^{-2}\sin30°}=1\times10^{10}$ Hz。

28. 解：焦距离 $\delta\theta=j\dfrac{\delta\lambda}{d\cos\theta}=\dfrac{2\delta\lambda}{d\cos\theta}$，考虑

$$\cos\theta=\sqrt{1-\sin^2\theta}=\sqrt{1-(j\lambda/d)^2}=\sqrt{1-4(\lambda/d)^2}$$

$$\delta\theta=j\dfrac{\delta\lambda}{d\cos\theta}=\dfrac{2\delta\lambda}{\sqrt{d^2-4\lambda^2}}=\dfrac{2\times0.01\text{ nm}}{\sqrt{4^2-4\times0.5^2}\ \mu\text{m}}=5.16\times10^{-6}$$

光栅的刻线数 $N=W/d=10$ cm$/4$ μm $=2.5\times10^4$，由瑞利（Rayleigh）判据 $\delta\lambda=\dfrac{\lambda}{jN}=\dfrac{5\,000}{2\times2.5\times10^4}=0.1\times10^{-10}$ m 可知,恰可分辨。

29. 解：① $j=4$ 缺级,$a=d/4=(1/400)/4=6.25\times10^{-4}$ mm。

② $\Delta\theta_j=\dfrac{\lambda}{Nd\cos\theta_j}=\dfrac{\lambda}{L\cos\theta_j}=\dfrac{\lambda}{L\sqrt{1-(j\lambda/d)^2}}\overset{j=2}{=\!=\!=}1.09\times10^{-5}$。

③ $\delta\lambda=\dfrac{\lambda}{jN}\overset{j=2}{=\!=\!=}\dfrac{500}{2\times400\times50}=0.012\,5$ nm $=0.125\times10^{-10}$ m。

④ 光栅方程 $d(\sin\theta-\sin30°)=j\lambda$，$j=\dfrac{\lambda}{\delta\lambda N}$，所以 $\delta\lambda=\dfrac{\lambda^2}{Nd(\sin\theta-\sin30°)}$，最小的波长间

隔 $\delta\lambda_m = \dfrac{\lambda^2}{\frac{3}{2}Nd} = \dfrac{2}{3}\dfrac{\lambda^2}{L} = 3.3\times10^{-12}$ m$=0.003$ nm。

30. **解**：$\widetilde{U}(f_x) = \widetilde{C}' e^{ikr_0}\displaystyle\int_{-\infty}^{+\infty} \widetilde{t}(x)\exp\left(-ik\dfrac{xx'}{f}\right)\mathrm{d}x = \widetilde{C}' e^{ikr_0}\displaystyle\int_{-\infty}^{+\infty}\exp(-\pi x^2)\exp(-i2\pi f_x x)\mathrm{d}x$

$$= \widetilde{C}' e^{ikr_0} e^{-\pi f_x^2} = \widetilde{C}' e^{ikr_0}\exp\left(-\pi\dfrac{x'^2}{f^2\lambda^2}\right)$$

Y 方向为 δ 函数，高斯分布的 F 变换仍为高斯分布。

31. **解**：
$$\widetilde{U}(f_x) = \widetilde{C}' e^{ikr_0}\int \widetilde{t}(x)\exp(-i2\pi f_x x)\mathrm{d}x$$

$$\widetilde{t}(x) = \begin{cases} 1 & x\in[kd,kd+a] \\ 0 & x\in[kd+a,(k+1)d] \end{cases}$$

则

$$\widetilde{U}(f_x) = \widetilde{C}' e^{ikr_0}\sum_{k=0}^{N-1}\int_{kd}^{kd+a}\widetilde{t}(x)\exp(-i2\pi f_x x)\mathrm{d}x$$

$$= \widetilde{C}' e^{ikr_0}\left[\sum_{k=0}^{N-1}\exp(-i2\pi f_x kd)\right][\exp(-i2\pi f_x a)-1]/(-i2\pi f)$$

$$= \widetilde{C}' e^{ikr_0}\dfrac{1-\exp[-i2\pi f_x(N-1)d]}{1-\exp(-i2\pi f_x d)}[1-\exp(-i2\pi f_x a)]/(i2\pi f)$$

$$I = \widetilde{U}\widetilde{U}^* = |\widetilde{C}'|^2\dfrac{f^2}{k^2 x'^2}4\sin^2(\pi f_x a)\dfrac{\sin^2(\pi f_x Nd)}{\sin^2(\pi f_x d)}$$

32. **解**：① 角距离：$\alpha = \dfrac{1.22\lambda}{D} = \dfrac{1.22\times0.55}{40\times10^3} = 1.68\times10^{-5}$ rad。

② 两衍射图样的中心距离是：$l = \alpha\times f = 1.68\times10^{-5}\times300 = 5.03\times10^{-3}$ mm。

33. **解**：设单缝形成的振幅为 a，取第二个缝中央为三缝相互位相差的零基准，则

$$\widetilde{E}_2 = 2a\dfrac{\sin(2\alpha)}{2\alpha},\qquad \alpha = \dfrac{\pi}{\lambda}A\sin\theta$$

$$\widetilde{E}_1 = a\dfrac{\sin\alpha}{\alpha}\exp(-i5\alpha)$$

$$\widetilde{E}_3 = a\dfrac{\sin\alpha}{\alpha}\exp(i5\alpha)$$

$$\widetilde{E} = \widetilde{E}_1 + \widetilde{E}_2 + \widetilde{E}_3 = 2a\dfrac{\sin\alpha}{\alpha}\left[\cos\alpha+\cos(5\alpha)\right]$$

$$= 4a\dfrac{\sin\alpha}{\alpha}\cos(3\alpha)\cos(2\alpha)$$

$$I = |\widetilde{E}|^2 = 16a^2\dfrac{\sin^2\alpha}{\alpha^2}\cos^2(3\alpha)\cos^2(2\alpha)$$

34. **解**：① 缝距与缝宽的比值：$\dfrac{d}{a} = 3$。

② 缝宽：$a = \dfrac{d}{3} = 1$ mm。

③ 方法 1：由 $d\sin\theta = m\lambda$，经微分得 $(d\cos\theta)\Delta\theta = \Delta m\lambda$，$\Delta\theta$ 是中央亮条纹的中央到相邻极小的角距离，对应有 $\Delta m = \dfrac{1}{2}$，$\theta = 0$，所以 $\Delta\theta = \dfrac{\lambda}{2d} = 1.05\times10^{-4}$ rad。

方法 2：中央亮条纹相邻极小满足 $d\sin\theta_1=\dfrac{1}{2}\lambda$，中央亮条纹半角宽度 $\Delta\theta=\theta_1\approx\dfrac{1}{2}\dfrac{\lambda}{d}=1.05\times10^{-4}$ rad。

35. **解：** 根据题意 $R=1$ m，$r_0=1$ m，$R_{hk_1}=0.5$ mm，$R_{hk_2}=1$ mm，$\lambda=500$ nm，有光阑时，由公式

$$k=\frac{R_h^2(R+r_0)}{\lambda r_0 R}=\frac{R_h^2}{\lambda}\left(\frac{1}{r_0}+\frac{1}{R}\right)$$

得

$$k_1=\frac{R_{hk_1}^2}{\lambda}\left(\frac{1}{r_0}+\frac{1}{R}\right)=\frac{0.5^2}{500\times10^{-6}}\left(\frac{1}{1\,000}+\frac{1}{1\,000}\right)=1$$

$$k_2=\frac{R_{hk_2}^2}{\lambda}\left(\frac{1}{r_0}+\frac{1}{R}\right)=\frac{1^2}{500\times10^{-6}}\left(\frac{1}{1\,000}+\frac{1}{1\,000}\right)=4$$

按圆孔里面套一个小圆屏幕，当圆孔里面套一个小圆屏幕时

$$a_p=\left[\frac{1}{2}(a_1+a_3)-\frac{1}{2}a_1+\frac{1}{2}a_2\right]=\frac{1}{2}a_2+\frac{1}{2}a_3=a_1$$

没有光阑时

$$a_0=\frac{a_1}{2}$$

所以

$$\frac{I}{I_0}=\left(\frac{a_p}{a_0}\right)^2=\left(\frac{a_1}{a_1/2}\right)^2=4$$

36. **解：** ① P 点的亮暗取决于圆孔中包含的波带数是奇数还是偶数，当平行光入射时，波带数为

$$k=\frac{\rho^2}{\lambda r_0}=\frac{(d/2)^2}{\lambda r_0}=\frac{1.38^2}{632.8\times10^{-6}\times10^3}=3$$

故 P 点为亮点。

② 当 P 点向前移向圆孔时，相应的波带数增加，波带数增大到 4 时，点变成暗点，此时点至圆孔的距离为

$$r_0=\frac{\rho^2}{\lambda r_0}=\frac{1.38^2}{4\times632.8\times10^{-6}}=750\text{ mm}$$

则 P 点移动的距离为 $\Delta r=r_0-r'=100-75=25$ cm。

当 P 点向后移离圆孔时，波带数减少，减少到 2 时，P 点也变成暗点。与此对应的到圆孔的距离为

$$r_0'=\frac{\rho^2}{\lambda r_0}=\frac{1.38^2}{2\times632.8\times10^{-6}}=1\,500\text{ mm}$$

则 P 点移动的距离为 $\Delta r=r_0-r'=150-100=50$ cm。

37. **解：** 由光栅方程 $d\sin\theta=j\lambda$ 得

$$\sin\theta_1=\frac{\lambda_红}{d}=\frac{7.6\times10^{-4}}{0.02}=3.8\times10^{-2}$$

所以 $\theta_1=2.18°$。有

$$\sin\theta_2=2\frac{\lambda_紫}{d}=2\times\frac{4.0\times10^{-4}}{0.02}=4.0\times10^{-2}$$

所以 $\theta_2 = 2.29°$。式中 $d = \dfrac{1}{50} = 0.02\ \text{mm}$，所以

$$\Delta\theta = \theta_1 - \theta_2 = 2.29° - 2.18° = 6'36'' = 2 \times 10^{-3}\ \text{rad}$$

38. 解：① 衍射图样的位置将垂直于单缝平移，移动方向和单缝的移动方向相反，衍射图样不发生变化。

② 衍射图样将平行于单缝平移，移动方向和单缝的移动方向相反，衍射图样不发生变化。

③ 衍射图样会在 Σ 面内与单缝旋转的方向同向旋转。

④ 单缝靠近透镜时，图样变大；单缝远离透镜时，图样变小。

⑤ 单缝宽度变大时，图样缩小；单缝宽度变小时，图样扩散。

39. 解：① $\alpha = \dfrac{1.22\lambda}{D}$，代入数据，解得 $D = 2.24\ \text{m}$。

② $\alpha_e = \dfrac{1.22\lambda}{D_e}$，则角放大率 $\dfrac{\alpha_e}{\alpha} = \dfrac{D}{D_e} = \dfrac{2.24\ \text{m}}{2\ \text{mm}} = 1\ 120$。

40. 解：①对于双缝衍射，有 $d\sin\theta = m\lambda$，则有

$$d\cos\theta \cdot \Delta\theta = \lambda \cdot \Delta m$$

相邻条纹间 $\Delta m = 1$，$\theta \to 0$，则有

$$\Delta\theta = \frac{\lambda}{d}$$

又由 $e = f \cdot \Delta\theta$ 得

$$d = \frac{f\lambda}{e} = 0.21\ \text{mm}$$

由缺级条件知 $\dfrac{d}{a} = 4$，解得 $a = 0.052\ 5\ \text{mm}$。

② 双缝衍射光强分布

$$I = 4I_0 \left(\frac{\sin\alpha}{\alpha} \right)^2 \cos^2 \frac{\delta}{2}$$

其中

$$\alpha = \frac{\pi a\sin\theta}{\lambda}, \quad \frac{\delta}{2} = \frac{\pi d\sin\theta}{\lambda}$$

第 1、2、3 级亮纹对应的分别是

$$d\sin\theta = \pm\lambda, \pm2\lambda, \pm3\lambda$$

代入解得，第 1、2、3 级亮纹的相对强度分别为

$$\frac{I_1}{4I_1} = 0.811, \quad \frac{I_2}{4I_0} = 0.405, \quad \frac{I_3}{4I_0} = 0.09$$

第5章 光栅光谱

5.1 知识要点

1. 光栅及其分光原理

光栅:广义地说,具有周期性的空间结构或光学性能(如透射率、折射率)的衍射屏统称光栅。

光栅方程: $d(\sin i \pm \sin \theta) = k\lambda$, $k = 0, \pm 1, \pm 2, \cdots$, i 为入射角, θ 为反射角。

分光原理:若入射光包含几种不同波长的光,则除 0 级外各级主极强位置都不同,因此用缝光源照明时,衍射图样中会出现几条不同颜色的亮线,它们各自对应不同的波长。这些主极强亮线就是谱线,各种波长的同级谱线集合构成光源的一套光谱,如图 5-1 所示。

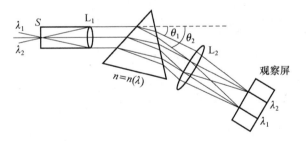

图 5-1 光栅分光原理示意图

光栅光谱仪与棱镜光谱仪有一个重要的区别,光栅光谱一般有许多级,每级都是一套光谱,而棱镜光谱只有一套。

2. 光栅的色散本领

色散本领表征光谱仪将不同波长的主极大在空间分开的程度,是光栅重要的特性参数。通常用角色散和线色散来衡量。

角色散本领表示以波长差为单位长度的两个同级主极大分开的角距离。

光栅的角色散本领为

$$D_\theta \equiv \frac{\mathrm{d}\theta}{\mathrm{d}\lambda} = \frac{k}{d\cos\theta}$$

线色散本领表示光谱线在焦平面上分开的距离。

光栅的线色散本领为

$$D_l \equiv \frac{\mathrm{d}l}{\mathrm{d}\lambda} = \frac{kf}{d\cos\theta}$$

设光栅后面聚焦物镜的焦距为 f，则 $\mathrm{d}l = f\mathrm{d}\theta$，所以仪器的线色散本领与角色散本领之间的关系为

$$D_l = fD_\theta$$

3. 谱线的角宽度

经过光栅衍射的每一级光谱线，在空间都有一定的角宽度，通常用谱线的极大值与相邻极小值的角度差表示，这就是"半角宽度"。

一般情形下只针对正入射的情况进行讨论。

$$\Delta\theta = \frac{\lambda}{Nd\cos\theta} = \frac{\lambda}{L\cos\theta}$$

其中光栅的周期数与光栅常数的乘积（$L = Nd$）就是光栅的有效宽度。

光栅系统基本上都满足近轴条件，即通常都是小角衍射，所以衍射角度对谱线的角宽度影响并不大。

4. 光栅的色分辨本领

光栅的色分辨本领是分辨两个靠得很近的谱线的能力。根据瑞利判据，λ_1 的主极大恰与 λ_2 的第一极小重合时，这两条谱线恰能分辨。λ_1 与 λ_2 的角间隔 $\delta\theta = \frac{k}{d\cos\theta}\Delta\lambda$，谱线半角宽 $\Delta\theta = \frac{\lambda}{Nd\cos\theta}$。恰能分辨时，$\lambda_1$ 与 λ_2 的角间隔 $\delta\theta$ 恰等于谱线半角宽 $\Delta\theta$，则 $\frac{k}{d\cos\theta}\Delta\lambda = \frac{\lambda}{Nd\cos\theta}$，经计算得到 $\Delta\lambda = \frac{\lambda}{kN}$，即为最小分辨波长差。

定义色分辨本领：$R = \frac{\lambda}{\Delta\lambda} = kN$。

3 种重要光谱仪的分光特性比较，如表 5-1 所示。

表 5-1　3 种光谱仪的分光特性比较

分光特性 光谱仪	角色散本领 $D = \dfrac{\mathrm{d}\theta}{\mathrm{d}\lambda}$	色分辨本领 $R = \dfrac{\lambda}{\Delta\lambda}$	色散范围（自由光谱范围）$\Delta\lambda_{\mathrm{fsr}}$
棱镜光谱仪	$\dfrac{2\sin\frac{\alpha}{2}}{\sqrt{1-n^2\sin^2\frac{\alpha}{2}}} \cdot \dfrac{\mathrm{d}n}{\mathrm{d}\lambda} = \dfrac{t}{b}\dfrac{\mathrm{d}n}{\mathrm{d}\lambda}$ （α 为棱镜顶角，n 为折射率，$\dfrac{\mathrm{d}n}{\mathrm{d}\lambda}$ 为色散率）	$t \cdot \dfrac{\mathrm{d}n}{\mathrm{d}\lambda}$ （t 为棱镜底边长度）	棱镜无不同波长谱线的越级重叠现象，色散范围仅取决于棱镜和透镜材料对光谱的吸收
光栅光谱仪	$\dfrac{k}{d\cos\theta}$ （k 为衍射级别，d 为光栅周期，θ 为衍射角）	kN （N 为光栅总缝数）	$G_k = \dfrac{\lambda}{k} = \dfrac{\lambda^2}{d\sin\theta}$
F-P（法布里-珀罗）光谱仪	$-\dfrac{k}{2nh\sin i'}$ （i' 为膜内折射角，n 为折射率，h 为膜厚）	$\dfrac{\pi\sqrt{R}}{1-R}k = Fk$ （R 为工作面的反射率，F 为精细度）	$\dfrac{\lambda^2}{2nh}$

5. 量程与自由光谱范围

由光栅方程可以看出,由于衍射角不能超过 $90°$,即 $|\sin\theta|<1$,所以

$$\lambda_{max}=\frac{d\sin\theta}{k}, \quad \lambda_{max}<d$$

即最大待测波长不能超过光栅常数,因而光栅的量程,即可以测量的最长波长为光栅的周期 d。

因为 k(衍射级别)越大,角色散越大,如角色散较大则可能发生乱序,光栅光谱仪中可能发生邻级光谱重迭的现象,因此光栅光谱仪的工作上限与工作下限需要受到自由光谱范围的限制。

光栅的第 m 级光谱线的色散范围或自由光谱范围

$$\Delta\lambda_{fsr}=\lambda_2-\lambda_1=\frac{\lambda_1}{k}=\frac{\lambda_1^2}{k\lambda_1}=\frac{\lambda_1^2}{d\sin\theta}$$

6. 闪耀光栅

对于普通光栅,k 越大,其分辨本领越强,但是大角度谱线位于衍射因子的高阶次极大内。

闪耀光栅——相位型反射光栅,即反射面与光栅平面不平行而是保持一定夹角的光栅,通过控制刻槽的形状来使衍射的中央主极大转移到其他干涉主极大上,这样便改变了原有的强度分布,使能量集中到有用的某一级上。

闪耀方向:光栅的强度分布受单槽衍射因子的调制,单槽衍射主极大方向的衍射光最强。

图 5-2 为反射式闪耀光栅的截面图。

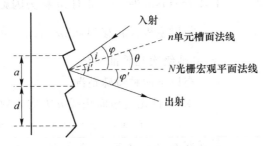

图 5-2　反射式闪耀光栅

图 5-3 为单元槽面衍射图,其单元槽面衍射光程差可表示为

$$\Delta_a=BD-AC=a(\sin i-\sin i')$$

$$\delta_a=\frac{2\pi}{\lambda}a(\sin i-\sin i')$$

衍射零级主极大在 $i'=i$ 的方向上。

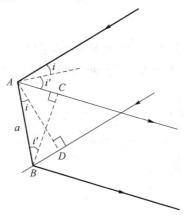

图 5-3　单元槽面衍射

图 5-4 为槽间干涉,其光程差可表示为

$$\Delta_d = FH - EG = d(\sin\varphi - \sin\varphi')$$

$$\delta_d = \frac{2\pi}{\lambda}d(\sin\varphi - \sin\varphi')$$

相位型反射光栅的光强分布与单槽衍射因子和槽间干涉因子的乘积成比例

$$I = I_0\left(\frac{\sin\alpha}{\alpha}\right)^2\left[\frac{\sin(N\beta)}{\sin\beta}\right]^2$$

$$2\alpha = \delta_a = \frac{2\pi}{\lambda}a(\sin i - \sin i')$$

$$2\beta = \delta_d = \frac{2\pi}{\lambda}d(\sin\varphi - \sin\varphi')$$

闪耀方向衍射零级出现在 $i' = i$ 方向上,闪耀方向干涉零级出现在 $\varphi' = \varphi$ 方向上,则干涉光差为

$$\Delta_d = d[\sin(i+\theta) - \sin(i'-\theta)]$$

在闪耀方向上,$\Delta_d\Big|_{i'=i} = 2d\cos i\sin\theta$。

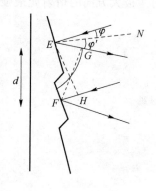

图 5-4 槽间干涉

希望在闪耀方向上加强 m 级谱线的强度,则在 $i' = i$ 方向上,$2d\cos i\sin\theta = m\lambda$,此时 m 称为闪耀级次。

衍射主极大转移到 m 级谱线上 $a \approx d$,$\frac{\lambda}{a} \approx \frac{\lambda}{d}$,只闪耀 m 级,其他级次几乎都缺级。

有以下两种特殊情况:

① 平行光沿槽面法线 n 方向入射,则

$$i = 0, \quad \varphi = i + \theta = \theta, \quad 2d\sin\theta = m\lambda$$

闪耀的 m 级在 $\varphi' = i' - \theta = -\theta$ 方向。

② 平行光沿光栅平面的法线 N 方向入射,则

$$i = -\theta, \quad \varphi = i + \theta = 0, \quad 2d\cos(-\theta)\sin\theta = m\lambda$$

闪耀在 m 级在 $\varphi' = i' - \theta = -2\theta$ 方向。

5.2 典型例题

【例题 1】 钠黄光包括 $\lambda = 5\,589.00$ nm 和 $\lambda' = 5\,589.59$ nm 两条谱线。使用 15 cm、每毫米内有 1 200 条缝的光栅,一级光谱中两条谱线的位置、间隔和半角宽度各是多少?

解:光栅的缝间距离(光栅常数)为

$$d = \frac{1}{1\,200}\text{ mm} = \frac{1}{12\,000}\text{ cm}$$

根据光栅公式,一级谱线的衍射角为

$$\theta = \arcsin\frac{\lambda}{d} = \arcsin(0.706\,8) = 44°58.5'$$

光栅角色散的本领为

$$D_\theta = \frac{1}{d\cos\theta} = 1.7 \times 10^{-3} \text{ rad/nm} = 5.7(') / \text{nm}$$

所以波长差 $\delta\lambda = 0.59$ nm 的钠双线的角间隔为

$$\delta\theta = D_\theta \delta\lambda = 5.7' \times 0.59 = 3.4'$$

又因为光栅的总宽度 $Nd = 15$ cm，所以双线中每条谱线的半角宽度为

$$\Delta\theta = \frac{\lambda}{Nd\cos\theta} = \frac{0.589 \times 10^{-5}}{15 \times \cos 44°58.5'} = 5.55 \times 10^{-6} \text{ rad} = 0.019'$$

【例题 2】　试设计一透射光栅，要求：①使波长 $\lambda = 600$ nm 的第二级谱线的衍射角 $\theta \leqslant 30°$，在此前提下角色散率要尽可能大；②第三级光谱缺级；③该波长的二级谱线附近至少能分辨 0.02 nm 的波长差。满足上述要求的光栅的参数设定后，试问能看到几级波长为 600 nm 的谱线。

分析：由光栅方程和角色散率公式选择光栅常数 d，以满足要求。首先，由缺级条件选择适当的缝宽 a。其次，由对分辨本领的要求选择光栅的总缝数 N。最后，由 d、λ 以及衍射角 $\theta \leqslant 90°$ 的条件定出能看到光谱的最大级次。

解：由光栅方程可知，光栅常量 d 应满足

$$d = \frac{k\lambda}{\sin\theta} \geqslant \frac{2 \times 6.00 \times 10^{-7}}{\sin 30°} = 2.4 \times 10^{-6} \text{ m}$$

角色散率公式为

$$D = \frac{k}{d\cos\theta}$$

为使 D 尽可能大，d 应尽可能小，为了同时满足以上两个要求，可取

$$d = 2.4 \times 10^{-6} \text{ m}$$

要求第三级光谱（干涉极大）与第一级衍射极小重合，即要求

$$3\frac{\lambda}{d} = \frac{\lambda}{a}$$

故缝宽应取

$$a = \frac{d}{3} = 0.8 \times 10^{-6} \text{ m}$$

由光栅的色分辨本领公式

$$\frac{\lambda}{\delta\lambda} = kN$$

故总缝数应为

$$N = \frac{\lambda}{k\delta\lambda} = \frac{600}{2 \times 0.02} = 15\,000$$

能看到的最大级次 k 由条件 $\theta = \pm 90°$ 决定，为

$$k = \pm\frac{d}{\lambda} = \pm\frac{2.4 \times 10^{-6}}{6.00 \times 10^{-7}} = \pm 4$$

第四级光谱在 $\theta = \pm 90°$ 方位实际上看不到，第三级缺级，零级无色散，故对波长为 600 nm 的谱线，只能看到 ± 1 级和 ± 2 级谱线。

【例题 3】　用每毫米内有 500 条缝的光栅观察钠光谱线。

① 光线以 $i = 30°$ 角斜入射光栅时，谱线的最高级次是多少？并与垂直入射进行比较。

② 若在第 3 级谱线处恰能分辨出钠双线，光栅必须有多少条缝？（钠黄光的波长一般取

589.3 nm,它实际上由 589.0 nm 和 589.6 nm 两个波长的光组成,称为钠双线。)

解:① 斜入射时,相邻两缝的入射光束在入射前有光程差 AB,在衍射后有光程差 CD,如图 5-5 所示。

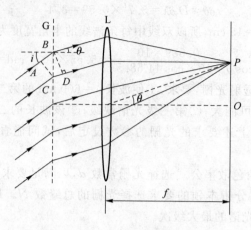

图 5-5　斜入射时光程差计算用图

由图 5-5 可知,总光程差为 $CD-AB=d(\sin\theta-\sin i)$,因此斜入射的光栅方程为

$$d(\sin\theta-\sin i)=\pm k\lambda,\ k=0,1,2,\cdots$$

谱线级次为

$$k=\pm\frac{d(\sin\theta-\sin i)}{\lambda}$$

此式表明,斜入射时,零级谱线不在屏中心,而移到 $\theta=i$ 的角位置处。可能的最高级次相应于 $\theta=-\frac{\pi}{2}$,将 $d=\frac{1}{500}$ mm $=2\times10^{-6}$ m 代入上式得

$$k_{\max}=-\frac{2\times10^{-6}\left[\sin\left(-\frac{\pi}{2}\right)-\sin 30^\circ\right]}{589.3\times10^{-9}}=5.1$$

级次取较小的整数,得最高级次为 5。

垂直入射时,$i=0$,最高级次相应于 $\theta=\frac{\pi}{2}$,于是有

$$k_{\max}=\frac{2\times10^{-6}\sin\frac{\pi}{2}}{589.3\times10^{-9}}=3.4$$

最高级次应为 3。可见斜入射比垂直入射可以观察到更高级次的谱线。

② 利用式

$$\frac{\lambda}{\delta\lambda}=kN$$

可得

$$N=\frac{\lambda}{\delta\lambda}\cdot\frac{1}{k}=\frac{\lambda}{\lambda_2-\lambda_1}\cdot\frac{1}{k}$$

将 $\lambda_1=589.0$ nm,$\lambda_2=589.6$ nm 和 $k=3$ 代入,可得

$$N=\frac{589.3}{589.6-589.0}\times\frac{1}{3}=327$$

这个要求并不高。

【例题 4】　如图 5-6 所示,一闪耀光栅宽 200 mm,每毫米有 500 个刻槽,闪耀角 $\theta_B =$ 43°26′,平行光垂直于槽面入射,试求:

① 对波长 $\lambda = 550$ nm 的光的闪耀级次和色分辨本领;

② 在闪耀方向的角色散率;

③ 入射光垂直光栅平面,则三级光谱中强度最大的波长为多少?

分析:闪耀光栅是反射光栅,它利用刻槽的特殊形状使衍射光的能量较多地集中在某一级光谱上。一般光栅的零级主极大(中央亮纹)最强,两侧对称分布的各级主极大的强度要弱得多。如图 5-6 所示的闪耀光栅的各级主极大位置仍由光栅方程 $d\sin\theta = k\lambda$ 确定,但单缝衍射的中央极大将不与多缝干涉的零级主极大重合,而移到由槽面方位决定的反射方向上。在这个方向上增强的光谱波长称为"闪耀波长"。

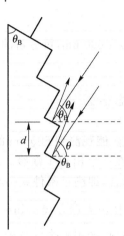

图 5-6　例题 4 示意图

解:① 如图 5-6 所示,入射光以及衍射光与光栅平面法线之间的夹角分别为 θ_B 和 θ。多缝干涉主极大的位置满足

$$d(\sin\theta_B + \sin\theta) = k\lambda$$

闪耀方向与槽面垂直,并与入射光方向相反,即在 $\theta = \theta_B$ 的方向。故在闪耀方向上光栅方程为

$$2d\sin\theta_B = k\lambda$$

因此,波长 $\lambda = 500$ nm 的光在闪耀方向上的级次为

$$k = \frac{2d\sin\theta_B}{\lambda} = \frac{2 \times 2 \times 10^3 \times \sin 43°26′}{550} = 5$$

光栅总缝数为

$$N = 500 \times 200 = 10^5$$

故色分辨本领为

$$R = kN = 5 \times 10^5$$

② 角色散率为

$$D = \frac{k}{d\cos\theta_B} = \frac{5}{2 \times 10^3 \times \cos 43°26′} = 3.44 \times 10^{-3} \text{ rad/nm}$$

③ 光垂直光栅平面入射,三级干涉主极大位置满足

$$d\sin\theta = 3\lambda$$

在闪耀方向 $\theta = 2\theta_B$ 上,谱线有最大强度,其波长为

$$\lambda = \frac{d\sin(2\theta_B)}{3} = 665.7 \text{ nm}$$

【例题 5】　白光垂直照射在一光栅上,能在 30° 衍射角方向观察到 600 nm 的第二级主极大干涉,并能在该处分辨 600 nm 附近波长差 0.5 nm 的两条谱线,可是在 30° 的衍射角方向上,却难以测到 400 nm 的主最大干涉。试问:

① 光栅相邻两缝的间距有多大?

② 光栅的总宽度是多少?

③ 光栅的每一条透光狭缝有多宽?

④ 若用此光栅观察钠光谱(590.0 nm),求当光线垂直入射时,屏上呈现的干涉条纹总数是多少?

解:① 设周期为 d,缝宽为 a。由光栅方程 $d\sin\theta=j\lambda$ 得到

$$d=\frac{j\lambda}{\sin\theta}=2400\ \text{nm}=2.4\ \mu\text{m}$$

这就是两缝之间的间距。

② 由光栅分辨本领

$$A=\frac{\lambda}{\Delta\lambda}=jN$$

已知 $\lambda=600$ nm,可分辨的最小波长间隔 $\Delta\lambda=0.05$ nm,$j=2$,于是光栅刻线数

$$N=\frac{\lambda}{j\Delta\lambda}=6\,000$$

光栅总宽度

$$L=Nd=14.4\ \text{mm}$$

③ 能观测到 600 nm 的第二级主级,却观察不到 400 nm 的主最大干涉,说明 400 nm 的主极大在这里出现了缺级。缺级时,缝间干涉的主极大 $d\sin\theta=j\lambda$ 与单缝衍射的极小 $a\sin\theta=m\lambda$ 重合,即满足条件 $a=800$ nm $=0.8\ \mu\text{m}$。

④ 由光栅方程 $d\sin\theta=j\lambda$ 可得,当 $\theta=\frac{\pi}{2}$ 时,$j=4$,由于 $j=3$ 缺级,观察钠光谱(590.0 nm)屏上呈现的干涉条纹总数为 7。

【例题 6】 一闪耀光栅每 1 mm 有 1 200 个刻槽,闪耀角为 20°,平行光垂直于光栅平面入射,求:

① 一级闪耀波长;

② 能观察到闪耀波长的几级光谱?

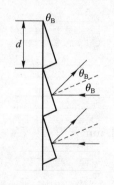

图 5-7 闪耀光栅的入射方式

解:① 闪耀光栅的入射方式如图 5-7 所示,光栅常数为

$$d=\frac{1}{1\,200}=8.333\times10^{-4}\ \text{mm}$$

对于光栅的光谱,即缝间干涉的强度极大值方向,仍然可以由光栅方程得到,即 $d\sin\theta=j\lambda$。

闪耀方向是指每个闪耀面(即反射面)的反射方向,对于本题的入射方式,闪耀方向与光栅之间的夹角为 $2\theta_B$,$\theta_B=20°$ 为闪耀角。衍射的主极大方向即为槽面的反射方向,与光栅平面的法线有 $2\theta_B$ 夹角。其一级闪耀波长为 $\lambda_{1B}=d\sin(2\theta_B)=535.7$ nm。

② 可以近似地认为槽面的宽度为 $a=d\cos\theta_B=7.831\times10^{-4}$ mm,则衍射中央主极大的半角宽度为

$$\Delta\theta=\frac{\lambda}{a}=\frac{\lambda}{d\cos\theta_B}=39.2°\approx40°$$

处于衍射主极大之内的光谱,其角度应满足

$$2\theta_B-\Delta\theta_0\approx0°$$
$$2\theta_B-\Delta\theta_0<\theta<2\theta_B+\Delta\theta_0$$
$$2\theta_B+\Delta\theta_0\approx80°$$

由此可以得到对应的最小级数为

$$j_{\min}=\frac{d\sin(2\theta_B-\Delta\theta_0)}{\lambda_{1B}}=\frac{\sin 0°}{\sin 40°}=0$$

说明只有一级可见。

5.3　习　　题

1. 一个 15 cm 宽的光栅，每毫米内有 1 200 个衍射单元，在可见光波段的中部($\lambda = 5\,500$）此光栅能分辨的最小波长差为多少？

2. 用上题中的光栅作为分光原件，组成一台光栅光谱仪。如果用照相底片摄谱，由于乳胶颗粒密度的影响，感光底片的空间分辨本领为 200 条/mm，为了充分利用光栅的色分辨本领，这台光谱仪器的焦距至少要有多长？

3. 一块闪耀光栅宽 260 nm，每毫米有 300 个刻槽，闪耀角位 77°12′。① 求光束垂直于槽面入射时，对于波长 $\lambda = 500$ nm 的光的分辨本领。② 光栅的自由光谱范围有多大？③ 试与空气间隔为 1 cm、精细度为 25 的 F-P 标准具的分辨本领和自由光谱范围做一比较。

4. 一衍射光栅每毫米有 300 条缝，入射光包含红光和紫光两种成分，垂直入射，发现在 24°角度处的谱线同时含有红光和紫光两种成分。① 该红光和紫光的波长值各为多少？② 试问在什么角度还会出现这种复合谱线？③ 试问在什么角度有单一的红光谱线出现？

5. 一光栅，宽 2.0 cm，共有 6 000 条缝。用钠黄光垂直入射，问在哪些角位置出现主极大？

6. 某单色光垂直入射到每厘米有 6 000 条刻痕的光栅上，其第一级谱线的角位置为 20°，试求该单色光的波长。它的第二级谱线在何处？

7. 白光垂直入射于每厘米有 4 000 条缝的光栅，问利用这个光栅可以产生多少级完整的光谱？

8. 一光栅每厘米有 3 000 条缝，用波长为 555 nm 的单色光以 30°角斜入射，问在屏的中心位置是光栅光谱的几级谱。

9. 波长为 600 nm 的单色光垂直入射在一光栅上，第二、第三级明条纹分别出现在 $\sin\theta = 0.20$ 与 $\sin\theta = 0.30$ 处，第四级缺级。试求：① 光栅常量；② 光栅上狭缝的最小宽度，列出全部条纹级数。

10. 一光源发射的红双线在波长 $\lambda = 656.3$ nm 处，两条谱线的波长差 $\Delta\lambda = 0.18$ 。今有一光栅可以在第一级中把这两条谱线分辨出来，试求该光栅所需的最小刻线总数。

11. 一光栅宽 6.0 cm，每厘米有 6 000 条刻线，问在第三级谱中，在 $\lambda = 500$ nm 处，可分辨的最小波长间隔是多少？

12. 已知光栅的每一条缝的缝宽 $a = 2.1 \times 10^{-6}$ m，若用 5×10^{-7} m 的单色光垂直照射光栅，发现在 $-90° < \varphi < 90°$ 的衍射范围内共有 17 条明条纹（包括中央明条纹），且最大级数为 11 级。① 求光栅常数；② 在此范围内共缺多少条？

13. 设光栅上每一条透光狭缝的宽度为 a，不透光处的宽度为 b。当用波长为 5×10^{-7} m 的单色光垂直照射光栅时，恰好在衍射角为 30°处观察到第七级明条纹，同时发现它是第四根明条纹（从同旁第一级明条纹数起）。① 求缝宽 a；② 在 $-90° < \varphi < 90°$ 范围内出现的最大级数和总条纹数。

14. 波长为 600 nm 的单色光垂直入射在一光栅上，第二级明条纹出现在 $\sin\varphi = 0.20$ 处，第四级缺级。求：① 光栅相邻两缝的间距；② 光栅狭缝的最小宽度；③ 在屏幕上实际呈现的全部级数。

15. 白光垂直入射在每厘米 4 000 条缝的光栅上,问可以产生多少条完整的可见光谱?(可见光的波长为 400~700 nm。)

16. 每毫米均匀刻有 100 条线的光栅,宽度为 $D=10$ mm,当波长为 500 nm 的平行光垂直入射时,第四级主极大谱线刚好消失,第二级主极大的光强不为零,试求:① 光栅狭缝可能的宽度;② 第二级主极大的半角宽度。

17. 为了测定一光栅的光栅常数,用波长为 $\lambda=632.8$ nm 的氦氖激光器的激光垂直照射光栅,做光栅的衍射实验,已知第一级亮条纹出现在 $30°$ 的方向上,问这光栅的光栅常数是多大? 这光栅的 1 cm 内有多少条缝? 第二级亮条纹是否可能出现? 为什么?

18. 考虑一块每英寸(1 英寸$=25.4$ mm)有 15 000 条刻线的衍射光栅:① 试证明,如果使用白光光源,其第二级和第三级光谱会重叠;② 在第二级光谱中,钠的 D1 线和 D2 线的角距离是多少?

19. 一光栅,其光栅常数为 4 μm,总宽度为 10 cm,波长为 500.00 nm 和 500.01 nm 的平面波正入射,光栅工作在二级光谱,问这双线分开多大角度? 能否分辨?

20. 图 5-8 所示为衍射的实验装置,入射缝、出射缝、光栅中心三者接在球面镜的焦平面上,闪耀光栅中心在光轴上,与两缝间距皆为 50 mm,球面镜的曲率半径 $R=4$ m,宽度为 10 cm 的光栅,刻线密度为 125 线/mm,光栅平面正对入射方向。

① 试画出光路并计算出射光有哪些波长(忽略缝宽)。

② 若希望出射光更明亮,闪耀角应取何值?

③ 在②的情况下的色分辨本领是多大?

④ 若出射缝宽 $\Delta l=1$ mm,试求什么波长范围的可见光能出射。

21. 波长 $\lambda=600$ nm 的单色光垂直照射在一光栅上,第二级、第三级光谱线分别出现在衍射角 φ_2、φ_3 满足下式的方向上,即 $\sin\varphi_2=0.20$,$\sin\varphi_3=0.30$,第四级缺级,试问:① 光栅常数等于多少? ② 光栅上的狭缝宽度有多大? ③ 在屏上可能出现的全部光谱线的级数。

22. 波长为 500 nm 及 520 nm 的平面单色光同时垂直照射在光栅常数为 0.002 cm 的衍射光栅上,在光栅后面用焦距为 2 m 的透镜把光线聚在屏上,求这两种单色光的第一级光谱线间的距离。

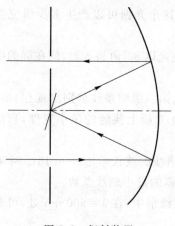

图 5-8 衍射装置

23. 每毫米均匀刻有 600 条线的光栅,宽度为 5 mm。① 在第三级谱中,对 $\lambda=500$ nm 处可分辨的最小波长间隔是多少? ② 可以看到多少高阶光谱?

24. 用波长为 $\lambda_1=4.5\times10^{-7}$ m 和另一可见光 λ_2 同时垂直入射一光栅,发现它们(除中央明条纹外)第二次重叠在 $30°$ 处,且测出波长为 λ_1 的光正好是第八级。① 求光栅常数;② 求波长 λ_2。

25. 如图 5-9 所示,单色平行光的波长为 5.5×10^{-7} m,以入射角 $\theta=30°$ 斜入射到光栅上,在后面的焦平面上方,衍射角为 $\varphi=45°$ 处的 P 点出现第二级明条纹。① 求光栅常数;② 若透镜焦距 $f=50$ cm,求中央明条纹距焦点 O 的距离;③ 在 $-90°<\varphi<90°$ 范围内,共有多少条

条纹？

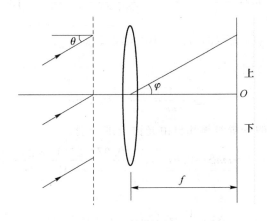

图 5-9　25 题示意图

26. 一光栅，宽 2.0 cm，共有 6 000 条缝，今用钠黄光垂直入射，在哪些角位置出现主极大？

27. 某单色光垂直入射到每厘米有 6 000 条刻痕的光栅上，其第一级谱线的角位置为 20°，试求该单色光的波长。它的第二级谱线在何处？

28. 一光源发射的红双线在波长 $\lambda = 656.3$ nm 处，两条谱线的波长差 $\Delta\lambda = 0.18$ nm，今有一光栅可以在第一级中把这两条谱线分辨出来，试求该光栅所需的最小刻线总数。

5.4　习　题　解　答

1. **解**：$d = \dfrac{1}{1\ 200}$ mm，$N = 15$ cm $\times 1\ 200$ mm$^{-1} = 18 \times 10^4$。根据公式 $R = \dfrac{\lambda}{\Delta\lambda} = kN$ 得一级光谱的色分辨本领为

$$R = 18 \times 10^4$$

所以，在 $\lambda \approx 550$ nm 附近能分辨的最小波长间隔为

$$\delta\lambda = \frac{\lambda}{R} = 0.003 \text{ nm}$$

2. **解**：根据题意，应当要求光栅的线色散本领能将波长差 $\delta\lambda = 0.003$ nm 的两条谱线分开到 $\dfrac{1}{200}$ mm 的线距离，即

$$D_1 = \frac{1 \text{ mm}}{200 \times 0.003 \text{ nm}} = 1.6 \text{ mm/nm}$$

仪器的焦距应为

$$f = D_1 d\cos\theta_k / k = D_1 \sqrt{d^2 - (d\sin\theta_k)^2}/k = D_1 \sqrt{d^2 - (k\lambda)^2}/k = 1.0 \text{ m}$$

3. **解**：① 光栅常数 $d = \dfrac{1}{300}$ nm，已知光栅宽 $W = 260$ mm，因此光栅槽数为

$$N = W/d = 260 \times 300 = 7.8 \times 10^4$$

光栅对波长为 500 nm 的光的闪耀级数为

$$m = \frac{2d\sin\gamma}{\lambda} = \frac{2\times(1/300)\times\sin 77°12'}{500\times10^{-6}} = 13$$

因此光栅的分辨本领 $\frac{\lambda}{\Delta\lambda} = mN = 13\times 7.8\times 10^4 \approx 10^6$。

② 光栅的自由光谱范围

$$\Delta\lambda = \frac{\lambda}{m} = \frac{500}{13} = 38.6 \text{ nm}$$

③ 题给 F-P 标准具的分辨本领和自由光谱范围分别为

$$\frac{\lambda}{\Delta\lambda} = 0.97mS = 0.97\frac{2h}{\lambda}S = \frac{0.97\times 2\times 10^7\times 25}{500\times 10^{-6}} \approx 10^6$$

和

$$\Delta\lambda = \frac{\lambda^2}{2h} = \frac{500^2}{2\times 10^7} = 0.012\,5 \text{ nm}$$

可见,题给光栅与标准具的分辨本领相当,但光栅比标准具的自由光谱范围宽得多。

4. 解: ① 光栅常数

$$d = \frac{1}{300} \text{ mm}$$

光栅方程

$$d\sin\theta = k\lambda$$

可决定在 $\theta = 24°$ 角方向上红光和紫光谱线的级次。设红光的波长为 λ_r,则根据可见光波长与颜色的关系可知,$\lambda_r \sim 700$ nm ,以 $\lambda = 700$ nm 代入得

$$k_r = \frac{d\sin\theta}{\lambda_r} = \frac{\frac{1}{300}\times 10^{-3}\times\sin 24°}{700\times 10^{-9}} = 1.94$$

取整数,$k_r = 2$。

设紫光的波长为 λ_v,则 $\lambda_v \sim 400$ nm ,以 $\lambda = 400$ nm 代入得

$$k_v = \frac{d\sin\theta}{\lambda_v} = 3.39$$

取整数,$k_v = 3$。

将 $k_r = 2$ 和 $k_v = 3$ 代入光栅方程,可解得该红光和紫光波长的具体数值为

$$\lambda_r = \frac{d\sin\theta}{2} = 677.8 \text{ nm}$$

$$\lambda_v = \frac{d\sin\theta}{3} = 451.9 \text{ nm}$$

② 两种谱线重合的条件为 $k_r\lambda_r = k_v\lambda_v$,即 $\frac{k_v}{k_r} = \frac{\lambda_r}{\lambda_v} = \frac{3}{2},\frac{6}{4},\cdots$,能出现的最大级次由 $\sin\theta \leqslant 1$ 限定,所以

$$k \leqslant \frac{d}{\lambda}$$

对 λ_r,最大级次 $k \leqslant \frac{d}{\lambda_r}\left(\frac{d}{\lambda_r} = 4.8\right)$,取整数,为 4 级;对 λ_v,最大级次 $k \leqslant \frac{d}{\lambda_v}\left(\frac{d}{\lambda_v} = 7.2\right)$,取整数,为 7 级。所以还能出现红光第 4 级和紫光第 6 级的复合谱线,其对应的衍射角满足

$$d\sin\theta' = k_r\lambda_r = 4\times 677.8\ \text{nm}$$
$$\theta' = 54.4°$$

③ 红光谱线最大不超过 4 级,其中,2 级、4 级为复合谱线,所以只有 1 级和 3 级为单一谱线,其对应的角度可由公式

$$\theta_k = \arcsin\frac{k\lambda_r}{d}$$

求出

$$k=1,\quad \theta_1 = \arcsin\frac{\lambda_r}{d} = 11.7°$$

$$k=3,\quad \theta_3 = \arcsin\frac{3\lambda_r}{d} = 37.6°$$

$$\theta = \arcsin(\pm k\lambda/d) = \arcsin(\pm k\lambda l/N)$$
$$= \arcsin(\pm k\times 589.3\times 10^{-9}\times 2.0\times 10^{-2}/6\,000)$$
$$= \arcsin(\pm 0.176\,8k)$$

5. **解**:由光栅方程可得出出现主极大的角位置为 $\theta = \arcsin(\pm k\lambda/d) = \arcsin(\pm 0.176\,8k)$,由于 $\sin\theta \leqslant 1$,所以取 $k=0,1,2,3,4,5$。相应的角位置值为 $0°$、$\pm 10°11'$、$\pm 20°42'$、$\pm 32°2'$、$\pm 45°$、$\pm 62°7'$。

6. **解**:　　　$\lambda = d\sin\theta_1 = 10^{-2}\sin 20°/6\,000 = 5.70\times 10^{-7}\ \text{m} = 570\ \text{nm}$
$$\theta_2 = \arcsin(2\lambda/d) = \arcsin(2\times 5.70\times 10^{-7}\times 6\,000/10^{-2}) = 43.2°$$

7. **解**:完整的光谱级次 k 需满足
$$k\lambda_r = (k+1)\lambda_v$$

由此得
$$k = \lambda_v/(\lambda_r - \lambda_v) = 400/(750-400) = 1.1$$

k 取 1,则只能产生 ± 1 级两列完整的光谱。光栅常量决定光谱的角位置,对本题来说,光谱的红色边缘的角位置为
$$\theta_r = \arcsin(\lambda_r/d) = \arcsin(750\times 10^{-9}\times 4\,000/10^{-2}) = 17.5°$$

8. **解**:由于 $d(\sin\theta - \sin i) = k\lambda$,对于屏的中心位置,$\theta=0$,所以
$$k = (-d\sin i)/\lambda = -10^{-2}\sin 30°/(555\times 10^{-9}\times 3\,000) = -3$$
负号表示第 3 级和入射角 i 位于光栅平面法线的同侧。

9. **解**:① $d = 2\lambda/\sin\theta_2 = 2\times 600\times 10^{-9}/0.2 = 6.0\times 10^{-6}\ \text{m}$。

② 由缺级条件知 $d/a = 4$,所以 $a = d/4 = 1.5\times 10^{-6}\ \text{m}$。由 $\theta_{max} = \dfrac{\pi}{2}$ 得
$$k_{max} = (d\sin\theta_{max})/\lambda = 6.0\times 10^{-6}/(600\times 10^{-9}) = 10$$
实际呈现的全部级次为 $0,\pm 1,\pm 2,\cdots,\pm 9$。($k_{max}$ 不在屏上。)

10. **解**:由 $\lambda/\Delta\lambda = kN$ 可得最小刻线总数为
$$N = \lambda/(k\Delta\lambda) = 656.3/(1\times 0.18) = 3\,646$$

11. **解**:$\Delta\lambda = \lambda/(kN) = 500\times 10^{-9}/(3\times 6.0\times 6\,000) = 4.6\times 10^{-12}\ \text{m} = 0.004\,6\ \text{nm}$。

12. **解**:①根据可观察的最大级数,可知在垂直照射的情况下,如果不缺级,应有 $2k+1=23$ 条明条纹,根据题意,只有 17 条明条纹,说明缺级 $23-17=6$ 条。而在 11 级范围内发生缺

级的可能情况有：a. 当 $a+b=2a$ 时，缺级 ±2、±4、±6、±8、±10，共 10 条；b. 当 $a+b=3a$ 时，缺级 ±3、±6、±9，共 6 条；c. 当 $a+b=4a$ 时，缺级 ±4、±8，共 4 条。所以，取 $a+b=3a$ 满足条件。故光栅常数为 $a+b=3a=3\times2.1\times10^{-6}=6.3\times10^{-6}$ m。

② 在 $-90°<\varphi<90°$ 范围内的最大级数

$$K_{\mathrm{m}}=\frac{(a+b)\sin 90°}{\lambda}=\frac{6.3\times10^{-6}}{5\times10^{-7}}=12.6$$

即 $K_{\mathrm{m}}=12$，但 $a+b=3a$，±12 级刚好缺级，实际观察的最大级数为 11 级，正符合题意，所以在 $-90°<\varphi<90°$ 范围内，缺级 ±3、±6、±9、±12，共 8 条。

13. **解**：① 根据 $(a+b)\sin\varphi=k\lambda_1$，可得

$$(a+b)=\frac{7\lambda}{\sin 30°}=\frac{7\times5\times10^{-7}}{0.5}=7\times10^{-6}\ \mathrm{m}$$

根据题意，在 7 级范围内只有 4 条明条纹，说明有 3 条明条纹缺级，即 2、4、6 缺级。可得

$$\frac{a+b}{a}=2$$

$$a=\frac{a+b}{2}=\frac{7\times10^{-6}}{2}=3.5\times10^{-6}\ \mathrm{m}$$

② 由 $(a+b)\sin 30°=7\lambda$，$(a+b)\sin 90°=k\lambda$ 得 $k=14$，因为 $\varphi<90°$，即 $k<14$，所以 $k_{\mathrm{m}}=13$。由于 $a+b=2a$，所以 ±2、±4、±6、±8、±10、±12 均缺级，共有 12 条缺级，所以总条纹数 $N=2k_{\mathrm{m}}+1-12=15$。

14. **解**：① 光栅相邻两缝的间距就是光栅常数，有

$$(a+b)\sin\varphi=k\lambda$$

令 $k=2$，则有

$$(a+b)=\frac{k\lambda}{\sin\varphi}=\frac{2\times600\times10^{-6}}{0.2}=6.0\times10^{-3}\ \mathrm{mm}$$

② 缺级条件是一角度既满足单缝减弱条件，又满足光栅加强条件，即同时满足方程组

$$a\sin\varphi=k'\lambda$$
$$(a+b)\sin\varphi=k\lambda$$

解得

$$\frac{k'\lambda}{a}=\frac{k\lambda}{a+b}$$

则

$$k=\frac{a+b}{a}k'$$

令 $k'=1$，$k=4$，所以 $a=\frac{a+b}{4}=1.5\times10^{-3}\ \mathrm{mm}$。

③ 屏幕上实际呈现的全部级数等于满足光栅的条纹数减去出现缺级的条纹数。

$$(a+b)\sin\varphi=k\lambda$$

$$\varphi=\frac{\pi}{2},\ \frac{k\lambda}{a+b}<1$$

令 $k<\frac{a+b}{\lambda}$，因为 $\frac{a+b}{\lambda}=10$，所以有

$$k_{\max}=\pm 9$$

考虑 ± 4、± 8 缺级,所以呈现的全部级数为 0、± 1、± 2、± 3、± 5、± 6、± 7、± 9。

15. **解**:若同一级的光谱包括了可见光所有波长的谱线,则可以说是有完整的可见光谱。

本题的光栅常数

$$a+b=\frac{1\times 10^{-3}}{400}=2.5\times 10^{-6}\ \text{m}$$

由光栅公式得

$$k=\frac{(a+b)\sin\varphi}{\lambda}$$

取 $\sin\varphi=1$ 进行计算。对于紫光 $\lambda=400\ \text{nm}$,得 $k_{\max(\text{紫})}=\dfrac{a+b}{\lambda_1}=6.25$;对于红光 $\lambda=700\ \text{nm}$,得 $k_{\max(\text{红})}=\dfrac{a+b}{\lambda_2}=3.6$。考虑光谱以中央对称,故可产生 6 条完整的可见光谱。

如果考虑重叠现象,则应做如下分析。

设 $\lambda_1=400\ \text{nm}$,$\lambda_2=700\ \text{nm}$,由光栅公式 $(a+b)\sin\varphi=k\lambda$ 可知,第 k 级光谱是从 φ_k 到 φ_k',即

$$(a+b)\sin\varphi_k=k\lambda_1$$
$$(a+b)\sin\varphi_k'=k\lambda_2$$

要产生完整的光谱,需

$$\sin\varphi_k'<\sin\varphi_{k+1}$$

即 λ_1 的 $k+1$ 级条纹要在 λ_2 的 k 级条纹之后,所以 $\dfrac{k\lambda_2}{a+b}<\dfrac{(k+1)\lambda_1}{a+b}$,即 $k\lambda_2<(k+1)\lambda_1$,$700k<400(k+1)$,上式只有 $k=1$ 时才满足,所以能产生一级完整的可见光谱,共有 2 条。

16. **解**:① 光栅常数为

$$a+b=\frac{1}{100}=1\times 10^{-2}\ \text{mm}$$

第四级主极大缺级,故有

$$\frac{a+b}{a}=\frac{4}{k}$$

其中 k 是正整数,$1\le k<4$。

a. 当 $k=1$ 时,$a=\dfrac{a+b}{4}=\dfrac{1\times 10^{-2}}{4}=2.5\times 10^{-3}\ \text{mm}$。

b. 当 $k=2$ 时,第二级主极大也会缺级,不符题意,舍去。

c. 当 $k=3$ 时,$a=\dfrac{a+b}{4}\times 3=\dfrac{1\times 10^{-2}}{4}\times 3=7.5\times 10^{-3}\ \text{mm}$。

符合题意的缝宽有两个,分别是 $2.5\times 10^{-3}\ \text{mm}$ 和 $7.5\times 10^{-3}\ \text{mm}$。

② 光栅总的狭缝数为

$$N=\frac{D}{a+b}=\frac{10}{10^{-2}}=10^3$$

设第二级主极大的衍射角为 θ_{2N},与该主极大相邻的暗纹(第 $2N+1$ 级或第 $2N-1$ 级)衍射角为 θ_{2N+1},由光栅方程及暗纹公式有

$$(a+b)\sin\theta_{2N}=2\lambda$$
$$N(a+b)\sin\theta_{2N+1}=(2N+1)\lambda$$

代入数据后,得

$$\theta_{2N}=5.739°,\quad \theta_{2N+1}=5.742°$$

第二级主极大的半角宽度为

$$\Delta\theta=\theta_{2N+1}-\theta_{2N}=0.003°=5\times10^{-5}\ \text{rad}$$

17. 解:光栅常数为

$$a+b=\frac{\lambda}{\sin\varphi_1}=\frac{632.8\times10^{-7}}{\sin30°}=1.266\times10^{-4}\ \text{cm}$$

每厘米内的缝数为

$$N=\frac{1}{a+b}=\frac{1}{1.266\times10^{-4}}=7.9\times10^{3}$$

当 $k=2$ 时,有

$$\sin\varphi_2=\frac{2\lambda}{a+b}=2\sin\varphi_1=2\times\sin30°=1$$

所以第二级亮纹出现在无穷远处。

18. 解:① 光栅常数为

$$d=\frac{2.54}{15\ 000}=1.69\times10^{-4}\ \text{cm}$$

设 θ_{mv} 和 θ_{mr} 分别表示第 m 级光谱中与紫光和红光对应的衍射角,则

$$\theta_{2v}=\arcsin\frac{2\times4\times10^{-5}}{1.69\times10^{-4}}\approx\arcsin0.473\approx28.2°$$

$$\theta_{2r}=\arcsin\frac{2\times7\times10^{-5}}{1.69\times10^{-4}}\approx\arcsin0.828\approx55.9°$$

而

$$\theta_{3v}=\arcsin\frac{3\times4\times10^{-5}}{1.69\times10^{-4}}\approx\arcsin0.710\approx45.23°$$

假设紫光和红光的波长分别为 4×10^{-5} cm 和 7×10^{-5} cm。因为 $\theta_{2r}>\theta_{3v}$,所以第二级和第三级光谱将重叠。此外,又因 $\sin\theta_{3r}>1$,则在第三级光谱中不能观察到红光。

② 由于 $d\sin\theta=m\lambda$,故对于小的 $\Delta\lambda$,有

$$d\cos\theta\Delta\theta=m\Delta\lambda$$

或者

$$\Delta\theta=\frac{m\Delta\lambda}{d\left[1-\left(\frac{m\lambda}{d}\right)^2\right]^{1/2}}\approx\frac{2\times6\times10^{-8}}{1.69\times10^{-4}\left[1-\left(\frac{2\times6\times10^{-5}}{1.69\times10^{-4}}\right)^2\right]^{1/2}}\approx0.001\ 0\ \text{rad}\approx3.47'$$

如果用一个角放大率为 10 倍的望远镜来观察,钠双线将有 $34.7'$ 的角距离。

19. 解:两谱线的距离 $\delta\theta=j\dfrac{\delta\lambda}{d\cos\theta}=\dfrac{2\delta\lambda}{d\cos\theta}$,考虑

$$\cos\theta=\sqrt{1-\sin^2\theta}=\sqrt{1-(j\lambda/d)^2}=\sqrt{1-4\ (\lambda/d)^2}$$

$$\delta\theta=j\frac{\delta\lambda}{d\cos\theta}=\frac{2\delta\lambda}{\sqrt{d^2-4\lambda^2}}=\frac{2\times0.01\ \text{nm}}{\sqrt{4^2-4\times0.5^2}\ \mu\text{m}}=5.16\times10^{-6}$$

光栅的刻线数 $N=W/D=10\ cm/4\ \mu m=2.5\times10^4$,由瑞利判据

$$\delta\lambda=\frac{\lambda}{jN}=\frac{500}{2\times2.5\times10^4}=0.01\ nm$$

恰可分辨。

20. **分析:** 闪耀光栅是反射式光栅,其优点是能将衍射光的能量较多地集中在某一非零级的光谱上,其与透射光栅有相同的光栅公式,所以与光栅光谱有关的诸如角色散本领、色分辨本领等公式也有相同的形式。

解: ① 观察图中的光路,由光栅公式可知,出射光的波长满足 $d\sin(2\theta)=m\lambda$,由于 θ 很小,所以 $\theta\approx\tan\theta=0.025\ rad$,代入上式,得到

$$\lambda=\frac{d\sin(2\theta)}{m}=\frac{400}{m}\ nm$$

式中,m 为相应的主板大的级数。

② 若令光栅的闪耀角 $\theta_B=\theta$,则射出方向应平行于闪耀角方向,在此方向出射波长的单槽面衍射光最大,故出射光最明亮。

③ 光栅总缝数 $N=\dfrac{L}{D}=12\ 500$ 条,色散本领为 $R=\dfrac{\lambda}{\delta\lambda}=mN=12\ 500\ m$。

④ 在可见光中只有相应于 $m=1$ 的波长 $400\ nm$ 满足出射条件,由色散本领公式 $D_\theta=\dfrac{\delta\theta}{\delta\lambda}=\dfrac{m}{d\cos\theta_m}$ 可知

$$\delta\lambda=d\cos\theta_1\delta\theta=d\cos(2\theta)\delta\theta \tag{1}$$

其中,$\delta\theta$ 可视为缝对光栅中心的张角,由图中几何关系,考虑焦平面发出的球面波经反射后变为平行光,故有

$$\delta\theta=\frac{\Delta l}{\dfrac{R}{2}}=0.5\times10^{-3}\ rad$$

代入式(1)可得 $\delta\lambda=4\ nm$。故可见光中出射的波长范围为 $400\sim404\ nm$。

21. **解:** ① 根据光栅方程有

$$a+b=\frac{2\lambda}{\sin\varphi_2}=\frac{2\times600\times10^{-9}}{0.20}\ m=6.0\times10^{-6}\ m=6.0\ \mu m$$

② 根据缺级公式 $\dfrac{a+b}{a}=\dfrac{k}{k'}$,当第四级谱线缺级时,$k=4$,则 $1\leqslant k'<4$,所以有:当 $k'=1$ 时,第四级缺级,符合题意,把 $k=4,k'=1$ 代入缺级公式,得 $a=1.5\ \mu m$;当 $k'=2$ 时,所缺谱线级数为 2、4,根据已知条件,第二级不缺级,不符合题意,故舍去;当 $k'=3$ 时,第四级缺级,符合题意,把 $k=4,k'=3$ 代入缺级公式,得 $a=4.5\ \mu m$。综上,满足题目条件的狭缝宽度有两个: $a=1.5\ \mu m$ 或 $a=4.5\ \mu m$。

③ 根据光栅方程有

$$k=\frac{(a+b)\sin\varphi}{\lambda}$$

$$\frac{(a+b)\sin\varphi}{\lambda}<\frac{a+b}{\lambda}$$

$$\frac{(a+b)}{\lambda}=\frac{6.0}{600\times10^{-3}}=10$$

所以在屏上出现谱线的最大级数为 10,光谱缺级级数为 4,8,12,…。

22. 解:根据光栅方程,得

$$\sin\varphi_1=\frac{\lambda}{a+b},\quad \sin\varphi_1'=\frac{\lambda'}{a+b}$$

因为 $\sin\varphi_1\ll1,\sin\varphi_1'\ll1$,因此有

$$\Delta x_1=f(\tan\varphi_1'-\tan\varphi_1)\approx f(\sin\varphi_1'-\sin\varphi_1)=\frac{f}{a+b}(\lambda'-\lambda)$$

$$=\frac{2\times10^2\times(520-500)\times10^{-7}}{0.002}\text{ cm}=0.2\text{ cm}$$

23. 解:① 总缝数为

$$N=\frac{\text{光栅的总宽度}}{\text{每条刻线的宽度}}=5.0\text{ mm}\times600\text{ rulings/mm}=3\ 000$$

$$\Delta\lambda=\frac{\lambda_{\text{average}}}{mN}=\frac{500\text{ nm}}{3\times3\ 000}=0.005\ 6\text{ nm}$$

所以可分辨的最小波长间隔 $\Delta\lambda=0.005\ 6$ nm。

②$$m_{\max}=\pm\left[\frac{d}{\lambda}\right]=\pm\left[\frac{1/(600\text{ rulings}/10^6\text{ nm})}{500\text{ nm}}\right]=\pm3$$

所以可以看到的高阶光谱为 ±2、±3。

24. 解:① 根据 $(a+b)\sin\varphi=k\lambda_1$,$k=8$,$\varphi=30°$可知,$a+b=\dfrac{8\times4.5\times10^{-7}}{\sin30°}=7.2\times10^{-6}$ m。

② 根据重迭,即 φ 相等,可得

$$k_1\lambda_1=k_2\lambda_2$$

$$\lambda_2=\frac{k_1}{k_2}\cdot\lambda_1$$

式中 $k_1=8$ 时是第二次重迭,这说明第一次重迭对 λ_1 光来说就是 $k_1'=4$(即第四级),所以

$$\lambda_2=\frac{4\lambda_1}{k_2}$$

当 $k_2=1$ 时,$\lambda_2=1.8\times10^3$ nm;当 $k_2=2$ 时,$\lambda_2=9\times10^{-7}$ m;当 $k_2=3$ 时,$\lambda_2=6\times10^{-7}$ m;当 $k_2=4$ 时,$\lambda_2=4.5\times10^{-7}$ m。由此可见,只有 $k_2=3$ 时,对应的可见光的波长为 $\lambda_2=6\times10^{-7}$ m,满足条件。

25. 解:① 根据倾斜入射公式

$$(a+b)(\sin\varphi-\sin\theta)=2\lambda$$

$$a+b=\frac{2\times5.5\times10^{-7}}{\sin45°-\sin30°}=\frac{11\times10^{-7}}{\dfrac{\sqrt{2}}{2}-\dfrac{1}{2}}=5.31\times10^{-6}\text{ m}$$

② 零级明条纹的衍射角 φ_0 应满足

$$(a+b)(\sin\varphi-\sin\theta)=0$$

$$\varphi_0=\theta=30°$$

$$x=f\tan\varphi_0=50\times\tan30°=28.9\text{ cm}$$

零级明条纹在 O 点上方 $28.9\,\mathrm{cm}$ 处。

③ 倾斜入射时,上下最大级数对 O 点不再对称。先求 O 点上方的最大级 k_1,有

$$(a+b)(\sin 90° - \sin 30°) = k_1 \lambda$$

而 $(a+b)(\sin 45° - \sin 30°) = 2\lambda$,所以

$$k_1 = \frac{2(\sin 90° - \sin 30°)}{(\sin 45° - \sin 30°)} = \frac{2}{\sqrt{2}-1} = 4.8$$

k_1 只能取整数,所以 $k_1 = 4$。同样可求 O 点下方最大级数 k_2,有

$$(a+b)(\sin 90° + \sin 30°) = k_2 \lambda$$

$$k_1 = \frac{2(\sin 90° + \sin 30°)}{\sin 45° - \sin 30°} = 14.5$$

故取 $k_2 = 14$。

在 $-90° < \varphi < 90°$ 范围内共有 $k_1 + k_2 + 1 = 4 + 14 + 1 = 19$ 条条纹。

26. **解**:$\arcsin(\pm 0.1768k)$,$k = 0, 1, \cdots, 5$。

27. **解**:$570\,\mathrm{nm}$,$43.2°$。

28. **解**:$3\,646$。

第6章　傅里叶变换光学

6.1　知 识 要 点

傅里叶变换光学以波动光学的原理为基础,利用傅里叶变换的方法来研究光的传播、干涉、衍射和成像等现象。

1. 单色光波的复振幅分布与空间频率

(1)球面波和平面波的复振幅

在傍轴近似的条件下,球面波在 xy 平面上的复振幅如下。

① 发散球面波为 $\widetilde{E}(P)=\dfrac{A_0}{z_1}e^{ikz_1}\cdot e^{\frac{ik}{2z_1}\left[(x-x_1)^2+(y-y_1)^2\right]}$,其中,$e^{\frac{ik}{2z_1}\left[(x-x_1)^2+(y-y_1)^2\right]}$ 为发散球面波的二次相位因子。

② 会聚球面波为 $\widetilde{E}(P)=\dfrac{A_0}{z_1}e^{-ikz_1}\cdot e^{\frac{-ik}{2z_1}\left[(x-x_1)^2+(y-y_1)^2\right]}$,其中,$e^{\frac{-ik}{2z_1}\left[(x-x_1)^2+(y-y_1)^2\right]}$ 为会聚球面波的二次相位因子。

③ 特殊情况:当光源位于 0 点时,则发散球面波为 $\widetilde{E}(x,y)=\dfrac{A_0}{z_1}e^{ikz_1}\cdot e^{\frac{ik}{2z_1}(x^2+y^2)}$,会聚球面波为 $\widetilde{E}(x,y)=\dfrac{A_0}{|z_1|}e^{ik|z_1|}\cdot e^{\frac{ik}{2|z_1|}(x^2+y^2)}$。

平面波的复振幅如下。

① 任意一个方向传播的平面波复振幅表示为 $\widetilde{E}(x,y)=A'\cdot e^{ik(x\cos\alpha+y\cos\beta+z\cos\gamma)}$。

② 在 xy 平面上,其复振幅为 $\widetilde{E}(x,y)=A'\cdot e^{ik(x\cos\alpha+y\cos\beta)}$,其中,$e^{ik(x\cos\alpha+y\cos\beta)}$ 为平面波的相位因子。

(2)平面波的空间频率

空间频率:空间呈正弦或余弦变化的物理量在其某一方向上单位距离所包含的空间周期数。

在某一方向上传播的平面波:$\widetilde{E}=A\cdot e^{ikz}=A\cdot e^{i\frac{2\pi}{\lambda}z}=A\cdot e^{i\frac{2\pi}{\lambda}(x\cos\alpha+y\cos\beta+z\cos\gamma)}$。

情况一

若平面波为 $\widetilde{E}=A\cdot e^{ikx\cos\alpha}$,则:

① 等相线:$kx\cos\alpha=C$。

② 空间周期：$d_x = \dfrac{\lambda}{\cos \alpha}$，$d_y = \infty$。

③ 空间频率：$u = \dfrac{1}{d_x} = \dfrac{\cos \alpha}{\lambda}$，$v = \dfrac{1}{d_y} = 0$。

情况二

若平面波为 $\widetilde{E} = A \cdot e^{ikr(x\cos\alpha + y\cos\beta)}$，则：

① 等相线：$k(x\cos\alpha + y\cos\beta) = C$。

② 空间频率：$u = \dfrac{1}{d_x} = \dfrac{\cos\alpha}{\lambda} = \dfrac{\sin\theta_x}{\lambda}$，$v = \dfrac{1}{d_y} = \dfrac{\cos\beta}{\lambda} = \dfrac{\sin\theta_y}{\lambda}$。

空间频率的意义：

① 空间频率表示复振幅分布的周期性。

② 空间频率 (u, v) 用于描述光波场 xy 平面上复振幅的一种基本周期分布，也对应着一个沿 $(\cos\alpha = \lambda u, \cos\beta = \lambda v)$ 方向传播的平面波。

③ 光波场某一平面上的复振幅分布可以分解成许多不同的基本周期分布，则表明包含着许多不同的 (u, v) 成分，对应着许多不同方向 $(\cos\alpha, \cos\beta)$ 传播的平面波。

④ (u, v) 也可以表示不同强度分布的空间周期性。

（3）复杂复频率按 (u, v) 的分解

类似于非周期波的分解，应用傅里叶分析方法，则 $\widetilde{E}(x, y)$ 可表示为

$$\widetilde{E}(x, y) = \iint_{-\infty}^{\infty} \widetilde{E}(u, v) e^{i2\pi(ux + vy)} \mathrm{d}u \mathrm{d}v$$

或表示为

$$\widetilde{E}(x, y) = F^{-1}\{\widetilde{E}(u, v)\}$$

$\widetilde{E}(u, v)$ 可表示为

$$\widetilde{E}(u, v) = \iint_{-\infty}^{\infty} \widetilde{E}(x, y) e^{-i2\pi(ux + vy)} \mathrm{d}x \mathrm{d}y$$

或表示为

$$\widetilde{E}(u, v) = F\{\widetilde{E}(x, y)\}$$

上式中的 $\widetilde{E}(x, y) = F^{-1}\{\widetilde{E}(u, v)\}$ 和 $\widetilde{E}(u, v) = F\{\widetilde{E}(x, y)\}$ 为傅里叶变换对。

对于傅里叶分析：

① 单色光波场中 (x, y) 平面上的复振幅 $\widetilde{E}(x, y)$ 可看作不同方向传播的单色平面波的线性叠加，其平面波分量的传播方向与 (u, v) 相对应，其振幅及相对相位决定于频谱 $\widetilde{E}(u, v)$。

② 可以在频率域中分析光波的各种现象，研究这些平面波分量的分布（频谱分布），其传播规律体现傅里叶光学的基本方法。

2. 衍射理论中的傅里叶分析方法

（1）夫琅禾费近似下焦面场与孔径场的傅里叶关系

焦面场上复振幅分布的分析方法：

① 按照惠更斯原理，把衍射孔面上各点看作是发出球面次波的波源，然后求出各球面次波在透镜后焦面上的迭加结果，从而得到焦面场上的复振幅分布。

② 采用傅里叶分析方法，也就是通过频率域中的分析来讨论衍射问题。

在空间域中,孔径的夫琅禾费衍射分布表示为

$$\widetilde{E}(x,y) = c \cdot \iint\limits_{\Sigma} \widetilde{E}(x_1,y_1) \cdot e^{-i\frac{2\pi}{\lambda}(lx_1+\omega y_1)} dx_1 dy_1, \quad c = \frac{e^{ikz_1}}{i\lambda z_1} \cdot e^{ik\frac{1}{2z_1}(x^2+y^2)}$$

空间频率

$$u = \frac{\cos\alpha}{\lambda} = \frac{x}{\lambda z_1} = \frac{l}{\lambda}, \quad v = \frac{\cos\beta}{\lambda} = \frac{y}{\lambda z_1} = \frac{\omega}{\lambda}$$

注意

$$\widetilde{E}(x_1,y_1) = \begin{cases} 有值 & \Sigma\ 内 \\ 0 & \Sigma\ 外 \end{cases}$$

则可以得到

$$\widetilde{E}(x,y) = c \cdot \iint_{-\infty}^{\infty} \widetilde{E}(x_1,y_1) \cdot e^{-i2\pi(ux_1+vy_1)} dx_1 dy_1$$

或表示为

$$\widetilde{E}(x,y) = \widetilde{E}(u,v) = F^{-1}\{\widetilde{E}(x_1,y_1)\}\Big|_{u=\frac{x}{\lambda z_1},\, v=\frac{y}{\lambda z_1}}$$

通过以上分析可知:

① 焦面场上的复振幅分布是孔径面上复振幅分布的傅里叶变换或空间频谱。

② 焦面场是不同方向传播的平面波的一个频谱分布,焦面即为频谱面。

(2) 从傅里叶分析方法的角度看夫琅禾费衍射现象

① 矩孔和单缝衍射

对于单位振幅的入射平面光波,矩孔面上的复振幅分布为

$$\widetilde{E}(x_1,y_1) = \widetilde{E}_0(x_1,y_1) \cdot \tilde{t}(x_1,y_1) = \text{rect}\left(\frac{x_1}{a}\right) \cdot \text{rect}\left(\frac{y_1}{b}\right)$$

空间频域分布为

$$\widetilde{E}(u,v) = F\{\widetilde{E}(x_1,y_1)\} = ab \cdot \text{sinc}(au) \cdot \text{sinc}(bv)$$

强度分布为

$$I(x,y) = |\widetilde{E}(u,v)|^2 = I_0 \cdot \text{sinc}^2\left(\frac{ax}{\lambda z_1}\right) \cdot \text{sinc}^2\left(\frac{by}{\lambda z_1}\right)$$

单缝时有

$$\widetilde{E}(u) = a \cdot \text{sinc}(au), \quad I(x) = I_0 \cdot \text{sinc}^2\left(\frac{ax}{\lambda z_1}\right)$$

其中频谱宽度 $\Delta u = \frac{1}{a}$。

② 双缝衍射

若孔径平面的复振幅分布为

$$\widetilde{E}(x_1) = \text{rect}\left(\frac{x_1 - \frac{d}{2}}{a}\right) + \text{rect}\left(\frac{x_1 + \frac{d}{2}}{a}\right)$$

则

$$\widetilde{E}(x) = F\{\widetilde{E}(x_1)\} = 2a \cdot \text{sinc}\left(\frac{ax}{\lambda z_1}\right) \cdot \cos\left(\frac{\pi x d}{\lambda z_1}\right)$$

$$I(x) = |\widetilde{E}(x)|^2 = 4I_0 \cdot \text{sinc}^2\left(\frac{ax}{\lambda z_1}\right) \cdot \cos^2\left(\frac{\pi x d}{\lambda z_1}\right)$$

（3）菲涅耳衍射的傅里叶变换表达式

在衍射场分布式中引入(u,v)，则

$$\widetilde{E}(x,y)=\frac{e^{ikz_1}}{i\lambda z_1}\exp\left[i\frac{k}{2z_1}(x^2+y^2)\right]F\left\{\widetilde{E}(x_1,y_1)\exp\left[\frac{ik}{2z_1}(x_1^2+y_1^2)\right]\right\}\Bigg|_{u=\frac{x}{\lambda z_1},v=\frac{y}{\lambda z_1}}$$

可见，$\widetilde{E}(x,y)$与z_1有关，且在不同观察距离z_1处，菲涅耳衍射图样不同。

3. 透镜的傅里叶变换性质和成像性质

（1）透镜的透射系数

以会聚透镜对点光源成像为例，傍轴近似下，紧靠透镜前、后的光波的复振幅

$$\widetilde{E}_0(x_1,y_1)=A\cdot e^{ikd_0}\cdot e^{i\frac{k}{2d_0}(x_1^2+y_1^2)},\quad \widetilde{E}(x_1,y_1)=A\cdot e^{-ikd}\cdot e^{-i\frac{k}{2d}(x_1^2+y_1^2)}$$

略去常量相位因子，得透镜的振幅透射系数

$$\widetilde{t}(x_1,y_1)=e^{-i\frac{k}{2f}(x_1^2+y_1^2)}$$

式中$\frac{1}{f}=\frac{1}{d}+\frac{1}{d_0}$。上式表明，透镜具有相位调制作用，类似相位型衍射屏。

（2）透镜的傅里叶变换性质

① 衍射屏紧靠透镜前表面

透过透镜后的光场分布为

$$\widetilde{E}'(x_1,y_1)=\widetilde{E}(x_1,y_1)\cdot\widetilde{t}(x_1,y_1)=\widetilde{E}(x_1,y_1)\cdot e^{-i\frac{k}{2f}(x_1^2+y_1^2)}$$

然后至后焦面上是一个菲涅耳衍射，于是

$$\widetilde{E}(x,y)=\frac{e^{ikf}}{i\lambda f}\cdot e^{ik\frac{x^2+y^2}{2f}}\cdot F\{\widetilde{E}'(x_1,y_1)\}\Bigg|_{u=\frac{x}{\lambda f},v=\frac{y}{\lambda f}}$$

以上分析表明：后焦面上的光场分布是衍射屏面复振幅分布的一个傅里叶变换，后焦面上某点的振幅和相位取决于透过屏某一(u,v)分量的振幅和相位。

② 衍射屏置于透镜前一定距离

$$\widetilde{E}(x,y)=\frac{1}{i\lambda f}\cdot e^{i\frac{k}{2f}\left(1-\frac{d_0}{f}\right)(x^2+y^2)}\cdot F\{\widetilde{E}(x_1,y_1)\}\Bigg|_{u=\frac{x}{\lambda f},v=\frac{y}{\lambda f}}$$

显然，透镜后焦面上得到的也是衍射屏平面复振幅分布的傅里叶变换。

经以上讨论得出：

a. 单色平面波正入射时，无论衍射屏置于透镜何处，在透镜后焦面上将得到其频谱，当$d=f$时，得到衍射屏和正确的傅里叶频谱。

b. 当球面波照明时，物置于任何位置，透镜均起到傅里叶变换的作用，但其频谱面在点源像面位置上。

c. 存在孔径大小的影响：孔径衍射效应使像质模糊；透镜是低通滤波器，存在渐晕现象。渐晕现象：透镜的口径总是有限的，它将限制物面某些空间频率的传播，这个现象称为渐晕现象。

（3）透镜的成像性质

① 点物置于无穷远

透镜前的复振幅分布为$\widetilde{E}'(x_1,y_1)=\widetilde{E}(x_1,y_1)\cdot\widetilde{t}(x_1,y_1)=e^{-i\frac{k}{2f}(x_1^2+y_1^2)}$，会聚于后焦点的球面波，后焦点即无穷远点物的像。

② 物置透镜前有限距离远的轴外

透镜前的复振幅分布为$\widetilde{E}'(x_1,y_1)=A\cdot\exp\left[-ik\left(\frac{x_1^2+y_1^2}{2l'}+\frac{x_1x+y_1y}{l'}\right)\right]$，会聚在点

物像面上的球面波。

4. 相干成像系统分析和相干传递函数

（1）点物成像

① 点扩散函数：单位复振幅或光强的点物经系统所产生的像斑的复振幅或光强分布，表示为 $h(x,y,x',y')$，表示系统孔径的衍射影响，或同时有像差和一切造成像点扩散的因素影响。线扩展函数是无数点的线状物体其点扩散函数的集合。

② 成像系统的空间不变性：点扩散函数的形式不随场面上物点位置而变的系统；点扩散函数只取决于观察点与几何物点的相对位置。

（2）扩展物体的成像

对于线性空间不变系统，扩展物体的光场分布可以看成许多点物经系统形成的点扩散函数的线性组合。

（3）相干传递函数（CTF）

二维物体的像

$$g(x',y') = O(x',y') * h(x',y') = \iint_{-\infty}^{\infty} O(x,y) \cdot h(x'-x,y'-y) \mathrm{d}x\mathrm{d}y$$

在频率域记

$$Gc(u,v) = F\{g(x',y')\}, \quad Oc(u,v) = F\{o(x',y')\}, \quad Hc(u,v) = F\{h(x',y')\}$$

$Hc(u,v) = \dfrac{Gc(u,v)}{Oc(u,v)}$ 即为相干传递函数。

$$|Hc(u,v)| \cdot e^{i\varphi(u,v)} = \frac{|Gc(u,v)| \cdot e^{i\varphi_g(u,v)}}{|Oc(u,v)| \cdot e^{i\varphi_o(u,v)}} = \frac{|Gc(u,v)|}{|Oc(u,v)|} \cdot e^{i[\varphi_g(u,v) - \varphi_o(u,v)]}$$

$|Hc(u,v)| = \left|\dfrac{Gc(u,v)}{Oc(u,v)}\right|$ ——CTF 的模值，表示像与物中频率 (u,v) 分量的幅度变化。

$e^{i\varphi(u,v)} = e^{i[\varphi_g(u,v) - \varphi_o(u,v)]}$ ——CTF 的幅角，表示 (u,v) 分量的实际像与几何光学像之间的像移。

由此，频率域中的相干成像是所有频率分量经历幅值变化和相移后的线性叠加。

5. 非相干成像系统分析及光学传递函数

① 非相干成像线性空不变系统中：系统对光强分布呈线性；输入光强分布可分解为许多不同频率的强度的基本周期分布。

衍射受限系统在空间域，像的强度分布是物的强度分布与点扩散函数的卷积。

非相干成像系统的传递函数：$H_1(u,v) = \dfrac{G_1(u,v)}{O_1(u,v)}$。

② 光学传递函数（OTF）为

$$H(u,v) = \frac{G(u,v)}{O(u,v)}$$

一般情况下，$H(u,v) = |H(u,v)| \cdot e^{i\varphi(u,v)}$。$|H(u,v)|$ ——对比传递函数（MTF），表示物像分布中同一 (u,v) 分量对比度的变化。$\varphi(u,v)$ ——相位传递函数（PTF），表示物像分布中同一 (u,v) 分量的相移。

6. 阿贝成像原理和空间滤波

（1）阿贝成像原理

阿贝成像原理是相干光照明的光学透镜成像，是由二次衍射形成的，光学像则是干涉条纹的叠加，如图 6-1 所示。

① 物是周期为 d 的矩形光栅，频谱面上形成各级谱。

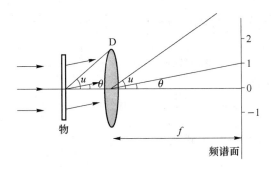

图 6-1　阿贝成像原理

② 基频的空间频率与光栅同为 $\dfrac{1}{d}$,各级谱对应在 $\sin\theta = n\cdot\dfrac{\lambda}{d}$ 处。

③ 参与成像的频率成分决定像的可分辨程度。孔径能传递 0、1 级谱是"可分辨"像的条件,即 $\sin u \geqslant \sin\theta$,$\dfrac{D}{2f} \geqslant \dfrac{\lambda}{d}$,$d_{\min} = \dfrac{2\lambda f}{D} = \dfrac{\lambda}{n\sin u}$(相干照明时最小可分辨距离)。

（2）空间滤波

空间滤波:对输入信息包含的各种空间频率成分施以振幅和相位调制,以实现特定的变换来改变像的结构。

6.2　典型例题

【例题 1】　如图 6-2 所示,试用傅里叶变换方法,求出单色平面波以入射角 i 入射到光栅上时,光栅的夫琅禾费衍射图样的强度分布。

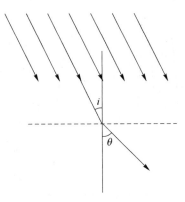

图 6-2　例题 1 示意图

解:以角度 i 斜入射的单色平面波在光栅面(xy 平面)上的复振幅为

$$\widetilde{E}_1 = \exp(\mathrm{j}kx\sin i)$$

通过光栅后变为

$$\widetilde{E}(x) = \widetilde{E}_1 t(x) = \exp(\mathrm{j}kx\sin i)\sum_{-(N-1)/2}^{(N-1)/2}\mathrm{rect}\left(\frac{x - nd}{a}\right)$$

其中,a、d 分别为缝宽和光栅常数。因此,傅里叶变换式为

$$\tilde{E}(u) = \mathscr{F}\left\{ \exp(\mathrm{j}kx\sin i)\sum_{-(N-1)/2}^{(N-1)/2}\mathrm{rect}\left(\frac{x-nd}{a}\right)\right\}$$

$$= \mathscr{F}\left| \exp(\mathrm{j}kx\sin i)\right| * \mathscr{F}\left\{\sum_{-(N-1)/2}^{(N-1)/2}\mathrm{rect}\left(\frac{x-nd}{a}\right)\right\}$$

$$= \delta\left\{u-\frac{\sin i}{\lambda}\right\} * a\,\mathrm{sinc}(\pi u a)\frac{\sin(N\pi u d)}{\pi u d}$$

根据卷积的性质,并考虑 $u=\dfrac{\sin\theta}{\lambda}$,上式变为

$$\tilde{E}(u) = a\,\mathrm{sinc}\left[\pi a\left(u-\frac{\sin i}{\lambda}\right)\right]\frac{\sin\left[N\pi\left(u-\dfrac{\sin i}{\lambda}\right)d\right]}{\pi u d}$$

$$= a\,\mathrm{sinc}\left[\frac{\pi a}{\lambda}(\sin\theta-\sin i)\right]\frac{\sin\left[\dfrac{N\pi d}{\lambda}(\sin\theta-\sin i)\right]}{\dfrac{\pi d}{\lambda}(\sin\theta-\sin i)}$$

故夫琅禾费衍射图样的强度分布为

$$I = \left|\frac{1}{\lambda z}\tilde{E}(u)\right|^2 = \left\{\frac{a}{\lambda z}\mathrm{sinc}\left[\frac{\pi a}{\lambda}(\sin\theta-\sin i)\right]\frac{\sin\left[\dfrac{N\pi d}{\lambda}(\sin\theta-\sin i)\right]}{\dfrac{\pi d}{\lambda}(\sin\theta-\sin i)}\right\}$$

可见,与正入射的情况相比,差别只在于把正入射结果的"$\sin\theta$"换成"$\sin\theta-\sin i$",这表示衍射图样整个发生了平移。

【例题 2】 如图 6-3 所示,一个衍射屏具有圆对称的振幅透射函数 $t(r)=\left[\dfrac{1}{2}+\dfrac{1}{2}\cos(ar^2)\right]\mathrm{circ}\left(\dfrac{r}{a}\right)$。① 试说明这一衍射屏有类似透镜的性质。② 给出此屏焦距的表达式。

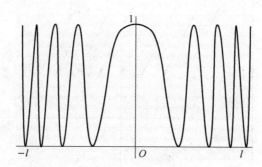

图 6-3 例题 2 示意图

解:① 设以单位振幅的单色平面波垂直照明该衍射屏,则透过衍射屏后的复振幅为

$$t(r) = \left[\frac{1}{2}+\frac{1}{2}\cos(ar^2)\right]\mathrm{circ}\left(\frac{r}{a}\right)$$

$$= \left[\frac{1}{2}+\frac{1}{4}\exp(\mathrm{i}ar^2)+\frac{1}{4}\exp(-\mathrm{i}ar^2)\right]\mathrm{circ}\left(\frac{r}{a}\right)$$

或用直角坐标系表示为

$$t(x,y) = \left\{\frac{1}{2}+\frac{1}{4}\exp[\mathrm{i}a(x^2+y^2)]+\frac{1}{4}\exp[-\mathrm{i}a(x^2+y^2)]\right\}\mathrm{circ}\left(\frac{\sqrt{x^2+y^2}}{a}\right)$$

其中,第二个因子表示该屏是半径为 a 的圆孔;第一个因子的第一项的作用是使透射光的振幅衰减,而第二项和第三项均为指数项,与透镜位相变换因子 $\mathrm{e}^{-\mathrm{i}\frac{k}{2f}(x^2+y^2)}$ 进行比较,形式相同,当用平面波垂直照射时,这两项的作用是分别产生会聚球面波和发散球面波。因此在成像性质和傅里叶变换性质上该衍射屏都有类似透镜的性质。

② 将衍射屏振幅透射函数中的指数项与透镜位相变换因子进行比较,就得到等效的焦距。对 $\frac{1}{4}\exp[\mathrm{i}a(x^2+y^2)]$ 项,令 $a=\dfrac{-k}{2f_1}$,则有

$$f_1=-\frac{k}{2a}=-\frac{\pi}{\lambda a}$$

因为 $a>0$,故 $f_1<0$,其作用相当于一个发散的透镜。

同样,对 $\frac{1}{4}\exp[-\mathrm{i}a(x^2+y^2)]$ 项,令 $a=\dfrac{k}{2f_2}$,则

$$f_2=\frac{k}{2a}=\frac{\pi}{\lambda a}$$

其作用相当于一个会聚的透镜。

最后讨论透射函数中的非指数项 $1/2$,由于仅对透过的光波的振幅起衰减作用,因此把该项等效地看作 $f_3=\infty$。

【例题 3】　假定透过一个衍射物体的光场分布的最低空间频率是 $20\ \mathrm{nm}^{-1}$,最高空间频率是 $200\ \mathrm{nm}^{-1}$。采用单个透镜作为空间频率分析系统,要使最高频和最低频的一级分量在频谱平面上相距 $90\ \mathrm{nm}$,问透镜的焦距需要多大?设工作波长为 $500\ \mathrm{nm}$。

解:如图 6-4 所示,最高空间频率和最低空间频率的一级频谱分别为 $u_1=\dfrac{x_1}{\lambda f}$,$u_2=\dfrac{x_2}{\lambda f}$,因此

$$f=\frac{x_1-x_2}{\lambda(u_1-u_2)}=\frac{90}{500\times10^{-6}\times(200-20)}=1\ 000\ \mathrm{nm}$$

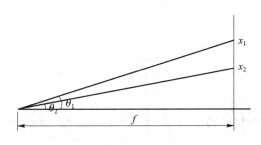

图 6-4　例题 3 示意图

【例题 4】　如图 6-5 所示,一个非相干成像系统的光瞳包含两个边长为 $1\ \mathrm{cm}$ 的正方形开孔,两个开孔中心的距离为 $3\ \mathrm{cm}$。试求这一光瞳的光学传递函数。若入射光的波长为 $500\ \mathrm{nm}$,光瞳面与像面的距离为 $10\ \mathrm{cm}$,在 u 方向和 v 方向的截止频率是多少?

解:题所给的光瞳的光瞳函数为

$$P(\xi,\eta)=\mathrm{rect}(\xi)\mathrm{rect}(\eta-\eta_0)+\mathrm{rect}(\xi)\mathrm{rect}(\eta+\eta_0)$$

由傅里叶变换的自相关定理得,光瞳函数的自相关函数的傅里叶变换为

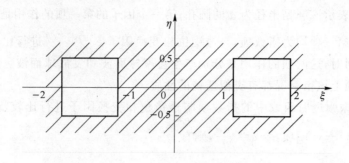

图 6-5 非相干成像系统的光瞳

$$\mathscr{F}|P(\xi,\eta)☆P(\xi,\eta)|=\mathscr{F}|P(\xi,\eta)|\mathscr{F}|P(\xi,\eta)|$$
$$=[|\mathrm{sinc}(u)\mathrm{sinc}(v)|(\mathrm{e}^{-\mathrm{i}2\pi v\eta_0}+\mathrm{e}^{\mathrm{i}2\pi v\eta_0})]^2$$
$$=\mathrm{sinc}^2(u)\mathrm{sinc}^2(v)(2+\mathrm{e}^{-\mathrm{i}4\pi v\eta_0}+\mathrm{e}^{\mathrm{i}4\pi v\eta_0})$$

因此

$$P(\xi,\eta)☆P(\xi,\eta)=\Lambda(\xi)[2\Lambda(\eta)+\Lambda(\eta-2\eta_0)+\Lambda(\eta+2\eta_0)]$$

光学传递函数为

$$H(u,v)=\frac{P(\lambda l'u,\lambda l'v)☆P(\lambda l'u,\lambda l'v)}{\iint|P(\xi,\eta)|^2\mathrm{d}\xi\mathrm{d}\eta}$$

$$=\Lambda(\lambda l'u)\Lambda(\lambda l'v)+\frac{1}{2}\Lambda(\lambda l'u)\Lambda(\lambda l'v-2\eta_0)+\frac{1}{2}\Lambda(\lambda l'u)\Lambda(\lambda l'v+2\eta_0)$$

可见,系统包含 3 个通频区,如图 6-6 所示。因此,ξ 方向的截止频率为

$$|u_{\max}|=\frac{1}{\lambda l'}=\frac{1\ \mathrm{cm}}{5\times10^{-3}\ \mathrm{cm}\times10\ \mathrm{cm}}=2\ 000\ \mathrm{cm}^{-1}$$

由 $\lambda l'|v_{\max}|-2\eta_0=1$ 得 η 方向的截止频率为

$$|u_{\max}|=\frac{1+2\eta_0}{\lambda l'}=\frac{4\ \mathrm{cm}}{5\times10^{-3}\ \mathrm{cm}\times10\ \mathrm{cm}}=8\ 000\ \mathrm{cm}^{-1}$$

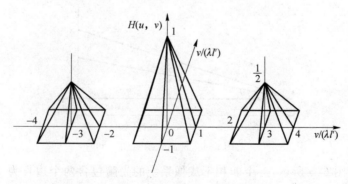

图 6-6 系统的 3 个通频区

【例题 5】 如图 6-7 所示,利用阿贝成像原理证明,当物体受相干光倾斜照明时,显微镜的最小分辨距离可以达到 $\dfrac{0.5\lambda_0}{n\sin u}$。(提示:显微镜能够分辨周期为 d 的物体结构,至少其衍射的 0 级和 1 级谱进入显微镜物镜。)

证明:① 先考虑垂直照射的情况。根据阿贝成像原理,周期为 d 的光栅在单色平面波的

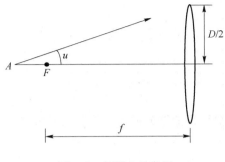

图 6-7 例题 5 示意图

垂直照射下,在系统焦平面上得到 0、$\pm 1(\pm u_0)$、± 2 $(\pm 2u_0 = \pm \dfrac{2}{d})$、…级谱。如果系统允许 0 级和 1 级谱进入显微镜物镜,则可以形成周期为 d 的结构像,又因为系统的截止频率为 $\dfrac{D}{2\lambda f}$(其中,D 和 f 分别为物镜的孔径和焦距),$u_0 = \dfrac{1}{d}$,所以

$$\frac{1}{d} \leqslant \frac{D}{2\lambda f}$$

即显微镜能够分辨的最小周期为

$$d = \frac{2\lambda f}{D} \tag{1}$$

从图得物镜孔径角满足关系

$$\sin u = \frac{D}{2f} \tag{2}$$

考虑物方空间的折射率为 n,有

$$\lambda = \lambda_0 / n \tag{3}$$

把式(2)和式(3)代入式(1)得

$$d = \frac{\lambda_0}{n \sin u} \tag{4}$$

② 下面考虑相干光倾斜照射的情况。相干光以 θ 角倾斜照射,使频谱沿 u 轴平移了 $\dfrac{\sin \theta}{\lambda}$。若显微镜能够分辨周期为 d 的物体结构,至少允许其衍射的 0 级和 1 级谱进入显微镜物镜,因此

$$\frac{\sin \theta}{\lambda} \leqslant \frac{D}{2\lambda f}, \quad -\frac{D}{2\lambda f} \leqslant -u_0 + \frac{\sin \theta}{\lambda} \leqslant \frac{D}{2\lambda f}$$

所以

$$\lambda u_0 - \frac{D}{2f} \leqslant \sin \theta \leqslant \frac{D}{2f} \tag{5}$$

显然,最大倾斜角为

$$\sin \theta_{\max} = \frac{D}{2f} \tag{6}$$

当以最大倾斜角入射时,由式(5)和式(6)得

$$\lambda u_0 - \frac{D}{2f} \leqslant \frac{D}{2f}$$

因此

$$\lambda u_0 \leqslant \frac{D}{f} \quad \text{或} \quad \frac{1}{d} \leqslant \frac{D}{\lambda f}$$

把式(2)和式(3)代入得

$$\frac{1}{d} \leqslant \frac{2n\sin u}{\lambda_0}$$

因此,以最大倾斜角入射时,显微镜能够分辨光栅的周期 d 的最小值可以达到

$$d = \frac{0.5\lambda_0}{n\sin u}$$

【例题 6】 衍射受限非相干成像系统的光瞳为边长为 l 的正方形,求其光学传递函数。

解: 此时的光瞳函数可表示为

$$P(x,y) = \text{rect}\left(\frac{x}{l}\right)\text{rect}\left(\frac{y}{l}\right)$$

显然光瞳的总面积 $S_0 = l^2$,当 $P(x,y)$ 在 x、y 方向分别位移 $-\lambda d_i f_x$、$-\lambda d_i f_y$ 以后,得 $P(x+\lambda d_i f_x, y+\lambda d_i f_y)$,从图 6-8(a)中可以求出 $P(x,y)$ 和 $P(x+\lambda d_i f_x, y+\lambda d_i f_y)$ 的重叠面积 $S(f_x,f_y)$。由图可得

$$S(f_x,f_y) = \begin{cases} (l-\lambda d_i|f_x|)(l-\lambda d_i|f_y|) & |f_x|\leqslant\frac{l}{\lambda d_i} \quad |f_y|>\frac{l}{\lambda d_i} \\ 0 & \text{其他} \end{cases}$$

光学传递函数为

$$H(f_x,f_y) = \frac{S(f_x,f_y)}{S_0} = \Lambda\left(\frac{f_x}{2\rho_c}\right)\Lambda\left(\frac{f_y}{2\rho_c}\right)$$

式中,$\rho_c = 1/(2\lambda d_i)$ 是同一系统采用相干照明的截止频率。非相干系统沿 f_x 和 f_y 轴方向上的截止频率是 $2\rho_c = 1/(\lambda d_i)$,如图 6-8(b)所示。

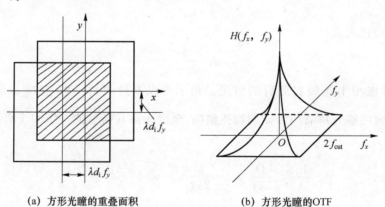

(a) 方形光瞳的重叠面积　　　　　(b) 方形光瞳的OTF

图 6-8　例题 6 示意图

6.3　习　　题

1. 在阿贝尔-波特实验中,若物体是图 6-9(a)所示的图形,经过空间滤波后,在像面得到

的输出图像变为图 6-9(b)所示的图形,试描述空间滤波器的形状,并解释它是怎样产生这个输出图像的。

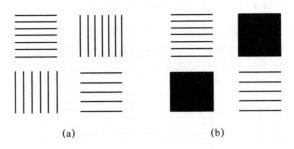

(a)　　　　　　　　　(b)

图 6-9　习题 1 示意图

2. 如图 6-10 所示,求正交网络的夫琅禾费衍射场的复振幅和强度分布。

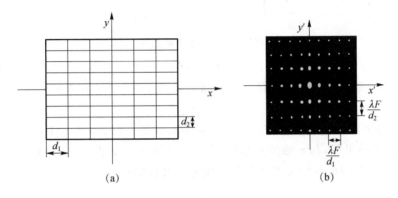

(a)　　　　　　　　　(b)

图 6-10　习题 2 示意图

3. 振幅为 A,波长为 $\dfrac{2}{3}\times10^{-3}$ nm 的单色平面波的波矢量的方向余弦为 $\cos\alpha=2/3,\cos\beta=1/3$, $\cos\gamma=1/3$,试求它在 xy 平面上($z=0$)的复振幅分布及空间频率。

4. 振动方向相同的两列波长同为 500 nm 的单色平面波照射在 xy 平面上。它们的振幅为 A,传播方向与 xz 平面平行,与 z 轴的夹角分别为 $30°$和$-30°$,如图 6-11 所示,试求 xy 平面上的合复振幅分布及空间频率。

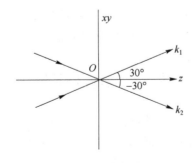

图 6-11　习题 4 示意图

5. 两列振动方向和波长相同的单色平面波照射在 xOy 平面上,它们的振幅分别为 A_1 和 A_2,传播方向的方向余弦分别为($\cos\alpha_1,\cos\beta_1,\cos\gamma_1,$)和($\cos\alpha_2,\cos\beta_2,\cos\gamma_2$),试求 xOy 平面上的光强分布及空间频率。

6. 单色平面波垂直入射一块宽度为 L 的正弦光栅,光栅的振幅透射系数为 $t(x_1) = \left[\dfrac{1}{2} + \dfrac{1}{2}\cos(2\pi u_0 x_1)\right]\mathrm{rect}\left(\dfrac{x_1}{L}\right)$。试求正弦光栅的夫琅禾费衍射图样的光强分布。

7. 单色平面波垂直照射在开有两个平行狭缝的衍射屏(x_1, y_1)平面上,两狭缝之间的距离为 d,狭缝宽度极小,如图 6-12 所示。试求此衍射屏的夫琅禾费衍射的光强分布。

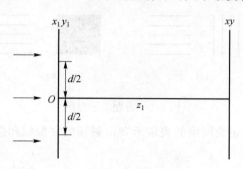

图 6-12　习题 7 示意图

8. 半径为 a 的小圆屏置于透镜前焦面(中心在光轴上),以单位振幅的单色光垂直照明,求透镜后焦面上夫琅禾费的衍射图样的复振幅分布和光强分布(不考虑透镜有限孔径引起的渐晕效应)。

9. 两列振动方向相同、波长同为 400 nm 的平面波照射在 xy 平面上。两波的振幅为 A,传播方向与 xy 平面平行,与 z 轴的夹角分别为 $10°$和$-10°$,如图 6-13 所示,求:①xy 平面上的复振幅分布及空间频率;②xy 平面上的强度分布及空间频率。

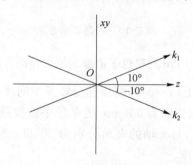

图 6-13　习题 9 示意图

10. 空间一平面波沿 r 方向传播,方向角分别为 α、β、γ,波长为 λ。写出其复振幅和 x、y、z 轴方向上的相位分布和空间频率。

11. 平行于光轴的单色平行光束入射在透镜上,试用屏函数公式判断后场中波的类型和特征。

12. 试用透镜的屏函数导出透镜的物像距公式。

13. 如图 6-14 所示,将两正弦光栅 G、G′纹理平行地迭放在一起(平行密接),设它们的透过率函数分别是 $\begin{cases} \mathrm{G}: t(x) = t_0 + t_1\cos(2\pi f x) \\ \mathrm{G'}: t'(x) = t_0' + t_1'\cos(2\pi f' x) \end{cases}$,用平行光正入射,求夫琅禾费衍射场。

14. 如图 6-15 所示,将上题中的两正弦光栅 G、G′纹理垂直地迭放在一起(正交密接),用平行光正入射,求夫琅禾费衍射场。

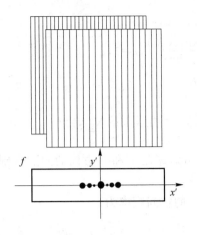

图 6-14　习题 13 示意图

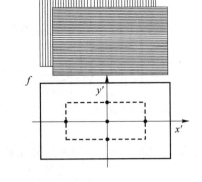

图 6-15　习题 14 示意图

15. 经分析，一张图片的振幅透过率函数为 $t(x)=t_0+t_1\cos(2\pi fx)-t'\cos(2\pi f'x)$，求正入射条件下夫琅禾费衍射场。

16. 求黑白光栅屏函数的傅里叶级数展开式。

17. 用傅里叶分析的手段重新处理黑白光栅的夫琅禾费衍射。

18. 设黑白光栅 50 条/mm，入射光的波长为 6.328×10^{-7} m，为了使傅氏面上至少能够获得 ±6 级衍射斑，并要求相邻衍射斑的间隔不小于 2 mm，则透镜焦距及直径至少要有多大？

19. 计算沿光轴的平面波经透镜之后，光波场的特征。

20. 轴上点光源发出的球面，经透镜之后，具有何种特征？

21. 讨论轴外点光源发出的光波经透镜变换之后的情况。

22. 求方形光瞳的相干传递函数。

23. 求圆形光瞳的相干传递函数。

6.4　习　题　解　答

1. **解**：依题意，经过滤波后，竖着的条纹消失，镜面上只剩下横纹。因此，根据阿贝成像原理，应该在频谱面上放置一个滤波器，只让中央一列垂直方向的频谱分量通过，即要求该滤波器能遮掉中央一纵列以外的衍射斑即可。

2. **解**：如图 6-10(a)所示，正交网格相当于两块黑白光栅的正交密接，屏函数是两者相乘

$$\widetilde{T}(x,y)=\widetilde{T}_1(x)\widetilde{T}_2(y)$$

其中

$$\begin{cases} \widetilde{T}_1(x)=\sum_{n=-(N_1-1)/2}^{(N_1-1)/2} G_1(x+nd_1) \\ \widetilde{T}_2(x)=\sum_{n=-(N_2-1)/2}^{(N_2-1)/2} G_2(x+md_2) \end{cases}$$

式中 G_1、G_2 是宽度分别为 a_1、a_2 的方垒函数。在傅里叶频谱面上，其中

$$\tilde{U}(f_1,f_2)=g_1(f_1)g_2(f_2)$$

$$g_i(f_i)=\frac{\sin\alpha_i}{\alpha_i}\frac{\sin(N_i\beta_i)}{\sin\beta_i},i=1,2$$

$$\alpha_i=\pi a_i f_i \beta_i=\pi d_i f_i$$

强度为

$$I(f_1,f_2)=\left[\frac{\sin\alpha_1}{\alpha_1}\frac{\sin(N_1\beta_1)}{\sin\beta_1}\right]^2\left[\frac{\sin\alpha_2}{\alpha_2}\frac{\sin(N_2\beta_2)}{\sin\beta_2}\right]^2$$

衍射图样如图 6-10(b)所示,是正交的二维点阵,衍射斑在 x' 和 y' 方向的间隔分别与 d_1 和 d_2 成反比。

3. 解:单色平面波在 xy 平面上的复振幅分布的空间频率为

$$u=\frac{\cos\alpha}{\lambda}=\frac{2}{3\lambda}=10^3\text{ nm}^{-1},\quad v=\frac{\cos\beta}{\lambda}=\frac{1}{3\lambda}=5\times10^2\text{ nm}^{-1}$$

因此,xy 平面上的复振幅分布为

$$\tilde{E}(x,y)=A\exp\left[\mathrm{i}2\pi(x+0.5y)\times10^3\right]$$

4. 解:两列波波矢量的方向余弦分别为

$$\cos\alpha_1=\cos 60°,\quad \cos\beta_1=0,\cos\gamma_1=\cos 30°$$

$$\cos\alpha_2=\cos 120°,\quad \cos\beta_2=0,\cos\gamma_2=\cos(-30°)$$

因此两列波在 xy 平面上的复振幅分布为

$$\tilde{E}_1(x,y)=A\exp\left(\mathrm{i}\frac{2\pi}{\lambda}x\cos 60°\right)=A\exp\left(\mathrm{i}\frac{2\pi}{\lambda}x\sin 30°\right)$$

$$\tilde{E}_2(x,y)=A\exp\left(\mathrm{i}\frac{2\pi}{\lambda}x\cos 120°\right)=A\exp\left(-\mathrm{i}\frac{2\pi}{\lambda}x\sin 30°\right)$$

在 xy 平面上的合复振幅为

$$\tilde{E}(x,y)=\tilde{E}_1(x,y)+\tilde{E}_2(x,y)$$

$$=A\exp\left(\mathrm{i}\frac{2\pi}{\lambda}x\sin 30°\right)+A\exp\left(-\mathrm{i}\frac{2\pi}{\lambda}x\sin 30°\right)$$

$$=2A\cos\left(\frac{2\pi}{\lambda}x\sin 30°\right)$$

$$=2A\cos\frac{\pi x}{5\times10^{-4}}$$

可见,合复振幅在 x 方向变换的空间周期为 $d_x=2\times5\times10^{-4}$ mm$=10^{-3}$ mm。于是,合复振幅分布的空间频率 $u=1/d_x=10^3$ mm^{-1}。

5. 解:设两波的波长为 λ,则两列波在 xOy 平面上的复振幅分布可以表示为

$$\tilde{E}_1(x,y)=A_1\exp\left[\mathrm{i}\frac{2\pi}{\lambda}(x\cos\alpha_1+y\cos\beta_1)\right]$$

$$\tilde{E}_2(x,y)=A_2\exp\left[\mathrm{i}\frac{2\pi}{\lambda}(x\cos\alpha_2+y\cos\beta_2)\right]$$

因此,两列波在 xOy 平面上发生干涉的强度为

$$I(x,y)=A_1^2+A_2^2+2A_1A_2\cos\left[\frac{2\pi}{\lambda}(x\cos\alpha_2+y\cos\beta_2)-\frac{2\pi}{\lambda}(x\cos\alpha_1+y\cos\beta_1)\right]$$

$$=A_1^2+A_2^2+2A_1A_2\cos\left[\frac{2\pi}{\lambda}(\cos\alpha_2-\cos\alpha_1)x-\frac{2\pi}{\lambda}(\cos\beta_2-\cos\beta_1)y\right]$$

这一强度分布具有空间周期性，在 x 方向和 y 方向的空间周期（也是在两个方向上的条纹间距，如图 6-16 所示）分别为

$$d_x = \frac{\lambda}{\cos \alpha_2 - \cos \alpha_1}, \quad d_y = \frac{\lambda}{\cos \beta_2 - \cos \beta_1}$$

因此，在 x、y 两个方向上的空间频率为

$$u = \frac{\cos \alpha_2 - \cos \alpha_1}{\lambda}, \quad v = \frac{\cos \beta_2 - \cos \beta_1}{\lambda}$$

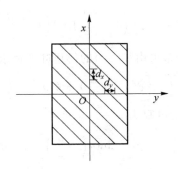

图 6-16　习题 5 示意图

6. **解**：设单色平面波的振幅为 1，则光栅面上的复振幅分布为

$$\widetilde{\mathscr{E}}(x_1) = t(x_1) = \frac{1}{2}\left[1 + \cos(2\pi u_0 x_1)\right]\mathrm{rect}\left(\frac{x_1}{L}\right)$$

光栅的夫琅禾费衍射图样的光强分布可由 $\widetilde{E}(x_1)$ 的傅里叶变换求出

$$\widetilde{\mathscr{E}}(u) = \int_{-\infty}^{\infty} \widetilde{E}(x_1)\exp(-2\mathrm{i}\pi u x)\,\mathrm{d}x$$

或写成

$$\widetilde{\mathscr{E}}(u) = \mathscr{F}\left|\widetilde{E}(x_1)\right| = \mathscr{F}\left\{\frac{1}{2}\left[1 + \cos(2\pi u_0 x_1)\right]\mathrm{rect}\left(\frac{x_1}{L}\right)\right\}$$

利用傅里叶变换的卷积定理，有

$$\widetilde{\mathscr{E}}(u) = \mathscr{F}\left\{\frac{1}{2}\left[1 + \cos(2\pi u_0 x_1)\right]\right\} * \mathscr{F}\left\{\mathrm{rect}\left(\frac{x_1}{L}\right)\right\}$$

$$= \left[\frac{1}{2}\delta(u) + \frac{1}{4}\delta(u - u_0) + \frac{1}{4}\delta(u + u_0)\right] * L\mathrm{sinc}(uL)$$

卷积服从分配律，所以

$$\widetilde{\mathscr{E}}(u) = \frac{1}{2}\delta(u) * L\mathrm{sinc}(uL) + \frac{1}{4}\delta(u - u_0) * L\mathrm{sinc}(uL) + \frac{1}{4}\delta(u + u_0) * L\mathrm{sinc}(uL)$$

由 δ 函数的卷积性质

$$\delta(u - u_0) * L\mathrm{sinc}(uL) = L\mathrm{sinc}\left[(u - u_0)L\right]$$

得到

$$\widetilde{\mathscr{E}}(u) = \frac{1}{2}L\mathrm{sinc}(uL) + \frac{1}{4}L\mathrm{sinc}\left[(u - u_0)L\right] + \frac{1}{4}L\mathrm{sinc}\left[(u + u_0)L\right]$$

以衍射场的坐标 x 表示

$$\widetilde{\mathscr{E}}(x) = \frac{L}{2}\mathrm{sinc}\left(\frac{xL}{\lambda z_1}\right) + \frac{L}{4}\mathrm{sinc}\left(\frac{xL}{\lambda z_1} - u_0 L\right) + \frac{L}{4}L\mathrm{sinc}\left(\frac{xL}{\lambda z_1} + u_0 L\right)$$

上式的平方就是衍射场的光强分布。如果光栅宽度 L 比光栅周期 $1/u_0$ 大得多，则上式中的 3

个辛格函数之间的重叠可以忽略,于是

$$I(x)=|\tilde{\mathscr{E}}(x)|^2=\frac{L^2}{4}\left\{\text{sinc}^2\left(\frac{xL}{\lambda z_1}\right)+\frac{1}{4}\text{sinc}\left[L\left(\frac{x}{\lambda z_1}-u_0\right)\right]+\frac{1}{4}\text{sinc}\left[L\left(\frac{x}{\lambda z_1}+u_0\right)\right]\right\}$$

当 $L\to\infty$ 时,辛格函数化为 δ 函数,3 个衍射条纹的宽度趋于零。

7. 解: 狭缝宽度极小,狭缝的透射系数可用 δ 函数表示。设两狭缝沿 y_1 方向,位置分布为 $x_1=\pm\dfrac{d}{2}$,则平面波透过两狭缝后的复振幅分布(加上平面波的振幅为 1)为

$$\tilde{E}(x_1)=\delta\left(x_1-\frac{d}{2}\right)+\delta\left(x_1+\frac{d}{2}\right)$$

两狭缝的夫琅禾费衍射的光强分布可由 $\tilde{E}(x_1)$ 的傅里叶变换求出

$$\tilde{\mathscr{E}}(u)=\mathscr{F}|\tilde{E}(x_1)|=\int_{-\infty}^{\infty}\left[\delta\left(x_1-\frac{d}{2}\right)+\delta\left(x_1+\frac{d}{2}\right)\right]\exp(-2\mathrm{i}\pi ux_1)\mathrm{d}x_1$$

利用傅里叶变换的相移定理,上式可写为

$$\begin{aligned}\tilde{\mathscr{E}}(u)&=\left\{\exp\left(-2\mathrm{i}\pi u\frac{d}{2}\right)+\exp\left[-2\mathrm{i}\pi u\left(-\frac{d}{2}\right)\right]\right\}\int_{-\infty}^{\infty}\delta(x_1)\exp(-2\mathrm{i}\pi ux_1)\mathrm{d}x_1\\&=\exp(-\mathrm{i}\pi ud)+\exp(\mathrm{i}\pi ud)\\&=2\cos(\pi ud)\end{aligned}$$

以衍射场的坐标表示

$$\tilde{\mathscr{E}}(x)=2\cos\left(\frac{\pi xd}{\lambda z_1}\right)$$

其平方则为光强分布

$$I(x)=|\tilde{\mathscr{E}}(x)|^2=4\cos^2\left(\frac{\pi xd}{\lambda z_1}\right)$$

显然,这就是杨氏干涉的光强分布。

8. 解: 透镜后焦面的复振幅分布就是小圆屏平面复振幅分布的傅里叶变换。小圆屏平面的复振幅分布为

$$\tilde{E}(r_1)=1-\text{circ}\left(\frac{r_1}{a}\right)$$

因此透镜后焦面上的复振幅分布为

$$\begin{aligned}\tilde{\mathscr{E}}(\rho)&=\frac{1}{\mathrm{i}\lambda f}\mathscr{F}\{|\tilde{E}(r_1)|\}|_{\rho=\frac{r}{\lambda f}}=\frac{1}{\mathrm{i}\lambda f}\mathscr{F}\left\{1-\text{circ}\left(\frac{r_1}{a}\right)\right\}\Big|_{\rho=\frac{r}{\lambda f}}\\&=\frac{1}{\mathrm{i}\lambda f}\left[\delta(\rho)-a\frac{J_1(2\pi a\rho)}{\rho}\right]\end{aligned}$$

强度分布(弃去方括号前常量)

$$I(\rho)=\left[\delta(\rho)-a\frac{J_1(2\pi a\rho)}{\rho}\right]\Big|_{\rho=\frac{r}{\lambda f}}$$

可见,除 $r=0$ 点外,后焦面上的强度分布与半径为 a 的小圆孔的夫琅禾费衍射的强度分布相同。

9. 解: 两列波波矢量的方向余弦分别为

$$\cos\alpha_1=\cos80°,\quad\cos\beta_1=0,\quad\cos\gamma_1=\cos10°$$
$$\cos\alpha_2=\cos100°,\quad\cos\beta_2=0,\quad\cos\gamma_2=\cos(-10°)$$

因此,两列波在 xy 平面上的复振幅分别为

$$\widetilde{E}_1(x,y) = A\exp\left(i\frac{2\pi}{\lambda}x\cos 80°\right) = A\exp\left(i\frac{2\pi}{\lambda}x\sin 10°\right)$$

$$\widetilde{E}_2(x,y) = A\exp\left(i\frac{2\pi}{\lambda}x\cos 100°\right) = A\exp\left(-i\frac{2\pi}{\lambda}x\sin 10°\right)$$

① xy 平面上的合复振幅为

$$\begin{aligned}\widetilde{E}(x,y) &= \widetilde{E}_1(x,y) + \widetilde{E}_2(x,y)\\ &= A\exp\left(i\frac{2\pi}{\lambda}x\sin 10°\right) + A\exp\left(-i\frac{2\pi}{\lambda}x\sin 10°\right)\\ &= 2A\cos(8.7\times 10^2\pi x)\end{aligned}$$

因此，沿 x 方向的空间频率为 $u = \dfrac{8.7\times 10^2}{2} = 435\ \text{mm}^{-1}$，沿 y 方向的空间频率为 $v=0$。

② xy 平面上的强度分布为

$$I = |\widetilde{E}(x,y)|^2 = 4A^2\cos^2(8.7\times 10^2\pi x) = 2A^2[\cos(8.7\times 10^2\times 2\pi x)+1]$$

可见，此强度分布沿 y 方向的空间频率为零，而沿 x 方向的空间频率为 $u = 870\ \text{mm}^{-1}$。

10. **解**：设平面波的振幅大小为 A，则沿 r 方向的相位分布为

$$\begin{aligned}\phi(r) &= k\cdot r = k(x\cos\alpha + y\cos\beta + z\cos\gamma)\\ &= \frac{2\pi}{\lambda}(x\cos\alpha + y\cos\beta + z\cos\gamma)\end{aligned}$$

其复振幅为

$$\widetilde{E}(r) = A\exp\left[i\frac{2\pi}{\lambda}(x\cos\alpha + y\cos\beta + z\cos\gamma)\right]$$

沿 x、y、z 轴方向的相位分布分别为

$$\phi(x) = k\cdot x\cos\alpha = \frac{2\pi}{\lambda}x\cos\alpha$$

$$\phi(y) = k\cdot y\cos\beta = \frac{2\pi}{\lambda}y\cos\beta$$

$$\phi(z) = k\cdot z\cos\gamma = \frac{2\pi}{\lambda}z\cos\gamma$$

空间频率分布为

$$u = \frac{\cos\alpha}{\lambda}, \quad v = \frac{\cos\beta}{\lambda}, \quad w = \frac{\cos\gamma}{\lambda}$$

11. **解**：对于正入射的平面波，$\widetilde{U}_1(x,y) = A_1$（常数），故

$$\begin{aligned}\widetilde{U}_2(x,y) &= \widetilde{U}_1(x,y)\widetilde{t}_1(x,y)\\ &= A_1\exp\left(-ik\frac{x^2+y^2}{2F}\right)\end{aligned}$$

从相因子看，这是会聚到透镜后距离为 F 处的球面波，以上正是几何光学所预期的。

12. **解**：如图 6-17 所示，设想在透镜前距离为 s 处有一发光物点 O，它发出的球面波在透镜上造成的波前为

$$\widetilde{U}_1(x,y) = A_1\exp\left(ik\frac{x^2+y^2}{2s}\right)$$

故从透镜输出的波前为

$$\tilde{U}_2(x,y)=\tilde{U}_1(x,y)\,\tilde{t}_L(x,y)$$

$$=A_1\exp\left(\mathrm{i}k\frac{x^2+y^2}{2s}\right)\exp\left(-\mathrm{i}k\frac{x^2+y^2}{2F}\right)$$

$$=A_1\exp\left[-\mathrm{i}k\frac{x^2+y^2}{2}\left(\frac{1}{F}-\frac{1}{s}\right)\right]$$

从相因子看,这是会聚的球面波,会聚中心(像点)O'在透镜后,距离为

$$s'=\frac{1}{\dfrac{1}{F}-\dfrac{1}{s}}\quad\text{或}\quad\frac{1}{s}+\frac{1}{s'}=\frac{1}{F}$$

这正是几何光学给出的透镜物像距公式。

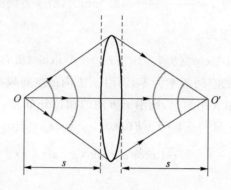

图 6-17　习题 12 示意图

13. **解**:正入射时 $\tilde{U}_1=A_1$,合成透过率是和相乘,故

$$\tilde{U}_2(x)=\tilde{U}_1\,\tilde{t}(x)t\,\tilde{t}'(x)$$

$$=A_1\left[t_0t_0'+t_1t_0'\cos(2\pi fx)+t_0t_1'\cos(2\pi f'x)+t_1t_1'\cos(2\pi fx)\cos(2\pi f'x)\right]$$

$$=A_1\left\{t_0t_0'+t_1t_0'\cos(2\pi fx)+t_0t_1'\cos(2\pi f'x)+\frac{1}{2}t_1t_1'\cos\left[2\pi(f-f')x\right]+\right.$$

$$\left.\frac{1}{2}t_1t_1'\cos\left[2\pi(f+f')x\right]\right\}$$

在上式的推导过程中用了三角函数的积化和差公式。上式 5 项中除第一项是常数以外,其余 4 项分别与不同频率的正弦光栅相当,它们共产生 9 列平面衍射波,其方向角分别为

$$\sin\theta=\begin{cases}0 & 0\ \text{级}\\[4pt]\pm f\lambda & f\ \text{的}\pm1\ \text{级}\\[4pt]\pm f'\lambda & f'\ \text{的}\pm1\ \text{级}\\[4pt]\pm(f-f')\lambda & \text{差频的}\pm1\ \text{级}\\[4pt]\pm(f+f')\lambda & \text{和频的}\pm1\ \text{级}\end{cases}$$

14. **解**:此时透过率函数应写为

$$\begin{cases}G:t(x)=t_0+t_1\cos(2\pi fx)\\[4pt]G':t'(y)=t_0'+t_1'\cos(2\pi f'y)\end{cases}$$

正入射时 $\tilde{U}_1=A_1$,故

$$\widetilde{U}_2(x)=\widetilde{U}_1 \, \widetilde{t}(x) \, \widetilde{t}'(y)$$
$$=A_1[t_0 t_0'+t_1 t_0'\cos(2\pi f x)+t_0 t_1'\cos(2\pi f' y)+t_1 t_1'\cos(2\pi f x)\cos(2\pi f' y)]$$
$$=A_1\{t_0 t_0'+t_1 t_0'\cos(2\pi f x)+t_0 t_1'\cos(2\pi f' x)+\frac{1}{2}t_1 t_1'\cos[2\pi(f x-f' y)]+$$
$$\frac{1}{2}t_1 t_1'\cos[2\pi(f x+f' y)]\}$$

除第一项外,其余的每项相当于一块特定频率的正弦光栅,产生一对平面波,后场共有 9 列平面衍射波,它们的方向角分别为

$$\sin\theta=\begin{cases}(0,0) & 0 \text{ 级}\\[4pt](\pm f\lambda,0) & f \text{ 的}\pm1 \text{ 级}\\[4pt](0,\pm f'\lambda) & f' \text{ 的}\pm1 \text{ 级}\\[4pt]\left.\begin{array}{l}\pm(f\lambda,-f'\lambda)\\[4pt]\pm(f\lambda,f'\lambda)\end{array}\right\} & \text{交叉项的}\pm1 \text{ 级}\end{cases}$$

15. **解:**由于衍射系统是相干光学系统,复振幅满足线性迭加关系,所以这张图片可以看作是两张独立的正弦光栅之和,它们各自有 3 列平面衍射波,因 0 级是重合在一起的,故后场总共有 5 列平面衍射波,方向角分别为

$$\begin{cases}\sin\theta_0=0 & 0 \text{ 级}\\[4pt]\sin\theta_{\pm1}=\pm f\lambda & f \text{ 的}\pm1 \text{ 级}\\[4pt]\sin\theta_{\pm1}'=\pm f'\lambda & f' \text{ 的}\pm1 \text{ 级}\end{cases}$$

16. **解:**设光栅常数为 d,宽为 a,则

$$t(x)=\begin{cases}1 & |x|<a/2\\0 & a/2<|x|<d/2\end{cases}$$

得傅里叶系数为

$$\widetilde{t}_0=\frac{1}{d}\int_{-a/2}^{a/2}\mathrm{d}x=\frac{a}{d}$$
$$\widetilde{t}_n=\frac{1}{d}\int_{-a/2}^{a/2}\exp(-\mathrm{i}2\pi f_n x)\mathrm{d}x=\frac{a}{d}\frac{\sin(\pi f_n a)}{\pi f_n a}$$
$$=\frac{a}{d}\frac{\sin(n\pi f a)}{n\pi f a}=\frac{a}{d}\frac{\sin(n\pi a/d)}{n\pi a/d}$$

17. **解:**当平行光正入射时

$$\widetilde{U}_1=A_1$$
$$\widetilde{U}_2(x)=\widetilde{U}_1 \, \widetilde{t}(x)=A_1 \, \widetilde{t}(x)=A_1 t_0+A_1\sum_{n\neq0}\widetilde{t}_n\mathrm{e}^{\mathrm{i}2\pi n f x}$$

由相因子可以得知,n 级平面衍射波的方向角为

$$\sin\theta_n=n f\lambda=n\lambda/d$$

这就是光栅公式。n 级主极强的振幅正比于 $\widetilde{t}_n$,光强正比于 $|\widetilde{t}_n|^2$,可以写成

$$I\propto|\widetilde{t}_n|^2=\left(\frac{a}{d}\right)^2\left(\frac{\sin\alpha_n}{\alpha_n}\right)^2$$

这里 $\alpha_n=\pi a\sin(\theta_n/\lambda)$,上式正是我们熟悉的单缝衍射因子,由于在上面的计算中未考虑光栅的有限尺寸 D,故我们得到的是严格的离散谱。若计及有限尺寸,每个频斑的振幅正比于 D,但有一半角宽度 $\Delta\theta=\lambda/(D\cos\theta)$,当 $D\gg d$ 时,$\Delta\theta$ 远小于相邻频斑的间隔,这时衍射谱仍可近

似地看作是分立的,或者说它是准离散谱。

18. **解**:相邻衍射斑的角间隔为 $\Delta\theta\approx\lambda/d$,线距离为 $\Delta l\approx\Delta\theta F$,所以焦距为

$$F\geqslant\frac{\Delta l}{\Delta\theta}=\frac{\Delta l d}{\lambda}\approx64\ \mathrm{mm}$$

6 级衍射斑的衍射角为

$$\sin\theta_6=6\lambda/d\approx0.2$$

由于物平面在前焦面附近,要使 6 倍频信息进入透镜,其直径 D 应满足

$$D\gg2F\sin\theta_6\approx26\ \mathrm{mm}$$

19. **解**:平行光沿光轴入射,入射波在透镜主平面处的复振幅为 $\widetilde{U}_1=A\mathrm{e}^{\mathrm{i}\varphi_1}$,利用屏函数,可得到透射波的复振幅为

$$\widetilde{U}_2(x,y)=\widetilde{U}_1(x,y)\widetilde{t}_{\mathrm{L}}(x,y)=A_1\exp[\mathrm{i}(\varphi_0+\varphi_1)]\exp\left(-\mathrm{i}k\frac{x^2+y^2}{2F}\right)$$

这是会聚到透镜后 F 处的球面波,可见 F 为透镜焦距,相位的常数部分不起作用,所以可以略去不写。

20. **解**:设入射波的光源在透镜前的 s 处,则透镜主平面的入射场为

$$\widetilde{U}_1(x,y)=A\exp\left(\mathrm{i}k\frac{x^2+y^2}{2s}\right)$$

则衍射波为

$$\widetilde{U}_2(x,y)=A\exp\left(\mathrm{i}k\frac{x^2+y^2}{2s}\right)\exp\left(-\mathrm{i}k\frac{x^2+y^2}{2F}\right)$$

$$=A\exp\left[-\mathrm{i}k\frac{x^2+y^2}{2}\left(\frac{1}{F}-\frac{1}{s}\right)\right]$$

即为会聚到 $\left(\dfrac{1}{F}-\dfrac{1}{s}\right)^{-1}$ 处的球面波,会聚点到透镜主平面的距离为

$$s'=\frac{1}{\dfrac{1}{F}-\dfrac{1}{s}}=\frac{sF}{s-F}$$

物点和会聚点的关系也可以表示为

$$\frac{1}{s}+\frac{1}{s'}=\frac{1}{F}$$

这就是透镜成像的高斯公式,当 $s=F$ 时,球面波经过透镜后变为平面波。

21. **解**:设发光的物点位于 $(-x_0,-y_0,-s)$ 处,则在透镜的主平面处,入射场为

$$\widetilde{U}_1(x,y)=A\exp\left[\mathrm{i}k\left(\frac{x^2+y^2}{2s}-\frac{xx_0+yy_0}{s}\right)\right]$$

则衍射波为

$$\widetilde{U}_2(x,y)=A\exp\left[\mathrm{i}k\left(\frac{x^2+y^2}{2s}-\frac{xx_0+yy_0}{s}\right)\right]\exp\left(-\mathrm{i}k\frac{x^2+y^2}{2F}\right)$$

$$=A\exp\left[-\mathrm{i}k\frac{x^2+y^2}{2}\left(\frac{1}{F}-\frac{1}{s}\right)-\frac{-xx_0-yy_0}{s}\right]$$

$$=A\exp\left(-\mathrm{i}k\frac{x^2+y^2}{2\dfrac{Fs}{s-F}}-\frac{-xx_0-yy_0}{\dfrac{Fs}{s-F}}\frac{F}{F-s}\right)$$

可以判断出,经透镜后,光波是向轴外会聚的球面波,会聚点为

$$\left(-\frac{Fx_0}{F-s},-\frac{Fy_0}{F-s},\frac{Fs}{F-s}\right)$$

即像距为 $s'=\dfrac{Fs}{F-s}$，横向放大率为 $-\dfrac{F}{F-s}$。

22. **解**：设相干成像系统的出射光瞳为边长为 l 的正方形，则光瞳函数为

$$P(x,y)=\text{rect}\left(\frac{x}{l},\frac{y}{l}\right)=\text{rect}\left(\frac{x}{l}\right)\text{rect}\left(\frac{y}{l}\right)$$

于是得到相干传递函数

$$H_c(f_x,f_y)=P(\lambda d_i f_x,\lambda d_i f_y)=\text{rect}\left(\frac{f_x}{l/(\lambda d_i)}\right)\text{rect}\left(\frac{f_y}{l/(\lambda d_i)}\right)$$

即

$$H_c(f_x,f_y)=\begin{cases}1 & |f_x|\leqslant\dfrac{l}{2\lambda d_i},\ |f_y|\leqslant\dfrac{l}{2\lambda d_i}\\[3mm] 0 & |f_x|>\dfrac{l}{2\lambda d_i},\ |f_y|>\dfrac{l}{2\lambda d_i}\end{cases}$$

把 H_c 取值开始为零时对应的频率称为截止频率。方形光瞳在 f_x 和 f_y 方向上的截止频率均为 $f_{x0}=f_{y0}=l/(2\lambda d_i)$，其通频带如图 6-18(a) 所示。显然，如图 6-18(b) 所示 $\theta=45°$ 方向上，其截止频率最大，是 f_x 或 f_y 方向的 $\sqrt{2}$ 倍，即 $f_{x\theta 0}=\sqrt{2}f_{x0}=\sqrt{2}l/(2\lambda d_i)$。

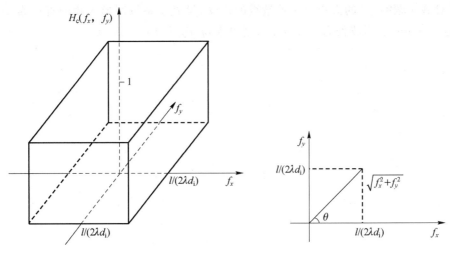

(a) 方形光瞳的传递函数   (b) 45°方向上的相干传递函数

图 6-18 习题 22 示意图

23. **解**：当光学成像系统的出射光瞳为直径等于 l 的圆孔时，其光瞳函数为圆域函数

$$P(x,y)=\text{circ}\left(\frac{\sqrt{x^2+y^2}}{l/2}\right)$$

则相干传递函数为

$$H_c(f_x,f_y)=\text{circ}\left[\frac{\sqrt{f_x^2+f_y^2}}{l/(2\lambda d_i)}\right]$$

即

$$H_c(f_x, f_y) = \begin{cases} 1 & \sqrt{f_x^2 + f_y^2} \leqslant \dfrac{l}{2\lambda d_i} \\ 0 & \sqrt{f_x^2 + f_y^2} > \dfrac{l}{2\lambda d_i} \end{cases}$$

此时，截止频率 $f_{x0} = l/(2\lambda d_i)$，如图 6-19 所示。

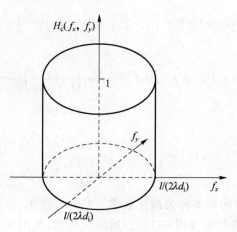

图 6-19　习题 23 示意图

为了对截止频率 f_{x0} 的大小有一数量级的概念，设光学系统圆形光瞳的直径为 20 mm，像距为 d_i 为 100 nm，照明波长为 632.8 nm，则可求得 f_{x0} 为 $168l$ mm^{-1}。

第7章　光在晶体中的传播

7.1　知识要点

1. 双折射的基本概念

（1）寻常光与非寻常光

如图 7-1 所示，若一束光入射到各向异性介质中，晶体内部将产生两束折射光：其中一束遵守折射定律，称为寻常光（ordinary light，o 光），o 光在入射面内；另外一束不遵守折射定律，称为非寻常光（extraordinary light，e 光），e 光可以不在入射面内。如图 7-2 所示，o 光和 e 光都是线偏振光。

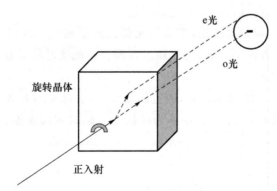

图 7-1　旋转晶体，o 光保持一个点，e 光则沿着圆

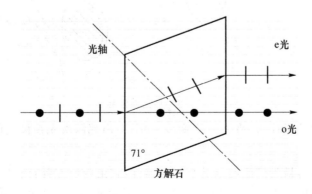

图 7-2　o 光和 e 光的偏振方向

（2）光轴

晶体中存在某些特殊方向，沿此方向传播的光线不发生双折射，此特殊方向即光轴。晶体可以分为单轴晶体和多轴晶体。

（3）主截面与主平面

光轴方向与 o 光线组成的平面称为 o 光主平面，o 光光矢量的振动方向垂直于 o 光主平面。光轴方向与 e 光线组成的平面称为 e 光主平面，e 光光矢量的振动方向在 e 光主平面内。o 光主平面与 e 光主平面一般不重合，它们会有一个小的夹角。

光轴方向与晶体表面（晶体解理面）的法线组成的平面叫做晶体的主截面。当入射光线与主截面重合时，o 光主平面与 e 光主平面重合。

（4）子波面

由于晶体的各向异性，晶体中存在两组子波面。

o 光子波面：各方向的传播光速相等，满足 $\frac{c}{n_o} = v_o$，是一个球面。

e 光子波面：各方向的传播光速不相等，在光轴方向上满足 $\frac{c}{n_o} = v_o$；在垂直光轴方向上满足 $\frac{c}{n_e} = v_e$（单轴晶体），是一个旋转椭球面。其中 n_o、n_e 是晶体的主折射率。

2. 起偏光器件

（1）利用二向色性制作的光器件

二向色性：某些晶体对于不同偏振方向的光有选择地吸收，当光电场分量垂直于光轴时，会产生强烈的吸收作用。电气石晶体具有二向色性。

利用二向色性可以制成微波线栅，当非偏振微波照射在金属线栅上时，Y 方向可以导电，形成焦耳热并损失掉；X 方向不导电，可以通过线栅。因此透过的微波是 X 方向偏振的微波。

（2）马吕斯定律与偏振片

马吕斯定律：强度为 I_0 的线偏振光，透过偏振片后，透过光的 E 矢量为 $E_0 \cos\theta$，透射光的强度（不考虑吸收）为 $I = I_0 \cdot \cos^2\theta$，其中 θ 为偏振片光轴与偏振光振动方向的夹角，如图 7-3 所示。

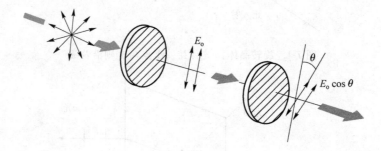

图 7-3 马吕斯定律

当线偏振光透过偏振片时，将偏振片旋转 360°，会出现两次光强极大值、两次消光。

（3）尼科耳棱镜

尼科耳棱镜是用得最为广泛的双折射偏振器件，它由两块方解石和加拿大树胶粘合而成，如图 7-4 所示。在树胶面上，o 光可以进行全反射，其临界角为 69°，而 e 光可以进行透射。

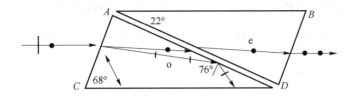

图 7-4　尼科耳棱镜起偏示意图

（4）格兰-傅科棱镜、格兰-汤普森棱镜

将方解石磨成光轴平行棱边的直角三棱镜,再用加拿大树胶粘合制成格兰-傅科棱镜,通常中间夹空气薄层。光从端面垂直入射,o 光在胶面上全反射,而 e 光能透过。

格兰-汤普森棱镜是把两块方解石棱镜用树胶粘合起来,且将界面角度作适当改变,其光路图如图 7-5 所示。它不能耐受很大功率,但是可以保持较高的消光比。

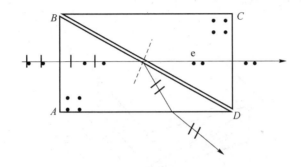

图 7-5　格兰-汤普森透镜光路图

在格兰-傅科棱镜的空气界面有 $n_e < \dfrac{1}{\sin i} < n_o$。

在格兰-汤普森棱镜的树胶界面有 $n_e < n_{胶} < n_o$,且有 $\sin i > \dfrac{n_{胶}}{n_o}$。

（5）渥拉斯顿棱镜

渥拉斯顿棱镜由两块方解石的直角三棱镜粘合而成,光轴的方向相互垂直,且第一块三棱镜的光轴与入射界面保持平行,一束光入射后会分成两束偏振光,如图 7-6 所示。

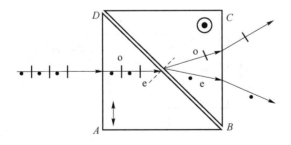

图 7-6　渥拉斯顿棱镜光路图

对于前一半的 e 光和后一半的 o 光,它们会发生近法线折射;对于前一半的 o 光和后一半的 e 光,它们会发生远法线折射。

（6）波晶片

波晶片是从单轴晶体中切割下来的平行平面板,其表面与晶体的光轴平行。当一束平行光正入射时,分解成的 o 光和 e 光的传播方向虽然不改变,但它们在波晶片内的速度不同,因此两种光在出射时会产生相位差。对于负晶体来说 $\delta=\frac{2\pi}{\lambda}(n_o-n_e)\cdot d$,因此 Y 轴相对 X 轴的光程差 $\Delta=(n_o-n_e)\cdot d$,相位差 $\delta=\frac{2\pi}{\lambda}(n_o-n_e)\cdot d$。

3. 补偿器

光程差可任意调节的波片称补偿器,补偿器常与起偏器结合使用,以检验光的偏振状态。

(1) 巴比涅补偿器

巴比涅补偿器如图 7-7 所示,它由两块方解石晶体制成的光劈组成,两光劈的光轴彼此垂直。

平行分量相对于垂直分量的光程差 $\Delta=(n_o\cdot d_2+n_e\cdot d_1)-(n_o\cdot d_1+n_e\cdot d_2)=(n_o-n_e)\cdot(d_2-d_1)$,相位差 $\delta=\frac{2\pi}{\lambda}(n_o-n_e)\cdot(d_2-d_1)$。

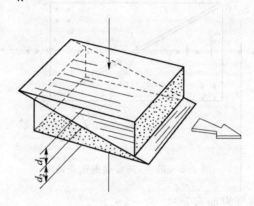

图 7-7　巴比涅补偿器

当上劈横向移动时,d_2-d_1 的变化导致 δ 变化。

(2) 索累补偿器

索累补偿器如图 7-8 所示,可以在相当宽的区域内获得相等的相位差。

其相位差 $\delta=\frac{2\pi}{\lambda}(n_o-n_e)\cdot(d_2-d_1)$,通过 d_1 的改变导致 δ 的变化。

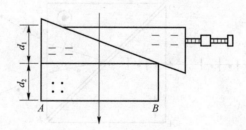

图 7-8　索累补偿器

4. 偏振光的检验与干涉、旋光现象

(1) 偏振光的检验

如图 7-9 所示,一般检测偏振光有两步:第一步是单用偏振片,只能区分出 3 类偏振态;第二步是结合 $\lambda/4$ 波片,再次区分。

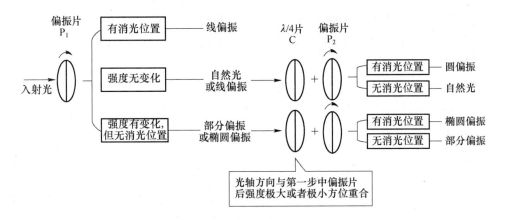

图 7-9 检验偏振光的步骤

（2）偏振光的干涉

在两片偏振片 P_1、P_2 之间插入一块厚度为 d 的波晶片，3 个元件的平面彼此平行，光线正入射到此系统时，出射光的强度随着各元件的取向发生变化。产生相干的条件：相同频率，相差稳定，不正交。两正交的线偏振光不相干，光强 $I = I_1 + I_2$。如果两正交的线偏振光之间有固定的相位关系，可以通过使用一个偏振片提取同一方向的分量的方法，使其相干。

（3）偏振光的旋光

在单轴晶体中，光线沿光轴传播时不发生双折射现象，即 o 光和 e 光的传播方向和波速都一样，因此如果在这种晶体内垂直于光轴方向切割出一块平行平面镜片，并将它插在一对正交的偏振片 P_1 和 P_2 之间，光的振动面将以光的传播方向为轴旋转，这种现象称为旋光现象。

7.2 典 型 例 题

【例题 1】　平行于光轴切割的一块方解石晶片，被放置在一对尼科耳棱镜之间，光轴方向与两个棱镜的主截面均成 15°角。求：

① 从方解石晶片射出的 o 光和 e 光的振幅和光强；

② 投影于第二块尼科耳棱镜的 o 光和 e 光的振幅和光强。（设入射自然光的光强为 $I_0 = A^2$，反射和吸收等损失可以忽略。）

解：① 如图 7-10 所示，设经第一块尼科耳棱镜 N_1 后的线偏振光的振幅为 A_1，光强为 I_1，则

$$I_1 = I_0/2 = A^2/2, \quad A_1 = A/\sqrt{2}$$

从方解石晶片出射的 e 光和 o 光的振幅分别为

$$A_{1e} = A_1 \cos 15° = (A/\sqrt{2}) \cos 15° \approx 0.68 A$$

$$A_{1o} = A_1 \sin 15° = (A/\sqrt{2}) \sin 15° \approx 0.18 A$$

光强分别为

$$I_e = A_{1e}^2 = A^2 \cos^2 15°/2 = I_0 \cos^2 15°/2 \approx 0.47 I_0$$

$$I_0 = A_{1o}^2 = A^2 \sin^2 15°/2 = I_0 \sin^2 15°/2 \approx 0.03 I_0$$

② 投影于第二块尼科耳棱镜 N_2 的 e 光和 o 光的振幅分别为

$$A_{2e} = A_{1e} \cos 15° = A_1 \cos^2 15° = (A/\sqrt{2}) \cos^2 15° \approx 0.66A$$

$$A_{2o} = A_{1o} \sin 15° = A_1 \sin^2 15° = (A/\sqrt{2}) \sin^2 15° \approx 0.05A$$

光强分别为

$$I'_e = A_{2e}^2 = I_0 \cos^4 15°/2 \approx 0.44 I_0$$

$$I'_o = A_{2o}^2 = I_0 \sin^4 15°/2 \approx 0.002\,2 I_0$$

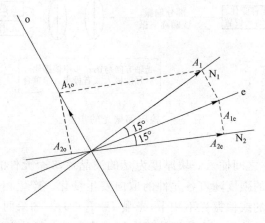

图 7-10　经过两个尼科耳棱镜后出射的 o 光和 e 光

【例题 2】　用 ADP（磷酸二氢铵，$NH_4H_2PO_4$）晶体制成 50° 顶角的棱镜，如图 7-11 所示，光轴与棱镜主截面垂直，$n_o = 1.524\,6$，$n_e = 1.479\,2$，试求 o 光和 e 光的最小偏向角。

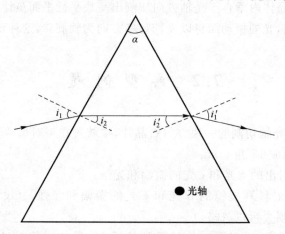

图 7-11　用 ADP 晶体制成的棱镜

解：此时 o 光和 e 光均按通常的折射定律在棱镜内部传播。我们需知，最小偏向角的条件是光线对称入射和出射（如图 7-11 所示），有

$$i_1 = i'_1, \quad i_2 = i'_2 = \alpha/2$$

由于 o 光和 e 光有不同的折射率，它们的外角 i_1、i'_1 是不同的，分别为

$$i_1 = \arcsin\left(n_o \sin \frac{\alpha}{2}\right) = \arcsin\left(1.524\,6 \times \sin \frac{50°}{2}\right) \approx 40.11°$$

$$i'_1 = \arcsin\left(n_e \sin \frac{\alpha}{2}\right) = \arcsin\left(1.479\,2 \times \sin \frac{50°}{2}\right) \approx 38.70°$$

各自的最小偏向角分别为

$$\delta_{om}=2i_{1o}-\alpha\approx30.22°,\quad \delta_{em}=2i_{1e}-\alpha\approx27.40°$$

【例题3】 在两个正交的偏振器之间插入一块 1/2 波片,让强度为 I_0 的单色光通过这一系统。如果将波片绕光的传播方向旋转一周,问:①将看到几个光强极大值和极小值？求出光强极大值和极小值与对应的波片方位；②用全波片和 1/4 波片代替 1/2 波片,结果又如何？

解: ① 设经第一个偏振器 P_1 后,线偏振光的振幅为 A,则 $A^2=I_0/2$。经过波片时

$$A_{2o}=A_o\cos\alpha=A\cos\alpha\sin\alpha,\quad A_{2e}=A_e\sin\alpha=A\cos\alpha\sin\alpha$$

因此光强为

$$I=A_{2o}^2+A_{2e}^2+2A_{2o}A_{2e}\cos\phi=\frac{1}{2}I_0\sin^2(2\alpha)\cos^2\frac{\phi}{2}$$

对于 1/2 波片,与厚度相关的相位差是 π。两相干线偏振光总的相位差是

$$\phi=\pi+\pi=2\pi$$

因此

$$I=\frac{1}{2}I_0\sin^2(2\alpha)$$

当波片绕光的传播方向旋转一周时,α 的变化为 $0\sim2\pi$,光强出现 4 次最大值和 4 次最小值。最大值是 $I_{max}=I_0/2$,对应的波片方位为 $\alpha=\dfrac{\pi}{4}$、$\dfrac{3\pi}{4}$、$\dfrac{5\pi}{4}$、$\dfrac{7\pi}{4}$。最小值是 $I_{min}=0$,对应的波片方位为 $\alpha=0$、$\dfrac{\pi}{2}$、π、$\dfrac{3\pi}{2}$。

② 对全波片

$$\phi=2\pi+\pi=3\pi$$

$$I=\frac{1}{2}I_0\sin^2(2\alpha)\cos^2\frac{3\pi}{2}=0$$

在波片旋转一周的过程中,出射光强为零。对 1/4 波片

$$\phi=\frac{\pi}{2}+\pi=\frac{3\pi}{2}$$

$$I=\frac{1}{2}I_0\sin^2(2\alpha)\cos^2\frac{3\pi}{4}=\frac{1}{4}I_0\sin^2(2\alpha)$$

波片绕光的传播方向旋转一周,α 的变化为 $0\sim2\pi$,光强出现 4 次最大值和 4 次最小值。最大值是 $I_{max}=I_0/4$,最小值是 $I_{min}=0$。

【例题4】 设晶体是负的,玻璃的折射率为 n。分别就下列 4 种情形确定自然光经过图 7-12 中的棱镜后,双折射光线的传播方向和振动方向：①$n=n_o$；②$n=n_e$；③$n_o>n>n_e$；④$n>n_o$。

解: 当晶体中的光轴垂直入射界面时,两折射光线都服从普通的折射定律,只是折射率应取主折射率 n_o 或 n_e。我们需知,o 振动总是垂直主平面的,e 振动总是平行主平面的。据此分别以 $n=n_o$、$n=n_e$、$n_o>n>n_e$、$n>n_o$ 4 种情形作图,如图 7-13(a)到图 7-13(d)所示。

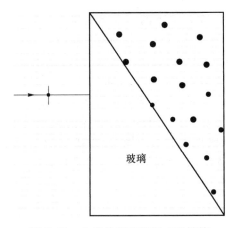

图 7-12 由晶体和玻璃组成的棱镜

玻璃

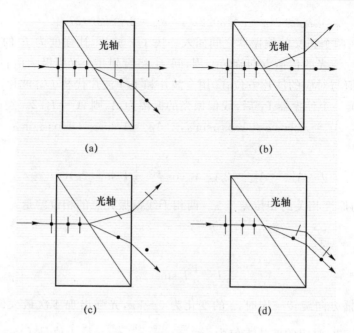

图 7-13　4 种情形下的折射光线

【例题 5】　给出 4 个光学元件：①两个线偏振器；②一个 1/4 波片；③一个半波片；④一个圆偏振器。问在只用一灯（自然光光源）和一观察屏的情形下如何鉴别上述元件。如果①中只有一个线偏振器，又如何鉴别？

解：①　鉴别步骤如下。

a. 把其中两个光学元件放在光源和光屏之间，一个不动，另一个对着自然光光源绕光线旋转一周，直到调换至光屏上并会出现两次消光为止，这时的两个光学元件便是线偏振器。

b. 找出波片的光轴方向，再把透振方向与波片光轴成 45°的偏振器 P_1 放置在待测波片之前，将另一偏振器 P_2 放置在待测波片之后，自然光经偏振器 P_1 后成为线偏振光，且光矢量与波片光轴成 45°，再入射到待测波片然后到 P_2，绕光线传播方向旋转 P_2 一周。若光强出现两明两零的变化，则说明从待测波片出射的是线偏振光，因而待测波片是半波片；若光强没有变化，则说明从待测波片出射的是圆偏振光，因而待测波片是 1/4 波片。

c. 最后剩下的一个就是圆偏振器。

②　如果只有一个线偏振器，则先把自然光光源射入某界面，如空气-水界面，调整入射角度为布儒斯特角，则反射光为线偏振光，光矢振动方向与光线和入射面均垂直。在题给元件中的一个垂直于反射光光束的方向上旋转一周，直到调换至旋转一周时光屏上会出现两次消光现象为止，这个光学元件便是线偏振器。

找出波片光轴方向，让线偏振光的光矢振动方向与波片光轴成 45°，再入射到线偏振器上，旋转线偏振器一周，光强出现两明两零的变化对应的波片是半波片，光强没有变化的是 1/4 波片，最后剩下的一个就是圆偏振器。

7.3　习　　题

1. 一束自然光以 30°入射到空气-玻璃界面，玻璃的折射率 $n=1.54$，试计算反射光的偏振度。

2. 一束线偏振的钠黄光垂直射入一块方解石晶体,振动方向与晶体的主平面成 $20°$ 角。试计算 o、e 两光束折射光的相对振幅和强度。

3. 两尼科耳棱镜主截面的夹角由 $30°$ 变到 $45°$,透射光的强度如何变化?(设入射自然光的强度为 I_0。)

4. 钠黄光正入射到一块石英晶片,石英晶片的 $n_o=1.544$, $n_e=1.553$,要使 e 光的偏向角为最大,求:①晶片表面应与光轴成多大的角度? ②e 光的最大偏向角是多少?

5. 一束钠黄光以 $50°$ 的入射角射到冰洲石平板上,设光轴与板表面平行,并垂直于入射面。求晶体中 o 光和 e 光的夹角。

6. 波长 $\lambda=632.3$ nm 的氦氖激光垂直入射到方解石晶片,晶片厚度 $d=0.013$ mm,晶片表面与光轴成 $60°$ 角,如图 7-14 所示。求:①晶片内 o 光线与 e 光线的夹角;②o 光线和 e 光线的振动方向;③o 光线和 e 光线通过晶片后的相位差。

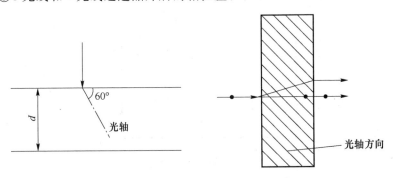

图 7-14　氦氖激光垂直入射到方解石晶片

7. 求冰洲石晶体中光线和波法线间的最大夹角。

8. 一束钠黄光掠入射到冰的晶体平板上。光轴与入射面垂直,平板厚度为 4.20 mm。求 o 光和 e 光射到平板对面上两点的间隔。(已知对于钠黄光冰,$n_o=1.3090$, $n_e=1.3104$。)

9. 一束汞绿光以 $60°$ 入射到 KDP 晶体表面,晶体的 $n_o=1.512$, $n_e=1.470$。设光轴与晶体表面平行,并垂直于入射面,求晶体中 o 光和 e 光的夹角。

10. 沃斯拉顿(Wollaston)棱镜的顶角 $\alpha=15°$,两出射光线间的夹角为多少?

11. 石英晶体切成如图 7-15 所示,问钠黄光以 $30°$ 角入射到晶体时晶体内 o 光线和 e 光线的夹角是多少?

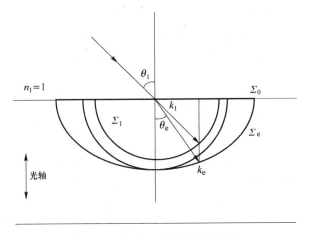

图 7-15　钠黄光入射到石英晶体

12. 用方解石和石英薄板对钠黄光的 $\lambda/4$ 波片,它们的最小厚度各为多少?

13. 图 7-16 所示是用石英晶体制成的塞拿蒙棱镜,每块棱镜的顶角是 20°,光束正入射。求光束从棱镜出射后,o 光线和 e 光线之间的夹角。

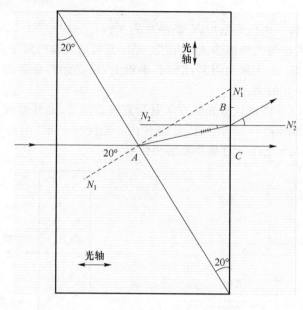

图 7-16　石英晶体制成的塞拿蒙棱镜

14. 单色线偏振光垂直射入方解石晶体,其振动方向与主截面成 30°角,两折射光再经过置于方解石后的尼科耳棱镜,其主截面与原入射光的振动方向成 50°角。求两条光线的相对强度。

15. 当通过尼科耳棱镜观察一束椭圆偏正光时,强度随着尼科耳棱镜的旋转而改变。当强度极小时,在尼科耳棱镜(检偏器)前插入一块 1/4 波片,转动 1/4 波片使它的快轴平行于检偏器的透光轴,再把检偏器沿顺时针方向转动 20°就完全消光。求:① 该椭圆偏振光是右旋的还是左旋的? ② 椭圆长短轴之比是多少?

16. 用尼科耳棱镜观察部分偏振光。当尼科耳棱镜由对应于极大强度的位置转过 60°时,光强减为一半。求光束的偏振度。

17. 强度为 I_0 的单色平行光通过正交尼科耳棱镜,现在两块尼科耳棱镜之间插入一 1/4 波片,其主截面与第一块尼科耳棱镜的主截面成 60°角。求出射光的强度(忽略反射、吸收等损失)。

18. 将一块 1/8 波片插入前后放置的尼科耳棱镜中间,波片的光轴与前后尼科耳棱镜主截面的夹角分别为 −30°和 40°,问光强为 I_0 的自然光通过这一系统后的强度是多少? (略去系统的吸收和反射损失。)

19. 两尼科耳棱镜主截面的夹角为 60°,中间插入一块水晶的 $\lambda/4$ 片,其主截面平分上述夹角,光强为 I_0 的自然光入射,试问:① 通过 $\lambda/4$ 片后光的偏振态;② 通过第二块尼科耳棱镜的光强。

20. 一块厚度为 0.05 mm 的方解石波片放在两个正交的线偏振器中间,波片的光轴方向与两线偏振器透光轴的夹角为 45°。问在可见光范围内,哪些波长的光不能透过这一系统?

21. 一水晶对钠黄光的旋光率 $\alpha=21.75(°)/mm$,求左、右旋圆偏振光折射率之差 Δn。

22. 在两尼科耳棱镜之间插一块石英旋光晶片,以消除对眼睛最敏感的黄绿光($\lambda=5\,500\times10^{-10}$ m),设对此波长的旋光率为 24(°)/mm。求下列情形下晶片的厚度:①两尼科耳棱镜主截面正交;②两尼科耳棱镜主截面平行。

23. 分析沃拉斯顿棱镜中双折射光线的传播方向和振动方向。(棱镜的材料是冰洲石。)

24. 当单轴晶体的光轴与表面成一定角度,一束与光轴方向平行的光入射到晶体表面时,它是否会发生双折射?

25. 一块负单轴晶体制成的棱镜如图 7-17 所示,自然光从左方正入射到棱镜。试证明 e 光线在棱镜斜面上反射后与光轴的夹角 θ' 由式 $\tan\theta'_e = \dfrac{n_o^2 - n_e^2}{2n_e^2}$ 决定,并画出 o 光和 e 光的光路,确定它们的振动方向。

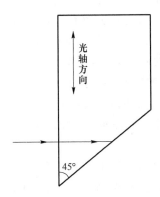

图 7-17　由负单轴晶体做成的棱镜

26. 图 7-18(a)、图 7-18(b)中的虚线代表光轴,试根据图中所画的折射情况分别判断晶体的正负。

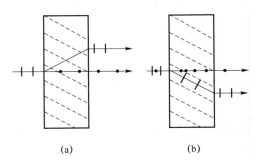

(a)　　　　　　(b)

图 7-18　光线经过晶体后的两种传播情形

27. 确定自然光经过如图 7-19 所示的棱镜后,双折射光线的传播方向和振动方向。(设晶体是正的。)

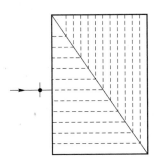

图 7-19　习题 27 中的晶体

28. 在一对正交的偏振片之间放一块 $\lambda/4$ 片,以自然光入射,问:①转动 $\lambda/4$ 片的光轴时,出射光的强度怎么变化? 有无消光现象? ②如果有强度极大和消光现象,它们在 $\lambda/4$ 片的光轴处于什么方向时出现? 这时 $\lambda/4$ 片射出的光的偏振状态如何?

29. 在实验中,偏振片和 $\lambda/4$ 片上的透振方向和光轴方向都未标出;而在检验椭圆偏振光时,需要将 $\lambda/4$ 片的光轴对准椭圆的主轴之一。你能根据上题的原理设计出一个方案,利用两块偏振片和一块 $\lambda/4$ 片做到这一点吗?

30. 将巴比涅补偿器放在两正交线偏振器之间,并使补偿器光轴与线偏振器透光轴成 $45°$。补偿器用石英晶体制成,其光楔楔角为 $2°30'$。问:①在钠黄光的照射下,补偿器产生的条纹间距是多少? ②当在补偿器上放一块方解石波片时(波片光轴与补偿器的光轴平行),发现条纹移动了 $1/2$ 条纹间距,方解石波片的厚度是多少?

31. 为了确定一束圆偏振光的旋转方向,可将 $1/4$ 波片置于检偏器之前,再将后者转到消光位置。这时发现 $1/4$ 波片快轴的方位是这样的:它需沿着逆时针方向转 $45°$ 才能与检偏器的透光轴重合。问该圆偏振光是右旋的还是左旋的?

32. 钠光以最小偏向角的条件射入顶角为 $60°$ 的石英晶体棱镜,棱镜中光轴与底平行。求出射的左、右旋偏振光之间的夹角。

33. 欲使一平面偏振光的振动面旋转 $90°$,若只用两块理想的偏振片,怎样做到这一点? 如果用两块理想偏振片使平面偏振光的振动面旋转了 $90°$,最大的光强为原来的多少倍?

34. 假设在两个固定的正交理想偏振片之间插入第三个理想偏振片,且其透振方向以角速度 ω 旋转,试证明透射的光强满足关系式 $I = \frac{1}{8} I_0 [1 - \cos(4\omega t)]$。

35. 一束左旋圆偏振光正入射到折射率为 1.5 的玻璃的表面,反射光是右旋的还是左旋的?

7.4 习 题 解 答

1. **解**:设入射的自然光的光强为 I_0,将自然光分解成 p 方向和 s 方向的两束线偏振光,两束光的强度相等。

$$I_{0p} = I_{0s} = I_0/2$$

$$I_p = I_{0p} R_p = \frac{I_0}{2} R_s$$

反射系数为

$$r_s = \frac{n_1 \cos\theta_1 - n_2\cos\theta_2}{n_1\cos\theta_1 + n_2\cos\theta_2} = \frac{1 \times \cos 30° - 1.54 \times \sqrt{1 - \left(\frac{n_1 \sin 30°}{n_2}\right)^2}}{1 \times \cos 30° + 1.54 \times \sqrt{1 - \left(\frac{n_1 \sin 30°}{n_2}\right)^2}} = -0.25$$

$$r_p = \frac{n_2 \cos\theta_1 - n_1\cos\theta_2}{n_2\cos\theta_1 + n_1\cos\theta_2} = \frac{1.54 \times \cos 30° - \sqrt{1 - \left(\frac{n_1 \sin 30°}{n_2}\right)^2}}{1.54 \times \cos 30° + \sqrt{1 - \left(\frac{n_1 \sin 30°}{n_2}\right)^2}} = 0.169$$

故偏振度为

$$P=\frac{I_{\max}-I_{\min}}{I_{\max}+I_{\min}}=\frac{I_p-I_s}{I_p+I_s}=\frac{\dfrac{I_0}{2}R_p-\dfrac{I_0}{2}R_s}{\dfrac{I_0}{2}R_p+\dfrac{I_0}{2}R_s}=\frac{|r_p|^2-|r_s|^2}{|r_p|^2+|r_s|^2}=\frac{0.169^2-0.25^2}{0.169^2+0.25^2}=38.3\%$$

2. **解**：如图 7-20 所示，线偏振光射入方解石晶体后，电矢量被分解为垂直于主平面的 o 振动和平行于主平面的 e 振动，主平面是通过 e 轴垂直纸面的。

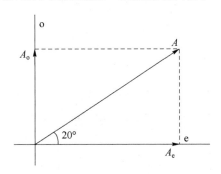

图 7-20　线偏振光射入方解石晶体后的分解示意图

设入射光线偏振的振幅为 A，则 o 光、e 光的振幅分别为

$$A_o=A\sin 20°=0.34A$$
$$A_e=A\cos 20°=0.94A$$

两者之比为

$$A_o/A_e=\tan 20°=0.36$$

在考虑两束光的强度问题时，应注意光强与折射率成正比，而且 e 光的折射率与传播方向有关，因此，o 光和 e 光的强度分别为

$$I_o=n_o A_o^2=n_o A^2\sin^2 20°=0.12n_o A^2$$
$$I_e=n(\theta)A_e^2=n(\theta)A^2\cos^2 20°=0.88n(\theta)A^2$$

强度之比为

$$\frac{I_o}{I_e}=\frac{n_o}{n(\theta)}\tan^2 20°=0.14\frac{n_o}{n(\theta)}$$

式中 θ 为 e 光法线速度和光轴的夹角，如光轴与晶体表面平行，则有

$$n(\theta)=n_e$$
$$\frac{I_o}{I_e}=\frac{n_o}{n_e}\tan^2 20°=\frac{1.66}{1.49}\times 0.14=0.16$$

3. **解**：由马吕斯定律可知，通过第二个尼科耳棱镜后的光强为

$$I_2=I_0\cos^2\frac{\alpha}{2}$$

式中 α 为两尼科耳棱镜主截面的夹角，当 $\alpha=30°$ 时，得

$$I_2=3I_0/8$$

当 $\alpha=45°$ 时，得

$$I_2=I_0/4$$

4. **解**：①因为光束正入射，所以 o 光不发生偏折，e 光的偏向角 α 与 e 光波法线和光轴夹角 θ 的关系为

$$\tan\alpha = \left(1 - \frac{n_o^2}{n_e^2}\right)\frac{\tan\theta}{1 + \frac{n_o^2}{n_e^2}\tan^2\theta}$$

为求最大偏向角,令 $\dfrac{\mathrm{d}\tan\alpha}{\mathrm{d}\theta}=0$,得

$$\left(1 - \frac{n_o^2}{n_e^2}\right)\frac{\sec^2\theta\left(1 - \frac{n_o^2}{n_e^2}\tan^2\theta\right)}{1 + \frac{n_o^2}{n_e^2}\tan^2\theta} = 0$$

解得

$$\tan\theta = \frac{n_o}{n_e}, \qquad \theta = \arctan\left(\frac{n_o}{n_e}\right) = 45°9'59''$$

所以,当晶片表面与光轴成 $90° - 45°9'59'' = 44°50'1''$ 角度时,e 光的偏向角最大。

② e 光的最大偏向角为

$$\alpha = \arctan\left[\left(1 - \frac{n_o^2}{n_e^2}\right)\frac{\tan\theta}{1 + \frac{n_o^2}{n_e^2}\tan^2\theta}\right] = \arctan\left[\frac{1}{2}\left(\frac{n_o}{n_e} - \frac{n_e}{n_o}\right)\right] = 19'58''$$

5. **解**:在此特殊情况下,o 光和 e 光在晶体内的传播方向均服从普遍的折射定律,即

$$n_o\sin i_o = \sin i$$
$$n_e\sin i_e = \sin i$$

将 $n_o = 1.658\,36$,$n_e = 1.486\,41$,$i = 50°$ 代入,分别算出

$$i_o = 27.51°, \quad i_e = 31.02°$$

两束光在晶体中的夹角为

$$\Delta i = i_e - i_o \approx 3.51°$$

6. **解**:① o 光遵守折射定律,因此它将不偏折地通过晶片。由惠更斯作图法可知,e 光波法线的方向与 o 光的相同,因此

$$\beta = 90° - 60° = 30°$$

由

$$\theta = \arctan\left(\frac{n_o^2}{n_e^2}\tan\beta\right) = \arctan\left(\frac{1.658^2}{1.486^2}\tan 30°\right) = 30°42'$$

得到 o 光线和 e 光线的夹角为

$$\varphi = \theta - \beta = 35°42' - 30° = 5°42'$$

② 如图 7-21 所示。由于 o 光线和 e 光线都在图面内,所以图面是 o 光线和 e 光线的共同主平面。o 光的振动方向垂直于图面,以黑点表示;e 光的振动方向在图面内,以线条表示。

③ e 光在法线沿 β 方向传播时的折射率

$$n(\beta) = \frac{c}{v_N} = \frac{n_o n_e}{\sqrt{n_e^2\cos^2\beta + n_o^2\sin^2\beta}}$$

于是

$$n(30°) = \frac{1.658 \times 1.486}{\sqrt{1.486^2\cos^2 30° + 1.658^2\sin^2 30°}} = 1.609\,5$$

因此,o 光和 e 光通过晶片后的相位差为

$$\delta = \frac{2\pi}{\lambda}(n_o - n_e)d = \frac{2\pi}{632.8 \times 10^{-6}}(1.658 - 1.609\,5) \times 0.013 \approx 2\pi$$

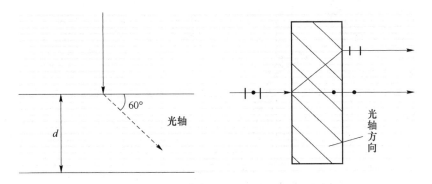

图 7-21　经过晶体后 o 光和 e 光的示意图

7. **解：**根据射线速度倾角(与光轴的夹角)ξ 和法线速度倾角 θ 的关系

$$\cot\theta=\frac{n_{\mathrm{o}}^2}{n_{\mathrm{e}}^2}\cot\xi$$

直接写出两者夹角 α 的公式

$$\alpha=\xi-\theta=\xi-\arctan\left(\frac{n_{\mathrm{o}}^2}{n_{\mathrm{e}}^2}\cot\xi\right)$$

为求 α 的极值，令

$$\frac{\mathrm{d}\alpha}{\mathrm{d}\xi}=1-\left[-\frac{\frac{n_{\mathrm{o}}^2}{n_{\mathrm{e}}^2}\left(-\frac{1}{\sin^2\xi}\right)}{1+\left(\frac{n_{\mathrm{o}}^2}{n_{\mathrm{e}}^2}\cot\xi\right)^2}\right]=0$$

整理得

$$\frac{n_{\mathrm{e}}^2}{n_{\mathrm{o}}^2}\sin^2\xi+\frac{n_{\mathrm{o}}^2}{n_{\mathrm{e}}^2}\cos\xi=1$$

由此解出偏离角 α 出现极大的条件为

$$\cot\xi=n_{\mathrm{e}}/n_{\mathrm{o}}\text{ 或 }\cot\theta=n_{\mathrm{o}}/n_{\mathrm{e}}$$

以钠黄光为例，把 $n_{\mathrm{o}}=1.658\,36$，$n_{\mathrm{e}}=1.486\,41$ 代入上式，算得

$$a_{\mathrm{m}}\approx6.26°$$

8. **解：**这时入射角 $i\approx90°$，故 $\sin i\approx1$。在此特殊情况下，o 光和 e 光在晶体内的传播方向均服从普遍的折射定律，求得折射角 i_{o} 和 i_{e}；再分别求出 o、e 两光线射向平板对面的位置坐标（如图 7-22 所示）：

$$x_{\mathrm{o}}=d\tan i_{\mathrm{o}},\quad x_{\mathrm{e}}=d\tan i_{\mathrm{e}}$$

最后算出两点间隔为

$$\Delta x=x_{\mathrm{o}}-x_{\mathrm{e}}=d(\tan i_{\mathrm{o}}-\tan i_{\mathrm{e}})\approx12.7\ \mu\mathrm{m}$$

9. **解：**如图 7-23 所示，由于光轴垂直于入射面，所以 e 光和 o 光的波面与入射面的截线均为圆形。从图 7-23 中容易看出，对于入射光与光轴所成入身角 θ_1，存在相应的 e 光折射角 $\theta_{2\mathrm{e}}$，且有

$$\frac{\sin\theta_1}{\sin\theta_{2\mathrm{e}}}=\frac{BC}{R}=\frac{c}{v_{\mathrm{e}}}=n_{\mathrm{e}}$$

式中，R 是 e 光波的圆截线的半径。由于 c/v_{e} 是一常数，即在本题目描述的特殊情况下，e 光

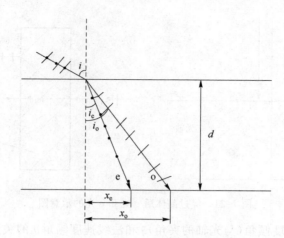

图 7-22 o 光和 e 光在晶体内的传播

遵守普通的折射定律(实际上,对于 e 光,只有当光轴垂直于主截面时才能运用折射定律),其折射方向由上式给出,因此,当 $\theta_1 = 60°$ 时,e 光的折射角为

$$\theta_{2e} = \arcsin\left(\frac{\sin 60°}{1.470}\right) = 36°6'$$

而 o 光的折射角为

$$\theta_{2o} = \arcsin\left(\frac{\sin 60°}{1.512}\right) = 34°56'$$

因此,o 光和 e 光的夹角为

$$\varphi = \theta_{2e} - \theta_{2o} = 36°6' - 34°56' = 1°10'$$

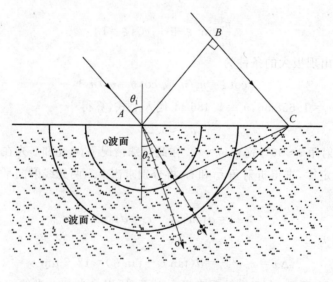

图 7-23 o 光和 e 光在晶体内的传播

10. **解**:如图 7-24 所示,在中间界面上发生的折射情形是,光线 1 由折射率 $n_e \rightarrow n_o$,光线 2 由折射率 $n_o \rightarrow n_e$,入射角均为 α,折射角分别设为 i_1 和 i_2。此时,两光线在第二块棱镜中的传播方向仍由通常的折射定律确定。取 $n_o = 1.658\,36$,$n_e = 1.486\,41$,算出

$$i_1 = \arcsin\left(\frac{n_e}{n_o}\sin\alpha\right) \approx 13.41°$$

$$i_2 = \arcsin\left(\frac{n_o}{n_e}\sin\alpha\right) \approx 16.78°$$

再考虑 1、2 两条光线在右侧界面的折射情形,根据几何关系,此时的入射角分别为

$$i_1' = \alpha - i_1 \approx 1.59°$$
$$i_2' = \alpha - i_2 \approx -1.78°$$

相应的折射角为

$$i_1'' = \arcsin(n_o\sin i_1') \approx 2.637°$$
$$i_2'' = \arcsin(n_e\sin i_2') \approx -2.646°$$

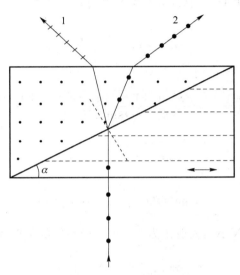

图 7-24　光线经过沃斯拉顿棱镜后的情况

11. **解:** 如图 7-15 所示,对于石英晶体,$n_o = 1.544\,24$,$n_e = 1.553\,35$。o 光波的折射角为

$$\theta_{2o} = \arcsin\left(\frac{\sin 60°}{1.544\,24}\right) = 18°53'31''$$

且 $\beta = \dfrac{\pi}{2}$,$i = 30°$,则 e 光波的折射角为

$$\theta_{2e} = \left(\frac{\pi}{2} + \frac{\pi}{2}\right) - \theta'$$

其中

$$\beta = \frac{\pi}{2}, \quad i = 30° \tan\theta' = n_o\,\frac{\sin i\sqrt{1 - \left(\dfrac{\sin i}{n_e}\right)^2}}{\sin^2 i - n_e^2} = -0.351\,472$$

$$\theta' = 161°19'31'', \quad \theta_{2e} = 18°40'29''$$

因此,o 光线和 e 光线的夹角为 $\alpha = \theta_{2o} - \theta_{2e} = 13'2''$。

12. **解:** $\lambda/4$ 波片的最小厚度 d 应满足

$$(n_o - n_e)d = \pm\lambda/4$$

就 $\lambda = 5\,892.90 \times 10^{-10}$ m 的钠黄光来说,对于方解石有

$$n_o - n_e = 1.658\,36 - 1.486\,41 = 0.171\,95$$

$$d = \frac{\lambda}{4(n_o - n_e)} \approx 8\,568 \times 10^{-10}\ \text{m}$$

13. **解**:如图 7-16 所示,光束垂直入射在第一块晶体时,o 光和 e 光以同一速度传播且不分开。经过两棱镜的界面时,对于 o 光,由于界面左右棱镜的折射相同,所以不发生偏折,到达棱镜-空气界面时是正入射,故 o 光仍不发生折射。因此,o 光沿水平方向穿过塞拿蒙棱镜。对于 e 光,在两棱镜的界面,入射角为 20°,由折射定律得

$$n_o \sin 20° = n(\theta) \sin \theta_t \tag{1}$$

$$n(\theta) = \frac{n_o n_e}{\sqrt{n_o^2 \sin^2 \theta + n_e^2 \cos^2 \theta}} \tag{2}$$

其中,θ 是 e 光波法线与光轴的夹角($\overline{AB}$ 与 $\overline{BC}$ 的夹角),θ_t 是 e 光波法线与光轴的夹角($\overline{AB}$ 与 $\overline{N_1 N_1'}$ 的夹角),且

$$\theta = 90° - (20° - \theta_t) = 70° + \theta_t \tag{3}$$

联合式(1)、式(2)和式(3),得

$$\tan \theta = \frac{-n_e^2 \sin^2 40° - n_e \sqrt{n_e^2 \sin^2 40° - 4(n_o^2 - n_e^2) \sin^2 20° \cos 40°}}{2(n_o^2 - n_e^2) \sin^2 20°} = 475.768$$

其中

$$n_o = 1.544, \quad n_e = 1.553$$

因此

$$\theta = 89°52'46'', \quad n(\theta) = 1.553$$

在棱镜-空气界面,法线为 $N_1 N_2'$,入射角为 $\frac{\pi}{2} - \theta$,并设空气的折射率为 1,折射角为 θ_t,则

$$n(\theta) \sin\left(\frac{\pi}{2} - \theta\right) = \sin \theta_t'$$

由于在空气中波法线与光线重合,且 o 光波沿水平方向出射,所以 o 光线和 e 光线之间的夹角为 $\theta_t = 11'13''$。

14. **解**:如图 7-25 所示,设线偏振光的振幅为 A_0,其振动方向与晶体主截面的夹角为 α,与尼科耳棱镜主截面的夹角为 β,线偏振光经方解石后分解为 e 振动和 o 振动,其振幅分别为

$$A_e = A_0 \cos \alpha, \quad A_o = A_0 \sin \alpha$$

各自通过尼科耳棱镜后的振幅分别为

$$A_1 = A_e \cos(\alpha + \beta) = A_0 \cos(\alpha + \beta) \cos \alpha$$

$$A_2 = A_o \sin(\alpha + \beta) = A_0 \sin(\alpha + \beta) \sin \alpha$$

15. **解**:① 椭圆偏振光可视为两个位相差 $\frac{\pi}{2}$ 的光矢量分别沿长短轴方向的线偏振光的合成。如图 7-26 所示,设长短轴的方向分别是 y 轴和 x 轴。

依题意,插入快轴平行于 x 轴的 1/4 波片后,透射光为线偏振光,其振动方向与 x 轴成 70° 夹角,因而沿 y 方向振动的光矢量沿 x 方向振动的位相差变为零。由于快轴沿 x 轴的 1/4 波片产生 y 方向的振动相对 x 方向的振动有 $-\pi/2$ 的位相延迟角,所以椭圆偏振光的 y 方向振动相对 x 方向振动有 $\pi/2$ 的位相差。这是左旋椭圆偏振光。

② 由图 7-26 可见,椭圆长短轴之比为 $A_y/A_x = \tan 70° = 2.747$。

16. **解**:如图 7-27 所示,部分偏振光的光强极大 I_{max} 的方位总是正交的。任意斜方位与的光强 $I(\alpha)$ 是 I_{max} 和 I_{min} 的非相干叠加,即

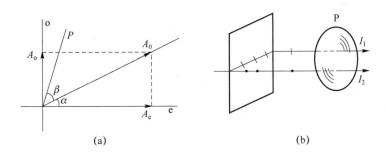

图 7-25 o 光和 e 光的振幅及光强示意图

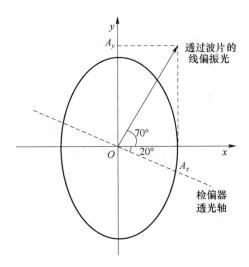

图 7-26 椭圆偏振光分解为两个线偏振光

$$I(\alpha) = I_{max} \cos^2 \alpha + I_{min} \sin^2 \alpha$$

当 $\alpha = 60°$ 时,$I(\alpha) = I_{max}/2$,代入上式求出

$$I_{min} = I_{max}/3$$

因此,该部分偏振光的偏振度为

$$P = \frac{I_{max} - I_{min}}{I_{max} + I_{min}} = 50\%$$

17. **解**:用偏振光干涉的方法求解,如图 7-28 所示。

对通过第一块尼科耳棱镜 N_1 的线偏振光的振幅 A_1 作两次投影,得第二块尼科耳棱镜 N_2 透振方向的两个振动的振幅 A_{2e}、A_{2o},其值分别为

$$A_{2e} = A_1 \cos \alpha \sin \alpha = A_1 \sin(2\alpha)/2$$
$$A_{2o} = A_1 \sin \alpha \cos \alpha = A_1 \sin(2\alpha)/2$$

再仔细分析这两个振动之间总的相位差

$$\delta = \delta_1 + \delta_2 + \delta_3$$

式中 δ_1 为 $\lambda/4$ 片入射点处 o、e 的振动相位差,$\delta_1 = \pi$;δ_2 为晶片体内传播附加的相位差,$\delta_2 = \pm \pi/2$(我们取 $\delta_2 = +\pi/2$);δ_3 为 o 轴、e 轴正向朝 N_2 方向投影的相位差,$\delta_3 = 0$。所以

$$\delta = \frac{3\pi}{2}$$

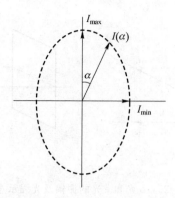

图 7-27 用尼科耳棱镜观察部分偏振光

最后通过 N_2 的光强 I_2 是 A_{2e}、A_{2o} 相干叠加的结果，即

$$I_2 = A_{2e}^2 + A_{2o}^2 + 2A_{2e}A_{2o}\cos\delta$$

$$= \frac{1}{4}A_1^2\sin^2 120° + \frac{1}{4}A_1^2\sin^2 120°$$

$$= \frac{6}{16}A_1^2 = \frac{3}{16}I_0$$

如果取 $\delta_2 = -\pi/2$，上式等号右边第三项（交叉项）仍然为零，I_2 不变。

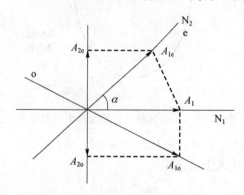

图 7-28 偏振光干涉法的分析示意图

18. **解**：如图 7-29 所示，光强为 I_0 的自然光经第一个尼科耳棱镜 N_1 后，成为线偏振光且振幅为 A_1，则 $A_1 = \sqrt{\frac{I_0}{2}} = \frac{1}{\sqrt{2}}A$。

从波片出射的 o 光和 e 光的振幅分别为

$$A_{1o} = \frac{A}{\sqrt{2}}\sin(-30°), \quad A_{1e} = \frac{A}{\sqrt{2}}\cos(-30°)$$

经第二个尼科耳棱镜 N_2 后，o 光和 e 光的振幅分别为

$$A_{2e} = A_{1e}\cos 40° = 0.455A, \quad A_{2o} = A_{1o}\cos 50° = -0.225A$$

因插入了 1/8 波片，两相干线偏振光的位相差 $\phi = \frac{2\pi}{\lambda}\frac{\lambda}{8} = \frac{\pi}{4}$。所以系统的出射强度为

$$I = A_{2o}^2 + A_{2e}^2 + 2A_{2o}A_{2e}\cos\phi$$

$$= A^2\left[0.455^2 + (-0.228)^2 - 2\times 0.455\times 0.228\times\cos\frac{\pi}{4}\right] = 0.12I$$

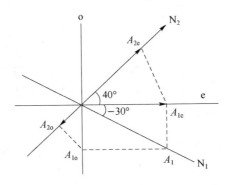

图 7-29　将 1/8 波片插入前后放置的尼科耳棱镜中间时光线的传播

19. 解:① 自然光通过第一块尼科耳棱镜后成为线偏振光,再通过 $\lambda/4$ 片后成为(正)椭圆偏振光。

② 用偏振光干涉的方法求此椭圆偏振光通过第二块尼科耳棱镜 P_2 的光强,为此分别求出振幅,如图 7-30 所示。

$$A_{e2} = A_e \cos 30° = A_1 \cos^2 30°$$
$$A_{o2} = A_o \sin 30° = A_1 \sin^2 30°$$

投影于 P_2 方向的两个扰动的相位差为

$$\delta = \delta_1 + \delta_2 + \delta_3$$

式中 δ_1 为 $\lambda/4$ 入射点的相位差,δ_2 为晶片体内传播的附加相位差,δ_3 为由 o 光和 e 光组成的坐标系正向朝 P_2 投影引起的相位差

$$\delta_1 = \pi, \quad \delta_2 = \pm\pi/2, \quad \delta_3 = 0$$

故

$$\delta = \pi \pm \pi/2$$

于是出射光强为

$$I_2 = A_2^2 = A_{e2}^2 + A_{o2}^2 + 2A_{e2}A_{o2}\cos\delta$$
$$= A_{e2}^2 + A_{o2}^2 = 10A_1^2/16 = 5I_0/16$$

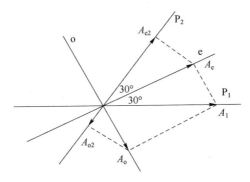

图 7-30　椭圆偏振光经过两个尼科耳棱镜后的传播

20. 解:如图 7-31 所示,此系统会产生偏振干涉。

设入射光的光强为 I_0,经 P_2 后光强为

$$I = A_{2o}^2 + A_{2e}^2 + 2A_{2o}A_{2e}\cos\phi = \frac{1}{2}I_0 \sin^2(2\alpha)\cos^2\frac{\phi}{2} = \frac{1}{2}I_0 \cos^2\frac{\phi}{2}$$

其中 $\alpha=45°$，两相干线偏振光的位相差是

$$\phi=\frac{2\pi}{\lambda}(n_o-n_e)d+\pi$$

又当 $\phi=(2m+1)\pi, m=0,1,2,\cdots$ 时，干涉相消，对应波长的光不能透过这一系统。对方解石有 $n_e=1.658\ 4, n_o=1.486$，因此，不能透过这一系统的光波的波长为

$$\lambda=\frac{(n_o-n_e)d}{m}=\frac{(1.658-1.486)\times0.05\times10^6}{m}=\frac{8\ 600}{m}\ \text{nm}$$

可见光的范围为 390~780 nm，所以下列波长的光不能透过这一系统

$$m=11, \lambda=782\ \text{nm}; m=12, \lambda=717\ \text{nm}; m=13, \lambda=662\ \text{nm}$$
$$m=14, \lambda=614\ \text{nm}; m=15, \lambda=573\ \text{nm}; m=16, \lambda=538\ \text{nm}$$
$$m=17, \lambda=506\ \text{nm}; m=18, \lambda=478\ \text{nm}; m=19, \lambda=453\ \text{nm}$$
$$m=20, \lambda=430\ \text{nm}; m=21, \lambda=410\ \text{nm}; m=22, \lambda=391\ \text{nm}$$

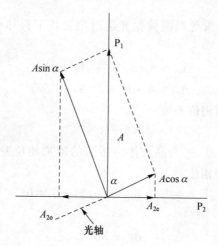

图 7-31　偏振干涉示意图

21. **解**：由旋光率 α 与折射率差 Δn 的关系

$$\alpha=\frac{\pi}{\lambda}\Delta n$$

得

$$\Delta n=\frac{\lambda a}{\pi}=(5\ 893\times10^{-7}\ \text{mm}^{-1})\times\frac{21.75(°)/\text{mm}}{180°}\approx7.121\times10^{-5}$$

22. **解**：① 当两尼科耳棱镜主截面正交时，为消除黄绿色光，应使该波长的光在通过石英旋光晶片后，偏振面旋转 180°，即

$$\psi=ad=180°$$

由此得

$$d=\frac{\psi}{a}=\frac{180°}{24(°)/\text{mm}}=7.5\ \text{mm}$$

即当晶片厚度 $d=7.5k$ mm($k=1,2,\cdots$) 时都可对此波长消光。

② 当两尼科耳棱镜的主截面平行时，应满足

$$\psi=ad=90°$$

由此得

$$d = \frac{\psi}{a} = \frac{90°}{24°} = 3.75 \text{ mm}$$

即当晶片厚度 $d = 3.75k$ mm$(k=1,3,\cdots)$时都可对此波长消光。

23. **解:** 第一块棱镜的光轴与表面平行。如图 7-32 所示,当自然光正入射时,两折射光线的传播方向均垂直于表面(和光轴),方向并不分离,但波速 v_o 和 v_e 不同(由于冰晶石是负晶体,$v_o < v_e$)。进入第二块棱镜,由于光轴垂直于入射面,光线的传播方向服从普通的折射定律,只是折射率应取主折射率 n_o 和 n_e。对于平行纸面的振动,折射率由 n_e 变到 n_o。因 $n_o > n_e$,所以光线朝第二块棱镜底面的方向偏折。对于垂直纸面的振动,折射率由 n_o 变到 n_e(折射率变小),所以光线朝着背离第二块棱镜底面的方向偏折。出射棱镜后,由于空气的折射率比 n_o 和 n_e 都要小,光线将进一步朝相反的方向偏折。

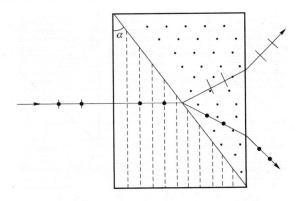

图 7-32 沃拉斯顿棱镜中双折射光线的传播

24. **解:** 如图 7-33 所示,用惠更斯作图法可见,在晶体光轴方向与表面成一定夹角时,尽管入射光线与光轴方向平行,但是晶体内的光线仍然发生了双折射。无论是在传播方向上,还是在传播速度上,o 光和 e 光都发生了分离。必须注意,仅当体内光线沿光轴方向传播时,才不发生双折射。显然要保证体内折射光线与光轴方向一致,只有光轴垂直于晶体表面,且令平行光正常入射才行。

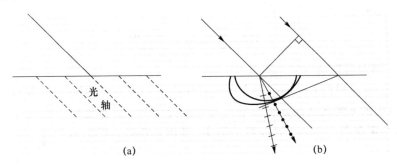

(a)　　　　　　　　　　(b)

图 7-33 利用惠更斯作图法进行分析

25. **解:** 见图 7-34(b),自然光正入射到棱镜 A 前,o 光和 e 光不分开,o 光经反射后以平行光轴的方向出射,设 e 光波的法线(沿 AD 方向)与光轴的夹角为 θ_e,则 e 光波的法线与界面法线 AN 的夹角为反射角,即 $45° - \theta_e$。

由反射定律得

$$n_e^i(90°)\sin 45° = n_e^r(\theta_e)\sin(45° - \theta_e)$$

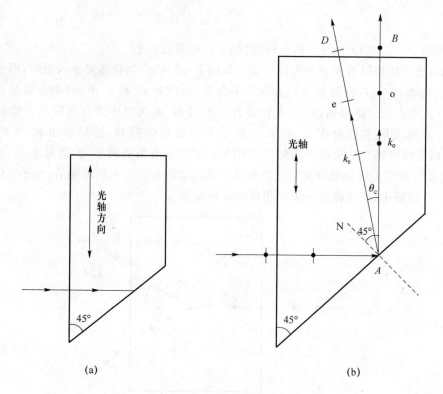

图 7-34　光在负单轴晶体做成的棱镜中的传播

而

$$n_e^r(\theta_e) = \frac{n_o n_e}{\sqrt{n_o^2 \sin^2\theta_e + n_e^2 \cos^2\theta_e}}$$

考虑 $n_e^i(90°) = n_e$，上述两式消去 $n_e^r(\theta_e)$ 后，整理得

$$\tan\theta_e = \frac{n_o^2 - n_e^2}{2n_o^2}$$

因此，e 光线与光轴的夹角 θ_e' 为

$$\tan\theta_e' = \frac{n_o^2}{n_e^2}\tan\theta_e = \frac{n_o^2 - n_e^2}{2n_e^2}$$

o 光和 e 光的光路及其振动方向见图 7-34(b)。

　26. 解：我们可以根据 e 光的折射方向来判断晶体的正负。如图 7-35(c)所示，假定晶体是负的，则晶体中的 e 光次波面是长轴垂直光轴的椭球面。由惠更斯作图法可知，e 光向上偏折。由此可以判定在图 7-35(a)的折射情形中，晶体是负的；同理，在图 7-35(b)的折射情形中，晶体是正的。

　27. 解：本题是光在单轴晶体中的双折射问题。光在棱镜内及射出棱镜后，双折射光线的传播方向和振动方向如图 7-36(b)所示。当自然光入射到第一块棱镜时，光轴与晶体表面垂直，不发生双折射。进入第二块棱镜后，对于 o 光，两棱镜的折射率都是 n_o，它仍原方向前进，根据折射定律，最后出射时也不发生偏折。对于 e 光，两棱镜的折射率不同，在其界面上要发生偏折，但不服从普通的折射定律，折射光的方向由惠更斯作图法确定，如图 7-36(c)所示。

　28. 解：首先，自然光入射到第一块偏振片上时，出射的是线偏振光。再经 $\lambda/4$ 片后，出射的一般是椭圆偏振光（特殊情况下是圆偏振光或线偏振光，具体由 $\lambda/4$ 片的光轴方向和第一块

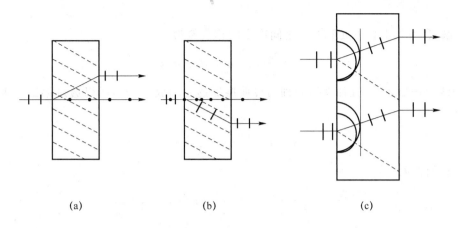

(a)   (b)   (c)

图 7-35 光线经过晶体后的两种传播情形及惠更斯作图法

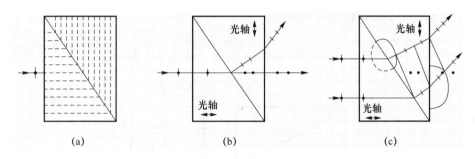

(a)   (b)   (c)

图 7-36 光在单轴晶体中的双折射

偏振片的透振方向的相对取向决定)。最后从第二块偏振片出射的是线偏振光,强度随 $\lambda/4$ 片的转动而变,有极大和消光现象。当 $\lambda/4$ 片的光轴与第一块偏振片的透振方向成 45° 角时,从 $\lambda/4$ 片出射的是圆偏振光,从第二块偏振片出射的光的强度为极大。当 $\lambda/4$ 片的光轴平行或垂直于第一块偏振片的透振方向时,从 $\lambda/4$ 片出射的为线偏振光,偏振方向垂直于第二块偏振片的偏振方向,从而最后出射光的强度为零,有消光现象。

29. **解**:仅用一块偏振片是无法区别椭圆偏振光和部分偏振光的,必须借助于 $\lambda/4$ 片。令入射光依次通过 $\lambda/4$ 片和第二块偏振片,并保证 $\lambda/4$ 片的光轴方向对准入射光的强度极大或极小方位(对椭圆偏振光来说,即主轴方位)。再转动第二块透振片的透振方向,观察出射光的强度变化:如有消光现象,则为椭圆偏振光;如无消光现象,则为部分偏振光。实验的关键是保证 $\lambda/4$ 片的光轴对准入射光的极大或极小方位,用以下方案可以实现。

① 用第一块偏振片对准入射光,转动其振动方向,观察透射光的强度变化。当强度极大或者极小时,停住转动。这时,此偏振片已对准入射光的极大或极小方位。

② 在第一块偏振片后加第二块偏振片,并转动后者的透振方向,观察透射光的强度变化,必有极大和消光位置。在消光位置停住,转动第二块偏振片,这时必然有两块偏振片的透振方向互相垂直。

③ 在两块偏振片之间插入 $\lambda/4$ 片,透射光的强度一般不为零。转动 $\lambda/4$ 片,可观察到 4 个消光方位,任选一个方位停住 $\lambda/4$ 片。这时,已保证 $\lambda/4$ 片的光轴对准入射光的极大或者极小方位(椭圆偏振光的主轴方位)。

④ 撤去第一块偏振片,并保持 $\lambda/4$ 片不动。这时,转动第二块偏振片即可检验椭圆平偏

振光。

30. **解**：①补偿器使 o 光和 e 光之间产生的相位差为

$$\delta = \frac{2\pi}{\lambda}(n_e - n_o)(d_1 - d_2)$$

又由于两线偏振器正交,且补偿器光轴与线偏振器透光轴成 45°角,所以透过第二块偏振器的光强为

$$I = A^2 \sin^2 \frac{\pi(n_e - n_o)(d_1 - d_2)}{\lambda}$$

因此,暗纹条件为

$$\frac{\pi(n_e - n_o)(d_1 - d_2)}{\lambda} = m\pi, m = 0, \pm 1, \pm 2, \cdots$$

当 $m=0$ 时,$d_1 = d_2$ 处有一暗纹;当 $m=1$ 时,$d_1 - d_2 = \frac{\lambda}{n_e - n_o}$ 为相邻另一暗纹出现的位置。从图 7-37 所示的几何关系可得暗纹的间距为

$$e = \frac{d_1 - d_2}{2\alpha} = \frac{\lambda}{2(n_e - n_o)\alpha} = \frac{589.3 \times 10^{-6} \text{ mm}}{2 \times (1.5533 - 1.5442) \times 0.0436 \text{ rad}} = 0.743 \text{ mm}$$

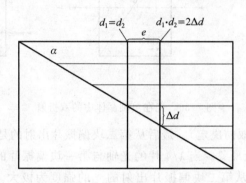

图 7-37 巴比涅补偿器放在两正交线偏振器之间时产生明暗纹的几何关系

② 设方解石波片的厚度为 x,由于放上方解石波片,所以 o 光和 e 光之间位置相差的改变为

$$\Delta\delta = \frac{2\pi}{\lambda}(n_o' - n_e')x$$

式中,$n_o' = 1.6584, n_e' = 1.4864$。由于相差的改变使条纹移动了 1/2 条纹间距,因此 $\Delta\delta = \pi$,所以

$$x = \frac{\lambda}{2(n_o' - n_e')} = \frac{589.3 \times 10^{-6}}{2 \times (1.6584 - 1.4864)} = 1.71 \times 10^{-3} \text{ mm}$$

31. **解**：是右旋偏振光。因为在以 1/4 波片快轴为 y 轴的直角坐标系中,偏振片位于 Ⅱ、Ⅳ 象限时消光,说明圆偏振光经 1/4 波片后,成为位于 Ⅰ、Ⅲ 象限的线偏振光,此线偏振光由 y 方向振动相对 x 方向振动有 2π 位相差的两线偏振光合成。而 1/4 波片使 e 光、o 光的位相差增加 $\pi/2$,成为 2π,所以,进入 1/4 波片前 y 方向振动相对 x 方向振动就已有 $3\pi/2$ 的位相差,所以是右旋偏振光。

32. **解**：如图 7-38 所示,所谓以"最小偏向角入射",即选取合适的入射角,使光线经第一折面后平行于棱镜的底边,本题棱镜底边平行于光轴,故光线在水晶棱镜内部沿光轴传播,它将被分解为左旋光和右旋光,折射率分别为 n_L 和 $n_R (n_R < n_L)$;经第二折射面后就有不同的偏向角 δ_L 和 δ_R,考虑在第二个折射面右旋光和左旋光的入射角近似于 $90° - 60° = 30°$,应用折射定律有

$$n_R \sin 30° = \sin i_R , \quad n_L \sin 30° = \sin i_L$$

由此得

$$\sin i_L - \sin i_R = (n_L - n_R)/2$$

即

$$2\sin\left(\frac{i_L - i_R}{2}\right)\cos\left(\frac{i_L + i_R}{2}\right) = \frac{1}{2}\Delta n$$

其中

$$\sin\left(\frac{i_L - i_R}{2}\right) \approx \frac{1}{2}(i_L - i_R) = \frac{1}{2}\Delta\delta$$

$$\cos\left(\frac{i_L + i_R}{2}\right) \approx \cos i = \sqrt{1 - \sin^2 i}$$

$$= \sqrt{1 - (n_o \sin 30°)^2} = \sqrt{1 - (1.544 \times 0.5)^2} \approx 0.6356$$

其中，$\Delta n = 7.121 \times 10^{-5}$。最后得到出射的两束左、右旋圆偏振光传播方向之间的夹角为

$$\Delta\delta \approx \frac{\Delta n}{2\cos i} \approx 5.6 \times 10^{-5} \text{ rad} \approx 12''$$

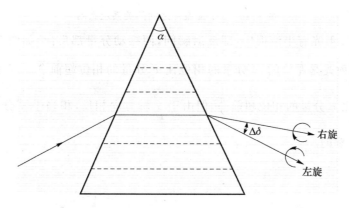

图 7-38　钠光以最小偏向角条件射入顶角为 60° 的石英晶体棱镜

33. **解**：如图 7-39 所示，使第二偏振片的透振方向与平面偏振光的振动方向保持垂直，并且第一片的透振方向与平面偏振光的振动方向不垂直即可。

如果第一片与平面偏振光的振动方向的夹角为 θ，则由马吕斯定律可得

$$I = I_0 \cos^2\theta \cos^2\left(\frac{\pi}{2} - \theta\right) = \frac{1}{4} I_0 \sin^2(2\theta) = \frac{1}{4} I_0$$

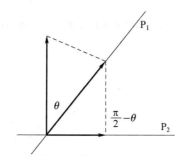

图 7-39　两片偏振片与偏振光之间的关系

34. **证明**：如图 7-40 所示，当第三个偏振片 P 与第一个偏振片 P_1 的透振方向的夹角为 $\theta = \omega t$ 时，P、P_2 之间的夹角为 $\dfrac{\pi}{2} - \theta$，于是可得从 P_2 透射的光强为

$$I = I_0 \cos^2(\omega t) \cos^2\left(\frac{\pi}{2} - \omega t\right) = \frac{1}{4} I_0 \sin^2(2\omega t) = \frac{1}{8} I_0 \left[1 - \cos(4\omega t)\right]$$

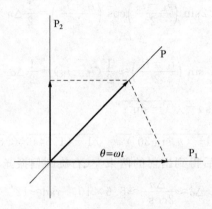

图 7-40　3 个偏振片之间的关系示意图

35. **解**：由于反射光有半波损失，即反射瞬间，两振动分量都反向，如图 7-41 所示。逆着反射方向看，若入射光是左旋的，y 分量的相位比 x 分量的相位超前 $\dfrac{\pi}{2}$。观察反射光时，依然是 y 分量的相位比 x 分量的相位超前 $\dfrac{\pi}{2}$，但由于 x 轴方向相反，相当于 y 分量比 x 分量超前 $\dfrac{2\pi}{3}$，则反射光是右旋的。

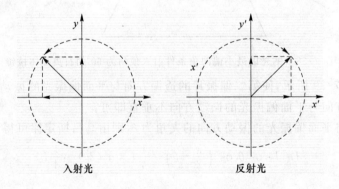

图 7-41　入射光和反射光的偏振示意图

第8章　光波与物质的相互作用

8.1　知　识　要　点

1. 线性吸收定律

当光强不是很大时,光透过一定厚度的介质时被吸收的光强与吸收体的厚度成正比,这就是线性吸收定律。

布拉尔定律(或朗伯定律):$I = I_0 e^{-ax}$,a 为吸收系数。

比尔定律:$I = I_0 e^{-ACx}$,即溶液中光强的传播关系,A 为与溶质有关的常数,C 为溶液的浓度。

2. 吸收介质中光波的表示

光在电介质中传播时:

① n 为实数时,振动没有衰减,光波的表达式为

$$\widetilde{U} = A_0 e^{i(kx - wt)} = A_0 e^{i\frac{2\pi}{\lambda}nx} e^{-iwt}$$

② 考虑介质吸收时,n 写成复数形式:$\widetilde{n} = n(1 + i\kappa)$。光波的表达式为

$$\widetilde{U} = A_0 e^{i\frac{2\pi}{\lambda}\widetilde{n}x} e^{-iwt} = A_0 e^{i\frac{2\pi}{\lambda}n\kappa x} e^{-i(wt - \frac{2\pi}{\lambda}nx)}$$

光强的表达式为

$$I = |\widetilde{U}|^2 = A_0^2 e^{-\frac{4\pi}{\lambda}n\kappa x} = I_0 e^{-\frac{4\pi}{\lambda}n\kappa x} = I_0 e^{-ax}$$

吸收系数为

$$a = \frac{4\pi}{\lambda}n\kappa$$

复折射率 $\widetilde{n} = n(1 + i\kappa)$ 的虚部 $n\kappa$ 反映了光波被介质吸收而导致的振幅和强度的衰减。

3. 吸收系数与吸收波长的关系

光吸收的两种类型:

① 普遍吸收:物质的吸收系数几乎与波长无关。

② 选择吸收:介质的吸收系数与光的波长有关,对某些波长的光的吸收特别强烈。

被吸收的光的波长与能级差 ΔE 之间的关系为 $\lambda = \dfrac{hc}{\Delta E}$。

4. 色散现象

白色光透过玻璃棱镜之后,不同颜色的光会以不同的角度射出,从而在空间散开了,这种

现象称为光的色散,如图 8-1 所示。

光色散现象的原因:不同波长的光具有不同的折射率,即 $n=n(\lambda)$。

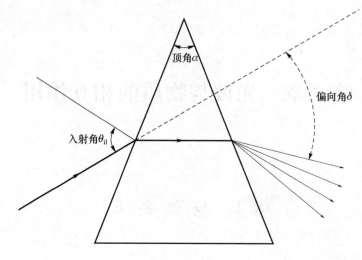

图 8-1 光的色散现象

5. 色散规律

① 根据实验总结出的色散规律可以用公式表示,这就是柯西公式

$$n=A+\frac{B}{\lambda^2}+\frac{C}{\lambda^4}$$

A、B、C 是和介质有关的常数,由实验测定。在波长范围不是很大的时候,可以取 $n=A+\frac{B}{\lambda^2}$。

② 色散率 $\frac{\mathrm{d}n}{\mathrm{d}\lambda}$ 表示折射率随波长变化的幅度,根据柯西公式可得

$$\frac{\mathrm{d}n}{\mathrm{d}\lambda}=-\frac{2B}{\lambda}-\frac{4C}{\lambda^3}\approx-\frac{2B}{\lambda}$$

③ 反常色散:正常情况下,介质的折射率与波长的关系满足柯西公式,但是,实验结果表明,物质存在一个吸收带,在某一波长范围内,光由于被介质强烈吸收而不能通过介质,所以无法测量这一波长范围内介质的折射率,光的色散在这一区域不遵循柯西公式,这种现象称为反常色散。

6. 散射现象

光的散射是指光通过不均匀介质时,一部分光偏离原方向传播的现象。

根据不均匀介质的性质,散射可以分为两大类。

① 悬浮质点的散射:质点均匀分布或悬浮在介质中引起的散射,如溶液中的胶体、空气中悬浮的尘埃等引起的散性。

② 分子散射:虽然介质是均匀的,但是由于分子的热运动,会在其中产生密度的起伏,从而产生散射。

瑞利散射:当散射体的尺寸小于波长时,入射光中不同的波长成分有不同的散射,散射光强与入射光波长的 4 次方成反比,即 $I\propto\lambda^{-4}$,这样的散射称为瑞利散射。

米-德拜散射:当散射体颗粒度大于波长时,散射光强对波长的依赖程度不强,各个成分的散射光强差别程度不大,这样的散射称为米-德拜散射。

散射光强与波长以及散射物大小的关系可用图 8-2 表示,图中 a 为散射物体的线度。

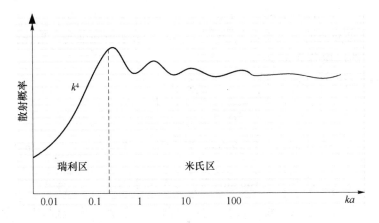

图 8-2 散射光强与波长及散射物大小的关系

当 $a < 0.3\dfrac{\lambda}{2\pi}$ 时,$\dfrac{2\pi}{\lambda}a = ka$,$ka < 0.3$,瑞利散射。

当 $a > 0.3\dfrac{\lambda}{2\pi}$ 时,$ka > 0.3$,米-德拜散射。

7. 非线性电极化效应

当光强不是很大时,光与介质之间的相互作用是线性的,介质的极化强度与入射光的电场分量是线性关系

$$P = \varepsilon_0 \chi E$$

当光强较大时,光与介质之间的相互作用是非线性的,介质的极化强度与入射场之间为非线性关系

$$P = \varepsilon_0 [\chi^{(1)} E + \chi^{(2)} EE + \chi^{(3)} EEE + \chi^{(4)} EEEE + \cdots] = P^{(1)} + P^{(2)} + P^{(3)} + P^{(4)} + \cdots$$

其中,$P^{(1)}$、$P^{(2)}$、$P^{(3)}$、$P^{(4)}$、$\cdots$ 分别代表电极化强度矢量与光波场的电场强度矢量成线性关系的分量、成二次幂关系的分量、成三次幂关系的分量$\cdots$;$\chi^{(1)}$、$\chi^{(2)}$、$\chi^{(3)}$、$\chi^{(4)}$、$\cdots$ 为介质的线性电极化率、非线性的二次电极化率、非线性的三次电极化率$\cdots$。

8.2 典型例题

【例题 1】 一固体有两个吸收带,宽度都是 30 nm。一带处在蓝光区(450 nm 附近),另一带处在黄色区(450 nm 附近)。设第一带的吸收系数为 50 cm^{-1},第二带的吸收系数为 250 cm^{-1}。试描绘出白光分别透过 0.1 mm 及 5 mm 的该物质后在吸收带附近的光强分布情况。

解: 根据朗伯定律

$$I = I_0 e^{-\alpha_a d}$$

白光透过 0.1 mm 的该物质后在吸收带附近的光强分布为

$$I_蓝 = I_0 e^{-\alpha_a d} = I_0 e^{-50 \times 0.01} \approx 0.606\,5 I_0$$

$$I_黄 = I_0 e^{-\alpha_a d} = I_0 e^{-250 \times 0.01} \approx 0.082\,1 I_0$$

白光透过 5 mm 的该物质后在吸收带附近的光强分布为

$$I_{蓝} = I_0 e^{-\alpha_a d} = I_0 e^{-50 \times 0.5} = 1.388\,8 \times 10^{-11} I_0$$

$$I_{黄} = I_0 e^{-\alpha_a d} = I_0 e^{-250 \times 0.5} = 501\,664 \times 10^{-55} I_0$$

【例题 2】 某种介质的吸收系数 α_a 为 $0.32\ \text{cm}^{-1}$，求透射光强为入射光强的 0.1、0.2、0.5 及 0.8 时，该介质的厚度各为多少？

解：根据朗伯定律 $I = I_0 e^{-\alpha_a d}$ 得

$$d = -\frac{1}{\alpha_a} \ln \frac{I}{I_0}$$

当 $\dfrac{I}{I_0} = 0.1$ 时，$d_1 = -\dfrac{1}{0.32} \ln 0.1 = 7.196\ \text{cm}$；当 $\dfrac{I}{I_0} = 0.2$ 时，$d_2 = -\dfrac{1}{0.32} \ln 0.2 = 5.03\ \text{cm}$；当 $\dfrac{I}{I_0} = 0.5$ 时，$d_3 = -\dfrac{1}{0.32} \ln 0.5 = 2.166\ \text{cm}$；当 $\dfrac{I}{I_0} = 0.8$ 时，$d_4 = -\dfrac{1}{0.32} \ln 0.8 = 0.697\ \text{cm}$。

【例题 3】 如果同时考虑吸收和散射，它们都将使透射光强度减弱，则透射光表达式中的 α 可看作是由两部分合成的：一部分是 α_a，表示真正的吸收（变为物质分子运动）；另一部分是 α_s，称为散射系数，于是该式可写为 $I = I_0 e^{-(\alpha_a + \alpha_s)d}$。如果光通过一定厚度的某种物质后，只有 20% 的光强通过，已知该物质的散射系数等于吸收系数的 $\dfrac{1}{2}$，假定不考虑散射，则透射光强可增加多少？

解：根据朗伯定律

$$I = I_0 e^{-(\alpha_a + \alpha_s)d}$$

$$\alpha_a + \alpha_s = -\frac{1}{d} \ln \frac{I}{I_0} = -\frac{1}{d} \ln 0.2$$

又根据 $\dfrac{\alpha_a}{\alpha_s} = 2$ 得

$$\alpha_a = \frac{2}{3} \left(-\frac{1}{d} \ln 0.2 \right)$$

所以，不考虑散射时

$$I' = I_0 e^{-\alpha_a d} = I_0 (0.2)^{2/3} = 34.2\% I_0$$

光强增加的百分比为

$$\frac{\Delta I}{I_0} = \frac{I' - I}{I_0} = \frac{14.2\% I_0}{I_0} = 14.2\%$$

【例题 4】 计算波长为 $253.6\ \text{nm}$ 和 $456.1\ \text{nm}$ 的两条谱线瑞利散射的强度之比。

解：瑞利散射的散射强度为

$$I = f(\lambda) \lambda^{-4}$$

$$\frac{I_{253.6}}{I_{456.1}} = \frac{f(\lambda_1) \lambda_1^{-4}}{f(\lambda_2) \lambda_2^{-4}} \approx \frac{(253.6)^{-4}}{(456.1)^{-4}} \approx 21.5$$

【例题 5】 太阳光束由小孔射入暗室，室内的人沿着与光束垂直及与之成 $45°$ 的方向观察这束光时，见到的瑞利散射的散射强度之比为多少？

解：散射光的强度为

$$I_\alpha = I_0 (1 + \cos^2 \alpha)$$

$$\frac{I_{\alpha 90°}}{I_{\alpha 45°}} = \frac{1 + \cos^2 90}{1 + \cos^2 45} = \frac{1}{\dfrac{3}{2}} = \frac{2}{3}$$

【例题 6】　一束光通过液体,用尼科耳棱镜正对这束光进行观察。当尼科耳棱镜的主截面竖直时,光强达最大值;当尼科耳棱镜的主截面水平时,光强为零。再从侧面观察其散射光,在尼科耳棱镜的主截面为竖直和水平两个位置时,光强之比为 20：1,计算散射光的退偏振度。

解: 从侧面观察其散射光为部分偏振光,其偏振度为

$$P = \left| \frac{I_y - I_x}{I_y + I_x} \right| = \left| \frac{\frac{I_y}{I_x} - 1}{\frac{I_y}{I_x} + 1} \right| = \left| \frac{20 - 1}{20 + 1} \right| = \frac{19}{21}$$

散射光的退偏振度

$$\Delta = (1 - P) \times 100\% = \left(1 - \frac{19}{21}\right) \times 100\% \approx 9.5\%$$

【例题 7】　一种光学玻璃对于波长为 435.8 nm 和 546.1 nm 的光的折射率分别为 1.613 0 和 1.602 6,试应用柯西公式和塞耳迈尔公式来计算这种玻璃对波长为 600 nm 的光的色散 $\frac{\mathrm{d}n}{\mathrm{d}\lambda}$。

解: 根据柯西公式

$$n = a + \frac{b}{\lambda^2}$$

$$1.613\,0 = a + \frac{b}{4\,358^2}$$

$$1.602\,6 = a + \frac{b}{5\,416^2}$$

可以解得 $b = 560\,283$,则

$$\frac{\mathrm{d}n}{\mathrm{d}\lambda} = -\frac{2b}{\lambda^3} = -\frac{2 \times 560\,283}{6\,000^3} = -518.7 \times 10^{-7}\ \mathrm{nm}^{-1} = -518.7 \times 10^{-7}\ \mathrm{cm}^{-1}$$

【例题 8】　一种光学玻璃对汞蓝光(435.8 nm)和汞绿光(546.1 nm)的折射率分别为 1.625 50 和 1.624 50。求柯西公式计算公式中的常量 a 和 b,并求它对 589 nm 钠黄光的折射率和色散 $\frac{\mathrm{d}n}{\mathrm{d}\lambda}$。

解: 根据柯西公式

$$n = a + \frac{b}{\lambda^2}$$

$$1.652\,50 = a + b \times \frac{1}{435.8^2}$$

$$1.624\,50 = a + b \times \frac{1}{541.6^2}$$

两式相减得

$$1.652\,50 - 1.624\,50 = b \times \left(\frac{1}{435.8^2} - \frac{1}{541.6^2}\right)$$

可以解出

$$b = 1.464\,32 \times 10^4\ \mathrm{nm}^2, a = 1.575\,40\ \mathrm{nm}^2$$

$$\frac{\mathrm{d}n}{\mathrm{d}\lambda} = -\frac{2b}{\lambda^3} = -\frac{2 \times 1.464\,32 \times 10^4}{589.3^3} \approx -1.433\,2 \times 10^{-4}\ \mathrm{nm}^{-1}$$

【例题 9】 一个顶角为 $60°$ 的棱镜由某种玻璃制成,它的色散特性可用柯西公式中的常量 $a = 1.416 \text{ cm}^2$,$b = 1.72 \times 10^{-10} \text{ cm}^2$ 来表示。将棱镜的位置放置得使它对 600 nm 的波长产生最小偏向角。计算这个棱镜的角色散率为多少?

解:根据柯西公式

$$n = a + \frac{b}{\lambda^2} = 1.416 + \frac{1.72 \times 10^{-10}}{(600 \times 10^{-7})^2} = 1.464$$

$$\frac{\mathrm{d}n}{\mathrm{d}\lambda} = -\frac{2b}{\lambda^3} = -\frac{2 \times 1.72 \times 10^{-10}}{(600 \times 10^{-7})^3} = -1.592\,59 \times 10^3 \text{ cm}^{-1}$$

$$= -1.592\,59 \times 10^{-4} \text{ nm}^{-1}$$

$$D = \frac{\mathrm{d}\theta}{\mathrm{d}\lambda} = \frac{2\sin\frac{A}{2}}{\sqrt{1 - n^2\sin^2\frac{A}{2}}} \frac{\mathrm{d}n}{\mathrm{d}\lambda} = \frac{2\sin\frac{60°}{2}}{\sqrt{1 - 1.464^2\sin^2\frac{60°}{2}}} \times -1.525\,9 \times 10^{-4}$$

$$\approx -2.34 \times 10^{-4} \text{ rad/nm}$$

【例题 10】 波长为 0.67 nm 的 X 射线,由真空入射到某种玻璃时,在掠射角不超过 $0.1°$ 的条件下发生全反射,计算玻璃对这个波长的折射率,并解释所得的结果。

解:根据折射定律

$$\frac{\sin i_1}{\sin i_2} = \frac{n_2}{n_1}$$

其中 $n_1 = 1$,$i_2 = 90°$,$i_1 = 90° - 0.1° = 89.9°$,故

$$\frac{\sin 89.9°}{\sin 90°} = \frac{n_2}{1} \Rightarrow n_2 = \frac{\sin 89.9°}{\sin 90°} \approx 1$$

8.3　习　　题

1. 有一介质,其吸收系数 $\alpha = 0.32 \text{ cm}^{-1}$,透射光强分别为入射光强的 10%、20%、50% 及 80% 时,介质的厚度各为多少?

2. 一玻璃管长 3.50 m,内贮标准大气压下的某种气体,若这气体在此条件下的吸收系数为 $0.165\,0 \text{ m}^{-1}$,求透射光强的百分比。

3. 一块光学玻璃对水银灯蓝、绿谱线(波长分别为 435.8 nm 和 546.1 nm)的折射率分别为 $1.652\,50$ 和 $1.624\,50$,用此数据求出柯西公式中的 A、B 两常量,并用它计算对钠黄线($\lambda = 589.3 \text{ nm}$)的折射率 n 及色散率 $\frac{\mathrm{d}n}{\mathrm{d}\lambda}$。

4. 利用冕牌玻璃 K9 对 F、D、C 3 条谱线的折射率数据定出柯西公式中的 A、B、C 三常量的数值,用它计算该表中给出的其他波长下折射率数据,并与表中实测数据值进行比较。

5. 一棱镜的顶角为 $50°$,设它的玻璃材料可用二常量柯西公式来描写,其中 $A = 1.539\,74 \text{ nm}^2$,$B = 4.652\,8 \times 10^3 \text{ nm}^2$。求此棱镜对波长 550.0 nm 调到最小偏向角时的色散本领。

6. 一块玻璃对波长为 0.070 nm 的 X 射线的折射率比 1 小 1.600×10^{-6},求 X 射线能在此玻璃外表面发生全反射的最大掠射角。

7. 计算波长为 254 nm 和 532 nm 的两条光谱线的瑞利散射强度之比。

8. 某介质的吸收系数为 $0.32\,\mathrm{nm^{-1}}$，求透射光强为入射光强的 0.1 时，该介质的厚度为多少？

9. 一均匀介质的吸收系数为 $a = 0.32\,\mathrm{m^{-1}}$，求出射光强变为入射光强的 0.1、0.2、0.5 时，介质的厚度。

10. 设海水的吸收系数为 $a = 2\,\mathrm{m^{-1}}$，而人眼能感受到的光强为太阳光强的 10^{-18}。试问在海面下多深处，人眼还能看见光？

11. 用 $A = 1.539\,74 \times 10^{-10}\,\mathrm{m}$，$B = 4.652\,8 \times 10^{-5}\,\mathrm{m}$ 的玻璃做成 50° 棱角的棱镜，当其对 550.0 nm 的入射光处于最小偏向角位置时，求其角色散率是多少。

12. 某种玻璃对不同波长的折射率：当 $\lambda_1 = 400\,\mathrm{nm}$ 时 $n_1 = 1.63$；当 $\lambda_2 = 500\,\mathrm{nm}$ 时，$n_2 = 1.58$。假定柯西公式 $n = A + \dfrac{B}{\lambda^2}$ 适用，求此种玻璃在 600 nm 时的 $\dfrac{\mathrm{d}n}{\mathrm{d}\lambda}$。

13. 一块玻璃对波长为 0.070 nm 的 X 射线的折射率比 1 小 1.600×10^{-6}，求射线能在此玻璃的外表面发生全反射（全外反射）的最大掠射角。

14. 同时考虑介质对光的吸收和散射时，吸收系数 $\alpha = \alpha_a + \alpha_s$，其中，$\alpha_a$ 是真正的吸收系数，而 α_s 为散射系数。朗伯定律为 $I = I_0\,\mathrm{e}^{-(\alpha_a + \alpha_s)L}$，若光经过一定厚度的某种介质后，只有 20% 的光强通过，已知该介质的散射系数为真正吸收系数的 $1/2$，若消除散射，透射光强可增加多少？

15. 计算波长为 253.6 nm 和 546.1 nm 的两条谱线的瑞利散射强度之比。

8.4 习 题 解 答

1. **解：**
$$I = I_0\,\mathrm{e}^{-kl} \Rightarrow l = -\frac{\ln\dfrac{I}{I_0}}{k}$$

$$l_{0.1} = -\frac{\ln 0.1}{0.32} = 7.19\,\mathrm{cm}$$

$$l_{0.2} = -\frac{\ln 0.2}{0.32} = 5.02\,\mathrm{cm}$$

$$l_{0.5} = -\frac{\ln 0.5}{0.32} = 2.16\,\mathrm{cm}$$

$$l_{0.8} = -\frac{\ln 0.8}{0.32} = 7.00\,\mathrm{cm}$$

2. **解：** 由吸收定律可得透射光强与入射光强的百分比为
$$\frac{I}{I_0} = \mathrm{e}^{-al} = \mathrm{e}^{-0.165\,0 \times 3.50} = 56.1\%$$

3. **解：**
$$n = A + \frac{B}{\lambda^2}$$

大学物理光学学习指导书

$$\begin{cases} 1.6525 = A + \dfrac{B}{4\ 358^2} \\ 1.6525 = A + \dfrac{B}{5\ 461^2} \end{cases}$$

$$\begin{cases} A = 1.5754 \\ B = 1.4643 \times 10^6 \end{cases}$$

当 $\lambda = 5\ 893$ 时，$n = 1.5754 + \dfrac{1.4643 \times 10^6}{5\ 893^2} = 1.6176$。

色散率：$\dfrac{\mathrm{d}n}{\mathrm{d}\lambda} = (B\lambda^{-2})' = -2B\lambda^{-3} = -1.431 \times 10^{-5}$。

4. 解： $A = 1.504$，$B = 4.437 \times 10^3\ \mathrm{nm}^2$，$C = -1.387 \times 10^8\ \mathrm{nm}^4$

可见光波段，$\left.\begin{array}{l} n_\mathrm{h} = 1.526 \\ n_\mathrm{g} = 1.523 \\ n_\mathrm{e} = 1.517 \\ n_\mathrm{N} = 1.511 \end{array}\right\}$ 偏小，$\left.\begin{array}{l} n_{863.0} = 1.510 \\ n_{950.8} = 1.509 \end{array}\right\}$ 偏大。

5. 解： 棱镜的色散率为

$$D = \frac{2\sin\dfrac{A}{2}}{\sqrt{1 - n^2\sin^2\dfrac{A}{2}}}\frac{\mathrm{d}n}{\mathrm{d}\lambda}$$

由柯西公式可知

$$n = A + \frac{B}{\lambda^2} = 1.53974 + \frac{4.6528 \times 10^3\ \mathrm{nm}^2}{(550 \times 10^{-7}\ \mathrm{cm})^2}$$

$$\frac{\mathrm{d}n}{\mathrm{d}\lambda} = -\frac{2B}{\lambda^3} = -\frac{2 \times 4.6528 \times 10^3\ \mathrm{nm}^2}{(550 \times 10^{-7}\ \mathrm{cm})^2}$$

$$D_\theta = \frac{2\sin\dfrac{A}{2}}{\sqrt{1 - n^2\sin^2\dfrac{A}{2}}}\frac{\mathrm{d}n}{\mathrm{d}\lambda} \approx 12.9('')/\mathrm{nm}$$

6. 解： 全反射时有 $\sin i_\mathrm{c} = n = 1 - 1.6 \times 10^{-6}$，可以算得 X 射线的全反射临界角

$$i_\mathrm{c} = \arcsin(1 - 1.6 \times 10^{-6}) = 89.898°$$

最大掠入射角

$$\theta = 90° - 89.898° = 0.102°$$

7. 解： 由瑞利散射强度公式 $I = f(\lambda)\lambda^{-4}$ 代入数据可得强度之比为 19.2。

8. 解： 根据朗伯定律：$I = I_0 \mathrm{e}^{-\alpha_\mathrm{a} d}$ 得 $d = -\dfrac{1}{\alpha_\mathrm{a}}\ln\dfrac{I}{I_0}$，然后代入数据可以得出该介质的厚度为 7.19 cm。

9. 解： 根据朗伯定律：$I = I_0 \mathrm{e}^{-\alpha_\mathrm{a} d}$ 得 $d = -\dfrac{1}{\alpha_\mathrm{a}}\ln\dfrac{I}{I_0}$，然后分别代入数据可得介质的厚度分别为 7.169 cm、5.029 cm、2.166 cm。

10. 解： 根据朗伯定律：$I = I_0 \mathrm{e}^{-\alpha_\mathrm{a} d}$ 得 $d = -\dfrac{1}{\alpha_\mathrm{a}}\ln\dfrac{I}{I_0}$，然后代入数据可得深度为 20.72 m。

· 186 ·

11. **解**：由柯西色散公式 $n=A+\dfrac{B}{\lambda^2}$ 代入数据可得角色散率为 -6.272×10^4 rad/m。

12. **解**：将 n_1、λ_1、n_2、λ_2 代入柯西公式 $n=A+\dfrac{B}{\lambda^2}$，求得 A、B，然后对柯西公式的两边进行微分，代入数据可得 $\dfrac{\mathrm{d}n}{\mathrm{d}\lambda}=-2.058\times10^5$ m^{-1}。

13. **解**：全反射时有 $\sin C=\dfrac{n_2}{n_1}$，可以算出 X 射线的全反射临界角，进而求得最大掠射角为 0.102°。

14. **解**：由朗伯定律：$I=I_0\exp[-(\alpha_a+\alpha_s)d]$，若消除散射，则 $\alpha_s=0$，代入数据得透射光强比原来增加 14%，即透射光强为 $0.142I_0$。

15. **解**：由瑞利散射强度公式 $I=f(\lambda)\lambda^{-4}$ 代入数据可得强度之比为 21.50∶1。

第 9 章　光的量子性

9.1　知 识 要 点

1. 辐射场

在任何温度下,物体都向外发射各种频率的电磁波,只是在不同的温度下所发出的各种电磁波的能量按频率有不同的分布,这种能量按频率的分布随温度的不同而不同的电磁辐射称为热辐射。由热辐射所形成的电磁波场简称为辐射场。

辐射场通量:$\mathrm{d}\Phi(\nu,T)=E(\nu,T)\mathrm{d}\nu$。

辐射通量是单位时间内所辐射的能量,具有功率的量纲。$E(\nu,T)$就是单位体积中,频率ν附近单位频率间隔的辐射通量,称为辐射谱密度或辐射本领,也称单色辐出度。

吸收本领:在频率ν附近,被物体吸收的能量与入射能量之比$A(\nu,T)=\dfrac{\mathrm{d}\Phi'(\nu,T)}{\mathrm{d}\Phi(\nu,T)}$称为物体的吸收本领,也称为吸收比。

在频率ν附近,反射能量与入射能量之比称为单色反射比,用$r(\nu,T)$表示。

2. 黑体

用通俗的语言说,由于不反光,可以认为它是黑的,这样的物体称为黑体。能完全吸收照射到它上面的各种频率的光的物体称为黑体或绝对黑体(理想模型实际上并不存在)。

对于黑体,$A(\nu,T)\equiv1$,表明物体对辐照到它上面的能量全部吸收,没有反射。黑体的热辐射只与温度和频率有关,与材料及表面状态无关,而且有最大的辐出度。

(1) 斯特藩-玻尔兹曼定律

黑体辐射光谱中每一条曲线下的面积表示黑体的辐射通量,即某一温度下总的辐射本领,该辐射本领与温度的 4 次方成正比,即

$$\Phi(T)=\int_0^\infty E(\nu,T)\,\mathrm{d}\nu=\sigma T^4$$

其中$\sigma=5.670\,32\times10^{-8}\ \mathrm{W/(m^2\cdot K^4)}$为斯特藩-玻尔兹曼常量。

(2) 维恩位移定律

维恩公式:$E(\nu,T)=\dfrac{\alpha\nu^3}{c^2}\mathrm{e}^{\frac{-\beta\nu}{T}}$,其中,$\alpha$、$\beta$为常量。

维恩位移定律:$T\lambda_\mathrm{m}=b$,其中$b=2.898\,7\times10^{-3}\ \mathrm{m\cdot K}$,$\lambda_\mathrm{m}$表示辐射本领最大的波长。

维恩位移定律在实际中有广泛的应用,在无法进行接触测温的情况下,通过观察物体的辐射谱,可以得到物体的温度。热辐射的峰值波长随着温度的增加,向短波方向移动。

（3）瑞利-金斯定律

$E(\lambda,T)=\dfrac{2\pi c}{\lambda^4}kT$,表示的是黑体空间中单位体积驻波的谱密度。

3. 普朗克能量分立的谐振子

普朗克量子化假设:黑体空腔中谐振子的能量不能任意取值,而只能取一系列不连续的、分立的数值。谐振子能量为 $E=nh\nu,n=1,2,3\cdots$,其中 ν 为谐振子的频率,h 为普朗克常量。

普朗克热辐射公式(表示黑体的辐射本领)为

$$E(\nu,T)=\frac{2\pi}{c^2}\nu^2\frac{h\nu}{e^{\frac{h\nu}{kT}}-1}=\frac{2\pi}{c^2}\frac{h\nu^3}{e^{\frac{h\nu}{kT}}-1}$$

在短波区域("紫外"波段)随着频率的增加(即随着波长的减小),辐射本领迅速减小并趋近于 0,这与实验结果一致。

4. 光电效应

当光照射到金属表面上时,电子会从金属表面逸出,这种现象称为光电效应。

光电效应方程:$\dfrac{1}{2}mV_{\max}^2=h\nu-A$。其中 A 为逸出功,即电子从金属表面逸出时克服阻力需要做的功。

光电效应的红限频率:$\nu_0=\dfrac{A}{h}$。

光子:光(电磁波)是由光子组成的,光子是静止质量为零的一种粒子。

每个光子的质量:$m=\dfrac{h\nu}{c^2}$。

每个光子的能量:$E=h\nu$。

每个光子的动量:$p=\dfrac{E}{c}=\dfrac{h}{\lambda}$。

5. 康普顿效应

经过单色化的 X 射线入射到不同的材料上,在散射光中,一部分波长不变,另一部分波长变长,这种有波长改变的散射称为康普顿散射。光子与电子的弹性碰撞如图 9-1 所示。

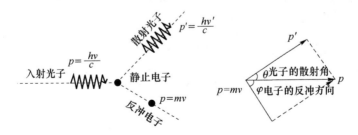

图 9-1 光子与电子的弹性碰撞

康普顿散射公式:$\Delta\lambda=\lambda-\lambda_0=\dfrac{h}{m_0 c}(1-\cos\theta)$,其中 λ 和 λ_0 分别表示散射光和入射光的波长,θ 为散射角。

康普顿波长：$\lambda_c = \dfrac{h}{m_0 c} = 2.4263 \times 10^{-3}$ nm。

6. 粒子的波粒二象性

（1）德布罗意假设

实物粒子也具有波动性，一个粒子的能量和动量跟和它相联系的频率和波长的定量关系与光子的一样。

德布罗意公式为

$$\nu = \frac{E}{h} = \frac{mc^2}{h}$$

$$\lambda = \frac{h}{p} = \frac{h}{mv}$$

（2）光的波粒二象性

光的粒子性表现在光与物质的相互作用方面，波长越短，光子的能量越高，其粒子性越显著。

光的波动性表现在光的传播、干涉、衍射以及散射、反射、折射等方面，波长较长的光，有着显著的波动性。

一切微观粒子都具有波粒二象性。

7. 自发辐射

原子中最低的能级被称为基态，原子受到激发后可以跃迁到其他的高能级，这些能级被称为激发态。

基态是稳定的，而激发态却是不稳定的，处在激发态的原子经过一定的时间之后，将会跃迁到基态或其他能量较低的能级，而且这种辐射跃迁是原子本身自发的物理过程，因而被称为自发辐射。

8. 受激辐射

处在高能级的原子也可以受到外界因素的诱发而跃迁到低能级。

如果原子受到能量为 $h\nu = E_2 - E_1$ 的外来光子的诱发，从 E_2 跃迁到 E_1，并发出一个光子，这种辐射跃迁被称为受激辐射。

9. 受激吸收

在外来辐射场的诱发下，原子吸收光子从低能级跃迁到高能级，这一过程被称为受激吸收。3 种不同的辐射跃迁过程如图 9-2 所示。

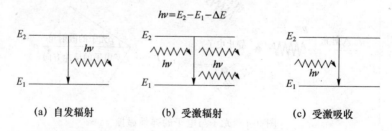

图 9-2　3 种不同的辐射跃迁过程

9.2　典型例题

【例题 1】　光电管的阴极金属材料的红限波长 $\lambda_0 = 5 \times 10^{-7}$ m，今以波长 $\lambda = 2.5 \times 10^{-7}$ m 的紫外线照射到金属表面，求：

① 该金属的逸出功 A；

② 产生光电效应时，光电子的初动能；

③ 要使光电流为零，需要加多大的遏止电压。

解：① 爱因斯坦光电效应方程为

$$h\nu = A + \frac{1}{2}mv^2$$

在红限频率时有 $\frac{1}{2}mv^2 = 0$，则

$$A = h\nu_0 = h\frac{c}{\lambda_0} = \frac{6.63 \times 10^{-34} \times 3 \times 10^8}{5.0 \times 10^{-7} \times 1.6 \times 10^{-19}} = 2.48 \text{ eV}$$

② 光子的初动能为

$$E_k = \frac{1}{2}mv^2 = h\nu - A = h\frac{c}{\lambda} - A = \frac{6.63 \times 10^{-34} \times 3 \times 10^8}{2.5 \times 10^{-7} \times 1.6 \times 10^{-19}} - 2.48 = 2.49 \text{ eV}$$

③ 由

$$eV_0 = \frac{1}{2}mv^2$$

得遏止电压

$$V_0 = \frac{\frac{1}{2}mv^2}{e} = \frac{2.49 \text{ eV}}{e} = 2.49 \text{ V}$$

【例题 2】　若供给白炽灯泡的能量中有 5% 用来发出可见光，问 100 W 灯泡每秒发射多少个可见光量子？假设所有可见光的波长都是 560 nm。

解：100 W 即每秒供给 100 J 的能量。有 5% 用来发出可见光，即每秒有 5 J 的能量用来发出可见光。

每个光子的能量

$$\varepsilon = h\nu = \frac{hc}{\lambda}$$

所以

$$\varepsilon = \frac{6.63 \times 10^{-34} \times 3 \times 10^8}{560 \times 10^{-9}} = 3.55 \times 10^{-19} \text{ J}$$

每秒发出的光子数

$$N = \frac{5}{3.55 \times 10^{-19}} = 1.4 \times 10^{19} \text{ 个/s}$$

【例题 3】　工作在 50 kV 的射线管所产生的 X 射线，从管中发出后有一些投射到靶上，然后通过 20° 角发生康普顿散射，试问：

① 起初的 X 射线的波长是多少？

② 散射 X 射线的波长是多少？

解：① 由 $h\nu_0 = eV$ 即 $\dfrac{hc}{\lambda_0} = eV$ 得

$$\lambda_0 = \frac{hc}{eV} = \frac{6.63 \times 10^{-34} \times 3 \times 10^8}{1.6 \times 10^{-19} \times 50 \times 10^3} = 2.480 \times 10^{-11}\,\text{m}$$

② 由 $\lambda - \lambda_0 = \dfrac{h}{m_e c}(1 - \cos\varphi)$ 得

$$\lambda = \lambda_0 + \frac{h}{m_e c}(1 - \cos\varphi) = 2.480 \times 10^{-11} + \frac{6.63 \times 10^{-34}}{9.11 \times 10^{-31} \times 3 \times 10^8}(1 - \cos 20°)$$

$$= 2.495 \times 10^{-11}\,\text{m}$$

【例题 4】 在康普顿散射中，在与入射角成 $\varphi = 90°$ 角的方向上观察散射光，此时波长为 1×10^{-10} m 的 X 射线在碳块上散射。试问：

① 康普顿散射变化的波长有多大？

② 交给对应的反冲电子的能量（动能）是多少？

解：① 由散射公式得

$$\Delta\lambda = \frac{2h}{m_e c}\sin^2\frac{\varphi}{2} = \frac{2 \times 6.63 \times 10^{-34}}{9.11 \times 10^{-31} \times 3 \times 10^8}\sin^2\frac{\pi}{4} = 0.024\,3 \times 10^{-10}\,\text{m}$$

②

$$E_k = \varepsilon_0 - \varepsilon = \frac{hc}{\lambda_0} - \frac{hc}{\lambda} = hc\left(\frac{1}{\lambda_0} - \frac{1}{\lambda}\right)$$

代入数据得

$$E_k = 6.63 \times 10^{-34} \times 3 \times 10^8 \times \left(\frac{1}{1 \times 10^{-10}} - \frac{1}{1.024\,3 \times 10^{-10}}\right) = 0.294 \times 10^3\,\text{eV}$$

【例题 5】 当钠光灯发出的黄光照射某一光电池时，为了遏止所有电子到达收集器，需要 0.30 V 的负电压。如果用波长为 4×10^{-7} m 的光照射这个光电池，问要遏止电子，需要多大的电压？极板材料的逸出功为多少？

解：由爱因斯坦光电效应方程有

$$h\nu_1 = \frac{1}{2}mv_1^2 + A = eV_{a1} + A \tag{1}$$

$$h\nu_2 = \frac{1}{2}mv_2^2 + A = eV_{a2} + A \tag{2}$$

即

$$h\nu_1 - h\nu_2 = e(V_{a1} - V_{a2})$$

或

$$hc\left(\frac{1}{\lambda_1} - \frac{1}{\lambda_2}\right) = e(V_{a1} - V_{a2}) \tag{3}$$

将已知值

$$\lambda_1 = 5.89 \times 10^{-7}\,\text{m}$$

$$\lambda_2 = 4.0 \times 10^{-7}\,\text{m}$$

代入式(3)可得

$$V_{a1} = 1.30\,\text{V}$$

再由式(1)或式(2)可求得极板材料的逸出功

$$A = 1.82 \text{ eV}$$

【例题 6】　要使 X 射线管产生波长为 0.05 nm 的 X 射线,问:①这个 X 射线管的灯丝和靶之间的最小电势差是多少? ②工作在 2×10^6 V 的 X 射线管产生的最短波长是多少?

解:① 已知 $\lambda = 0.05 \times 10^{-9}$ m,则该光子的能量为

$$E = \frac{hc}{\lambda} = \frac{6.63 \times 10^{-34} \times 3 \times 10^8}{0.05 \times 10^{-9}} = 2.48 \times 10^4 \text{ eV}$$

电子打到靶上时的动能至少要和光子的能量一样大,因此灯丝和靶之间的电势差至少要为 2.48×10^4 eV。

② 已知 $V = 2 \times 10^6$ V,故电子到达靶时的动能为

$$E_k = 2 \times 10^6 \text{ eV} = 3.20 \times 10^{-13} \text{ J}$$

因此 X 射线光子的最大能量是 3.20×10^{-13} J,由

$$h v_{max} = \frac{hc}{\lambda_{min}} = 3.20 \times 10^{-13} \text{ J}$$

得

$$\lambda_{min} = hc/(h v_{max}) = 6.22 \times 10^{-13} \text{ m}$$

【例题 7】　波长为 0.2×10^{-10} m 的 X 射线经固体散射后沿与前进方向成 90° 的方向散射,假定被碰撞的电子是静止的,试求:

① 康普顿效应产生的频率改变量;

② 散射后 X 射线的新波长。

解:① 由散射公式得

$$\Delta \lambda = \lambda - \lambda_0 = \frac{2h}{m_e c} \sin^2 \frac{\varphi}{2} = 0.024 \ 2 \times 10^{-10} \text{ m}$$

频率改变量为

$$-\Delta v = \frac{c}{\lambda_0} - \frac{c}{\lambda} = \frac{(\lambda - \lambda_0)c}{\lambda_0 \lambda} = \frac{\Delta \lambda}{\lambda_0} \frac{c}{(\lambda_0 + \Delta \lambda)} = 1.625 \times 10^8 \text{ Hz}$$

负号表示频率减小(因波长增加,故频率减小)。

② 入射 X 射线的波长为 0.2×10^{-10} m,散射光的波长 $\lambda = \lambda_0 + \Delta \lambda = 0.224 \ 3 \times 10^{-10}$ m,散射光的波长即散射后的新波长。

9.3　习　　题

1. 钾的红限频率为 4.62×10^{14} Hz,若以波长为 $4 \ 358 \times 10^{-10}$ m 的光照射,试求钾放出的光电子的初速度。

2. 求下列各种射线光子的能量、动量和质量:① $\lambda = 0.70$ μm 的红光;② $\lambda = 0.25 \times 10^{-10}$ m 的 X 射线;③ $\lambda = 1.24 \times 10^{-12}$ m 的 γ 射线。

3. 波长 $\lambda_0 = 0.708 \times 10^{-10}$ m 的 X 射线在石蜡上收到康普顿散射,测得其散射 X 射线的波长 $\lambda_1 = 0.732 \times 10^{-10}$ m 和 $\lambda_2 = 0.756 \times 10^{-10}$ m,试求其相应的散射角 φ_1 和 φ_2。

4. 波长为 0.710×10^{-10} m 的 X 射线射到石墨上,在与入射方向成 45° 角的位置观察到了康普顿散射的 X 射线,试求该散射 X 射线的波长。

5. 试计算一台 5 mW 的激光器每秒发射的光子数,假设它发射光的波长为 $6\,328\times10^{-7}$ m。让这束光正入射到一平面镜上,试计算光束作用在镜子上的力。

6. 假设太阳光的峰值波长为 475 nm,试求太阳表面的温度。

7. 人的正常体温是 37 ℃,求人体辐射的峰值波长。

8. 计算下列波长的光量子能量(以电子伏特表示):

① 红外线,$2.0\ \mu m$;

② 紫外线,250 nm。

9. 波长为 400 nm 的光照射在功函数(即逸出功)为 2.48 eV 的表面上,试求:

① 该表面发射的电子的最大动能;

② 光的截止波长是多少?

10. 在康普顿散射实验中,证明光子能量损失的比例随着波长的减小而增加,并分别计算波长为 0.071 1 nm 和 0.002 2 nm 的光子的能量损失,取散射角分别为 0、90°、180°。

9.4 习 题 解 答

1. **解**:根据红限频率公式 $A=h\nu_0$,爱因斯坦光电方程 $h\nu=A+\dfrac{1}{2}mv^2$,代入数据可得 $v=5.75\times10^5$ m·s^{-1}。

2. **解**:由 $E=h\nu=\dfrac{hc}{\lambda}$,$P=\dfrac{h}{\lambda}$,$m=\dfrac{h\nu}{c^2}=\dfrac{h}{\lambda c}$ 可得:

① $E=2.84\times10^{-19}$ J,$P=9.47\times10^{-28}$ kg·m·s^{-1},$m=3.16\times10^{-36}$ kg;

② $E=7.96\times10^{-15}$ J,$P=2.65\times10^{-23}$ kg·m·s^{-1},$m=8.84\times10^{-32}$ kg;

③ $E=1.60\times10^{-13}$ J,$P=5.35\times10^{-22}$ kg·m·s^{-1},$m=1.78\times10^{-30}$ kg。

3. **解**:由散射公式 $\Delta\lambda=\lambda-\lambda_0=\dfrac{2h}{m_e c}\sin^2\dfrac{\varphi}{2}$,可得

$$\Delta\lambda_1=\lambda_1-\lambda_0,\quad \Delta\lambda_2=\lambda_2-\lambda_0$$

代入数据得到

$$\varphi_1=90°,\quad \varphi_2=180°$$

4. **解**:根据康普顿散射公式 $\Delta\lambda=\lambda-\lambda_0=\dfrac{h}{m_e c}(1-\cos\varphi)$,可得 $\Delta\lambda=0.007\,1\times10^{-10}$ m,所以 $\lambda=\lambda_0+\Delta\lambda=0.717\times10^{-10}$ m。

5. **解**:① 5 mW 即每秒供给 5×10^{-3} J 的能量,每个光子的能量为 $\varepsilon=h\nu=\dfrac{hc}{\lambda}$,$N=\dfrac{E}{\varepsilon}$,代入数据可得每秒发射的光子数为 1.6×10^{16}。

② 光束作用在镜子上的作用力为 3.3×10^{-11} N。

6. **解**:由维恩位移定律 $T\lambda_m=b$,其中 $b=2.898\,7\times10^{-3}$ m·K,代入 $\lambda_m=475$ nm 得太阳表面温度为 6 100 K。

7. **解**:根据维恩位移定律 $T\lambda_m=b$,其中 $b=2.898\,7\times10^{-3}$ m·K,然后根据换算关系 $T=t+273.15$,代入数据得人体辐射的峰值波长为 $9.343\ \mu m$。

8. **解:** ① 由能量公式 $E=h\nu=\dfrac{hc}{\lambda}$,将 λ 代入可得该波长光量子的能量为 0.62 eV。

② 同理可得光量子的能量为 4.97 eV。

9. **解:** ① 由爱因斯坦光电方程 $h\nu=A+\dfrac{1}{2}mv^2$,$\nu=\dfrac{c}{\lambda}$,代入数据可得最大动能为 0.624 eV $=0.998\times10^{-19}$ J。

② 根据红限频率公式 $A=h\nu=\dfrac{c}{\lambda}$,代入数据可得截止波长为 500.6 nm。

10. **解:** 根据康普顿散射公式 $\Delta\lambda=\lambda-\lambda_0=\dfrac{h}{m_e c}(1-\cos\theta)$,代入数据,可得:

① 当 $\lambda=0.0711$ nm,散射角 $\theta=0°$时,能量损失为 0;当 $\lambda=0.0711$ nm,散射角 $\theta=90°$时,能量损失为 3.3%;当 $\lambda=0.0711$ nm,散射角 $\theta=180°$时,能量损失为 6.4%。

② 当 $\lambda=0.022$ nm,散射角 $\theta=0°$时,能量损失为 0;当 $\lambda=0.022$ nm,散射角 $\theta=90°$时,能量损失为 52.5%;当 $\lambda=0.022$ nm,散射角 $\theta=180°$时,能量损失为 68.85%。